中国燃煤电厂 CCUS 项目投资决策与发展潜力研究

樊静丽　张　贤等　著

U0293662

科学出版社

北京

内 容 简 介

碳捕集、利用与封存（CCUS）技术是我国协同实现大规模碳减排、保障能源安全和可持续发展目标的有效途径，也是燃煤电厂大规模减排的唯一选择。本书综合考虑燃煤电厂 CCUS 项目在市场环境、政策激励、低碳技术竞争、代际技术进步、地质封存和源汇匹配条件等方面所面临的多重不确定性影响因素，采用经济学、运筹学、管理科学、地质学、地理信息系统和系统科学等多学科模型与方法，围绕燃煤电厂 CCUS 项目在各因素影响下的投资决策和减排潜力及 CO_2 利用率等若干关键问题进行了系统性研究，得出了一系列重要的基本结论。

本书可供气候变化和可持续发展、低碳减排技术、能源经济与政策研究领域的专业人员阅读，也可供从事低碳发展管理等工作的政府公务人员、企业管理人员及相关专业的高等院校师生参考。

图书在版编目（CIP）数据

中国燃煤电厂 CCUS 项目投资决策与发展潜力研究／樊静丽等著.
—北京：科学出版社，2020.9
ISBN 978-7-03-066190-6

Ⅰ.①中… Ⅱ.①樊… Ⅲ.①二氧化碳–收集–研究–中国 ②二氧化碳–废物综合利用–研究–中国 ③二氧化碳–保藏–研究–中国 Ⅳ.①X701.7

中国版本图书馆 CIP 数据核字（2020）第 177083 号

责任编辑：王 倩／责任校对：郑金红
责任印制：吴兆东／封面设计：无极书装

科 学 出 版 社 出版
北京东黄城根北街 16 号
邮政编码：100717
http://www.sciencep.com

北京虎彩文化传播有限公司 印刷
科学出版社发行 各地新华书店经销
*
2020 年 9 月第 一 版 开本：B5（720×1000）
2022 年 3 月第二次印刷 印张：15 1/2
字数：320 000
定价：**188.00** 元
（如有印装质量问题，我社负责调换）

前 言 PREFACE

碳捕集、利用与封存（CCUS）技术作为一项有望实现化石能源大规模低碳化利用的新兴减排技术，受到了国际社会的高度关注。政府间气候变化专门委员会评估报告认为，若不使用 CCUS 技术，实现深度碳减排目标的成本将成倍增加；为实现本世纪末将温升控制在不高于工业化前 1.5℃的目标，还需在本世纪后半叶部署生物质与 CCUS 技术相结合的负排放技术。国际能源署研究报告指出，若要实现本世纪末将温升控制在不高于工业化前 2℃的目标，CCUS 技术的累计减排贡献不可或缺，其贡献比例为 13%～15%。鉴于 CCUS 技术在减缓气候变化和碳减排中的重要作用，欧美发达国家已实施诸如 CO_2 封存和利用的税收减免等不同类型的 CCUS 技术激励政策，以加快 CCUS 商业化和产业化进程。

受资源禀赋影响，燃煤电厂是我国 CO_2 排放的主要来源。CCUS 技术对于我国燃煤电厂大规模减少 CO_2 排放、保证能源安全、构建生态文明和实现可持续发展具有重要的战略意义，但在技术成本和技术成熟度等自身不确定性条件和政策不明朗、低碳技术竞争、地质勘探不足等外界不确定性条件影响下，我国 CCUS 项目发展较为缓慢，识别其不确定性影响机理及各因素对 CCUS 项目投资决策的量化影响，对推动我国 CCUS 技术商业化具有重要作用。与此同时，明确 CCUS 在我国的发展潜力对进一步规划 CCUS 部署路径和早期机会选择具有积极意义。因此，本书从投资决策和发展潜力两个方面对我国燃煤电厂 CCUS 项目的政策需求和部署方向进行了系统性研究，以期为我国制定 CCUS 相关的长期减排和低碳可持续发展路径与政策制定提供科学依据。本书共分为 9 章，主要内容如下：

第 1 章为绪论。随着气候变化问题日益严峻，CCUS 技术以巨大的减排优势逐渐受到各国政府、学术界和产业界的高度关注。那么，CCUS 技术对中国低碳发展有什么影响？CCUS 技术在中国的发展现状如何？中国对 CCUS 技术的政策支持力度有多大？目前 CCUS 领域研究现状和研究重点如何？本章针对上述 CCUS 技术发展的若干问题进行了阐述，并进一步明确了 CCUS 技术在当前阶段发展的主要特点和未来发展方向，也对 CCUS 技术发展面临的挑战进行了系统分析。

第 2 章为中国燃煤电厂 CCUS 项目投资决策方法及案例研究。CCUS 技术投资受政策、技术成本、技术成熟度和基础设施建设等因素影响。本章首先识别了影响 CCUS 项目投资效益的不确定性因素，接着在不确定性因素的基础上，建立了适用于 CCUS 项目的投资决策评价方法，通过对中国 CCUS 项目的投资效益进行评价，最终确定了中国燃煤电厂 CCUS 改造可立即进行投资的临界条件。本章构建的 CCUS 技术投资决策模型将为后续相关章节的投资决策分析奠定模型基础。

第 3 章为 45Q 政策对燃煤电厂 CCUS 项目投资决策的影响。美国 45Q 税收抵免修订法案加大了对 CO_2 咸水层封存和 CO_2 利用的补贴力度，为探索类似激励政策对中国电力行业 CCUS 项目投资决策的影响，本章首先对美国 45Q 政策进行了阐述，接着以 45Q 政策为基础设置了中国 CCUS 项目的补贴情景，通过政策模拟的方法探究了 45Q 政策对燃煤电厂 CCUS 全流程项目投资决策的影响，并进一步将 45Q 政策对各种类型火电厂投资效益的影响进行了对比，验证了相关激励政策对于中国 CCUS 项目的适用条件。

第 4 章为燃煤电厂 CCUS 和其他主要低碳发电技术的 LCOE 比较。基于中国碳减排要求和以煤为主的资源禀赋条件，中国燃煤电厂 CCUS 是电力行业减排的关键，同时作为一种低碳发电技术与其他主要低碳发电技术存在技术竞争关系，其中发电成本是低碳技术选择的重要依据。燃煤电厂 CCUS 与天燃气联合循环（NGCC）电厂和可再生能源发电相比平准化度电成本是否具有优势？成本分布是否具有地域差异？在何种条件下可抵消 CCUS 的成本劣势？本章设置了燃煤电厂 CCUS 分别与 NGCC 电厂和可再生能源发电技术具有相同减排水平的情景，系统比较了燃煤电厂 CCUS 与其他主要低碳发电技术的 LCOE 水平、成本构成结构、竞争临界条件以及区域差异，从成本角度识别了燃煤电厂 CCUS 具有竞争性的市场和资源条件，提出了相关政策建议。

第 5 章为中国燃煤电厂 CCUS 和可再生能源发电项目的投资效益比较。燃煤电厂 CCUS 发展起步较晚，与可再生能源发电技术相比，在政策支持力度方面存在差距。为探究在相同的政策扶持力度下，燃煤电厂 CCUS 和可再生能源相比是否具有投资优势这一问题，本章从政府政策支撑角度出发，以可再生能源标杆上网电价为依据，针对 CCUS 改造环节以及全流程项目分别进行政策模拟，就标杆上网电价对于 CCUS 项目的适用性进行了验证，对在同等政策优势下的 CCUS 和可再生能源发电项目投资效益的时空竞争性进行了对比，并依据相关结论提出了政策建议。

第 6 章为技术锁定和成本优化视角下的中国燃煤电厂 CCUS 改造潜力。随着 CO_2 捕集技术的发展，中国燃煤电厂进行 CCUS 改造面临一定的技术锁定风险，在代际技术作用下，中国燃煤电厂需考虑 CCUS 改造的窗口期来规避技术锁定风险。本章首先对适宜改造的燃煤机组进行了筛选，在减排和经济效益的约束下，对比了第一、第二代 CCUS 技术对燃煤电厂 CCUS 改造潜力的影响，并确定了第一、第二代技术的最佳投资时机。最后，对技术锁定风险下的第一、第二代 CCUS 技术的发展时机和区域提出了相关政策建议。

第 7 章为中国燃煤电厂 CCUS 减排的早期机会。CCUS 技术链条复杂，早期项目部署还受排放源和封存地适宜性的限制。本章在测算深部咸水层、油藏、气藏的 CO_2 封存潜力以及全国燃煤电厂碳排量的基础上，以就地封存的形式梳理了城市级别对应不同地质封存方式的当地的燃煤电厂潜力，并在考虑注入能力约束的情况下进一步探究了县级的燃煤电厂 CCUS 减排潜力。对两个微观维度下中国燃煤电厂 CCUS 项目部署的早期机会进行了分析，并就 CCUS 早期机会的地域分布特点提出了相关政策建议。

第 8 章为源汇匹配下中国燃煤电厂 CCUS 减排潜力评估。我国 CO_2 地质封存潜力巨大，燃煤电厂部署区域广泛，但二者在空间分布的区位特点不同。在 CO_2 管道运输技术逐渐成熟的假设下，中国燃煤电厂 CCUS 的减排潜力有多大？在空间上是否具有地域差异？本章针对我国燃煤电厂的 CCUS 技术中长期部署，以 17 个沉积盆地的咸水层和油田为地质封存对象，以全国燃煤电厂为 CO_2 排放源，以不同运输距离为条件，以最低成本和最小运输当量为目标，识别了中国燃煤电厂对捕集的 CO_2 进行咸水层封存和强化驱油的最佳运输路径，进一步识别了可优先发展燃煤电厂 CCUS 的区域，并提出相关政策建议。

第 9 章为 CO_2 利用技术减排效率评估。CO_2 利用技术类型具有多样化特点，其技术成熟度、成本水平和 CO_2 利用与减排潜力都影响 CCUS 技术的部署，有必要通过构建科学评价指标体系来评估 CO_2 利用技术的综合效率。本章首先从地质利用、化学利用和生物利用三个方面系统梳理了 CO_2 利用技术的种类，通过构建超效率 DEA 模型对各种 CO_2 利用技术的减排效率进行了比较分析，并从时间角度对 CCUS 技术在 2020 年和 2030 年的减排效率进行了比较，对减排效率最高的 CO_2 利用技术进行了识别，并围绕 CO_2 利用技术的未来部署提出政策建议。

本书由樊静丽、张贤负责总体设计。第 1 章由樊静丽、张贤、申硕、魏世杰、许毛完成；第 2 章由张贤、樊静丽、申硕完成；第 3 章由樊静丽、张贤、许毛、申硕完成；第 4 章由樊静丽、张贤、魏世杰完成；第 5 章由张贤、樊静丽、魏世杰、许毛完成；第 6 章由樊静丽、张贤、许毛完成；第 7 章由樊静丽、张贤、魏世杰、申硕完成；第 8 章由樊静丽、张贤、许毛完成；第 9 章由樊静丽、张贤完成。谷长宛、周文龙、张豪、于鹏伟、丁自霞、李泽政、郝文超等参与了本书部分章节内容的讨论和校对工作。

本书的研究和撰写过程中，得到了国家自然科学基金（No. 71874193，No. 71503249）、中国科协青年人才托举工程（No. 2016QNRC001）、霍英东教育基金会高等院校青年教师基金（No. 171072）、亚太全球变化网络（APN）资助项目（No. CBA2018-02MY-Fan）、煤炭资源与安全开采国家重点实验室重点开放课题（No. SKLCRSM19KFA14）、中国矿业大学（北京）"双一流"学科建设专项经费等资助。先后得到了彭苏萍院士、武强院士、魏一鸣、葛世荣、黄晶、汪航、陈其针、谢极、于福江、孙洪、姜耀东、王家臣、周宏伟、夏兴、刘峰、张九天、吴刚、丁丁、Peter Morling、仲平、陈小鸥、刘强、杨瑞广、聂立功、严晋跃、刘哲、何霄嘉、宋翔洲、陈幸荣、许吟隆、王兆华、李小春、方梦祥、侯运炳、王灿、陈彬、温宗国、鲁玺、刘兰翠、廖华、唐葆君、梁巧梅、张跃军、刘炳胜、於世为、宁成浩、王涛、高林、李佳、魏宁、姜大霖、常世彦、付晶莹、王宇、吕斌、李维明等专家和领导的鼓励、指导、支持和无私帮助。在此向他们表示衷心的感谢和崇高的敬意！

鉴于 CCUS 技术和减排政策问题的复杂性，加上作者知识修养和理论水平有限，书中疏漏之处在所难免，恳请学术前辈和同行学者不吝赐教。

作　者

2020 年 9 月

目 录 CONTENTS

目

录

中国燃煤电厂 CCUS 项目投资决策与发展潜力研究

第 1 章

绪　　论

1.1　CCUS 技术概述

碳捕集、利用与封存[①] (Carbon Capture, Utilization and Storage, CCUS) 技术是指将二氧化碳 (CO_2) 从工业或者能源生产相关排放源中分离并捕集, 加以地质、化工或生物利用, 或输送到适宜的场地封存, 使 CO_2 与大气长期隔离的技术体系 (图 1-1)。

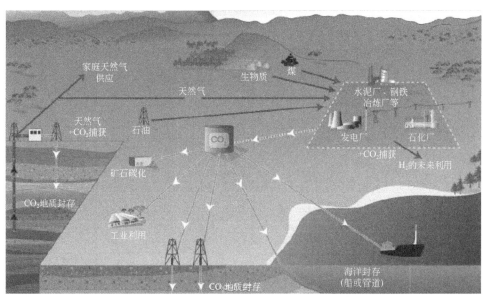

图 1-1　全流程 CCUS 技术示意图
资料来源：科学技术部社会发展科技司和中国 21 世纪议程管理中心 (2012)

[①]　目前国际上使用较多的概念是碳捕集与封存 (CCS) 技术, CCUS 的提法主要是在中国的大力倡导下形成的, 目前已经获得国际上普遍认同, 两者并没有本质的区别 (中国二氧化碳地质封存环境风险研究组, 2017)。

CO_2捕集是指将电力、钢铁、水泥等行业利用化石能源过程中产生的 CO_2 进行分离和富集的过程，是 CCUS 系统耗能和成本构成的主要环节。根据能源系统与 CO_2 分离过程集成方式的不同，CO_2捕集技术主要分为三种：燃烧后捕集、燃烧前捕集和富氧燃烧捕集（Goto et al.，2013）。除此之外，根据技术成熟度不同，可以将捕集技术划分为第一代捕集技术、第二代捕集技术和第三代捕集技术。第一代捕集技术指现阶段已能进行大规模示范的技术，如胺基吸收剂、常压富氧燃烧等；第二代捕集技术指技术成熟后能耗和成本可比成熟后的第一代技术降低 30% 以上的新技术，包括新型膜分离技术、新型吸收技术、新型吸附技术、增压富氧燃烧技术、化学链燃烧技术等；第三代捕集技术将在能耗和成本上取得明显突破（科学技术部社会发展科技司和中国 21 世纪议程管理中心，2019）。

CO_2输送是指将捕集的 CO_2 运送到利用或封存地的过程，与油气输送有一定的相似性。较为成熟的 CO_2 运输方式包括公路罐车运输、铁路运输、船舶运输及管道运输四种。

CO_2利用是指利用 CO_2 的物理、化学或生物特性生产具有商业价值的产品，与其他相同产品或者具有相同功效的产品的生产工艺相比可实现 CO_2 减排，CO_2 利用技术分类如表 1-1 所示。CO_2地质利用是将 CO_2 注入地下，生产或强化能源、资源开采的过程。相较于传统工艺，CO_2 地质利用技术可减少 CO_2 排放，主要用于强化开采石油、天然气、地热、地层深部咸水、铀矿等多种资源。CO_2化工利用以化学转化为主要手段，将 CO_2 和共反应物转化成目标产物，实现 CO_2 资源化利用的过程，主要产品有合成能源化学品、高附加值化学品以及材料三大类。CO_2生物利用是以生物转化为主要手段，将 CO_2 用于生物质合成，实现 CO_2 资源化利用的过程，主要产品有食品、饲料、生物肥料、化学品与生物燃料和气肥等。

表 1-1　CO_2利用技术分类

学科领域分类	应用领域	技术/产品目标
地质利用	能源	CO_2强化石油开采（CO_2-EOR）
		CO_2强化煤层气开采（CO_2-ECBM）
		CO_2强化天然气开采（CO_2-EGR）
		CO_2强化页岩气开采（CO_2-ESGR）
		CO_2增强地热开采（CO_2-EGS）
	资源	CO_2铀矿地浸开采（CO_2-EUL）
		CO_2强化深部咸水开采（CO_2-EWR）

学科领域分类	应用领域	技术/产品目标
化工利用	材料	CO_2合成可降解聚合物（CO_2-CTP）
		CO_2合成异氰酸酯/聚氨酯（CO_2-CTU）
		CO_2合成碳酸酯/聚酯材料（CO_2-CTPC）
		CO_2合成乙烯基聚酯（CO_2-CTPET）
		CO_2合成二酸乙二醇酯（CO_2-CTPES）
	能源	CO_2重整制备合成气（CO_2-CDR）
		CO_2制备液体燃料（CO_2-CTL）
	有机化学品	CO_2合成甲醇（CO_2-CTM）
		CO_2合成有机碳酸酯（CO_2-CTD）
		CO_2合成甲酸（CO_2-CTF）
	无机化学品	钢渣（直接）矿化利用CO_2（CO_2-SCU）
		钢渣（间接）矿化利用CO_2（CO_2-ISCU）
		石膏矿化利用CO_2（CO_2-PCU）
		低品位矿加工联合CO_2矿化（CO_2-PCM）
生物利用	能源	微藻固定CO_2转化为化学品和生物燃料（CO_2-AB）
	消费品	微藻固定CO_2转化为生物肥料（CO_2-AF）
		微藻固定CO_2转化为食品和饲料（CO_2-AS）
		CO_2气肥利用（CO_2-GF）

资料来源：中国 21 世纪议程管理中心（2014）

CO_2封存是指通过工程技术手段将捕集的 CO_2 储存于地质构造中，实现与大气长期隔绝的过程。按照封存地地质结构的特点，可划分为陆上咸水层封存、海底咸水层封存和枯竭油气田封存等方式。

近年来中国 CCUS 技术发展迅速、成果可观，多种新技术类型涌现，已开发出多种具有自主知识产权的技术，并具备了大规模全流程系统的设计能力，但是，CCUS 技术大规模应用仍受到成本、能耗、安全性和可靠性等因素制约。因此，CCUS 技术研发与推广的方向是降低成本和能耗，并确保其长期封存的安全性和可靠性，努力实现 CCUS 各个环节技术的均衡发展，尽快进入商业化阶段（科学技术部社会发展科技司和中国 21 世纪议程管理中心，2019）。

1.2　CCUS 技术与应对气候变化的关系

1.2.1　CCUS 技术是实现化石能源大规模减排的关键

全球气候变化问题日益严峻，已成为威胁人类可持续发展的重大战略问题。目前，世界各国正积极采取措施，减缓和适应气候变化。其中，CCUS 技术被认为是削减温室气体排放以减缓气候变化的重要且有效途径。CCUS 能够使化石能源利用实现 CO_2 近零排放，未来可有效填补提高能效和采用可再生能源技术等手段减排潜力不足的缺陷（蔡博峰等，2020）。《巴黎协定》确立了雄心勃勃的温控目标，要于本世纪末将全球温升限制在与工业化前相比 2℃ 以内，并努力将其限制在 1.5℃ 以内，这一目标几乎得到世界上每个国家的支持。该协议将政府、私营部门和民间社会的重点放在减缓气候变化上，这导致政府采取更强有力的气候政策（例如立法制定净零排放目标），股东对上市公司减排的压力增大以及资本加速从高排放资产向低排放资产转移等现象的发生。最终结果是政府对如何实现气候目标所必需的显著减排措施进行了更彻底的分析，并且私营部门越来越迫切地需要制定战略以使自己与未来的气候政策风险隔离开来。在上述情况下，CCUS 将成为政府制定气候政策和企业规避气候政策风险的重要组成部分。在这些气候政策和企业决策因素的影响下，2010 年以来，捕集成本显著下降，《巴黎协定》签署四年后，CCUS 也得到了发展（GCCSI，2020）。

作为一项可以实现化石能源大规模低碳化利用的技术，CCUS 具有巨大的减排潜力。国际能源署（IEA，2017a）指出，要实现到本世纪末将全球温升控制在 2℃ 以内的目标，高达 14% 的 CO_2 减排需要依靠 CCUS 技术实现；IPCC（2014）第五次特别评估报告认为，若完全不考虑 CCUS 技术，绝大多数气候模式都不能实现减排目标，并且全球减排成本将提高 138%，尤其是在 2030 年，CCUS 技术相对于其他低碳技术将更具有市场竞争力。同时，2030 年以后若要实现本世纪末温升控制在 1.5℃ 的目标，不仅需要在化石能源利用行业广泛部署 CCUS 以实现近零碳排放，而且需要将 CCUS 技术应用于生物质利用领域（BECCS）以取得负排放效果。IPCC《全球升温 1.5℃ 特别报告》（IPCC，2018）在实现控制温升 1.5℃ 的 4 种情景中，仅有 1 种情景（终端能源需求大幅下降）没有使用 CCUS，其他 3 种情景中，CCUS 技术到 2100 年分别要实现减排量 3480 亿 t［其中需通过生物能源碳捕集与封存（BECCS）技术减排 1510 亿 t］、6870 亿 t（其中 BECCS 减排 4140 亿 t）和 12 180 亿 t（其中

BECCS 减排 11 910 亿 t）（蔡博峰等，2020）。

基于此，欧美发达国家不断投入大量资金支持 CCUS 项目研发和示范，并积极推动本国相关政策、法规和机制的制定。

1.2.2 CCUS 技术是中国实现深度减排目标的必要选择

作为世界上最大的发展中国家，中国在应对气候变化方面面临更严峻的挑战。在此背景下，针对中国低碳发展、能源安全和气候变化国际谈判的突出矛盾，发展 CCUS 技术对于实现中国长期减排目标具有重要的现实意义。

作为全球最大的 CO_2 排放国，中国政府高度重视气候变化问题，将应对气候变化作为引导全球生态文明建设的重要内容，并向国际社会做出自主减排贡献承诺：2030 年左右 CO_2 排放达到峰值并争取尽早实现，2030 年单位国内生产总值（GDP）的 CO_2 排放在 2005 年的基础上下降 60%~65%。一些主要研究结果表明 CCUS 技术对于中国实现减排目标具有重要意义。2015 年亚洲开发银行发布的中国 CCUS 路线图预计，部署的 CCUS 路径将会在 2030 年实现 1.6 亿 t 的 CO_2 减排量，在 2050 实现 15 亿 t 的 CO_2 减排量（ADB，2015）。《第三次气候变化国家评估报告》（《第三次气候变化国家评估报告》编写委员会，2015）则指出，到 2030 年，我国 CCUS 技术有望实现每年数亿吨的 CO_2 减排量，减排贡献度可观。在不同的减排情景分析下，2030 年和 2050 年 CCUS 技术在国内不同排放空间下的减排贡献分别可达 1 亿~12 亿 t/a 和 7 亿~22 亿 t/a。以 2050 年排放量为 126 亿 t 测算，至 2050 年，CCUS 减排贡献占比将达到 5.56%~17.46%。中国 2019 年 CCUS 路线图预测，随着技术逐渐成熟，CCUS 有望在 2030 年后成为我国从化石能源为主的能源结构向低碳多元供能体系转变的重要技术保障，为构建化石能源与可再生能源协同互补的多元供能体系发挥重要作用，届时其年利用封存能力将达到 2000 万 t/a，到 2050 年将达到 8 亿 t/a（科学技术部社会发展科技司和中国 21 世纪议程管理中心，2019）。

从中国的资源条件来看，中国"富煤、贫油、少气"的资源禀赋决定了煤炭在能源结构中的主导地位。同时，由于价格低廉、储量丰富且分布广泛，煤炭仍然是我国保障能源供应安全的支柱。尽管近年来煤炭在能源消费结构中的占比有所下降，但在 2017 年，煤炭消费占比仍达 65.2%，化石能源相关 CO_2 排放占中国 CO_2 排放总量的 80% 以上，其中煤炭占所有化石能源相关碳排放的 79.5%（国家统计局能源统计司，2019），从煤基工业和燃煤发电行业中减排 CO_2 是实现减排目标、保证能源安全和实现社会可持续发展的关键举措。与此同时，与目前快速发展的能源种类相比，CCUS 在燃煤电厂中的应用具有突出优势。天然气生产量持续增长，其在能源消费结构中的占比由 2001 年的 2.9% 增长到了 2017 年的 6.0%，一次电力及其他能源由 3.9% 增长到了 9.0%（国家能源局能源统计司，2019），但是二者的发展规模还较为有限。对于天然气而言，当前我国对天然气的消费需求量逐渐增加，国内生产已难以满足消费需求，所以必须依赖进口。天然气对外依存度已经从 2006 年的 1.7% 增长到了 2017 年的 39.5%（国家能源局能源统计司，2019），对我国的能源安全构成了潜在威胁。对于可再生能源发电来说，由于其电力生产的波动性较大，对电网传输造成了技术上的挑战，同时，地方消纳能力不足，也使其上网产生困难，从而造成"弃风""弃光"问题。燃煤电厂采用的 CCUS 技术可以在保证能源安全的同时发挥巨大的减排潜力，在中国现有条件下，具有大规模发展的技术优势和资源条件。

从减排效果来看，中国要在当前基础上实现更高的减排目标，CCUS 是目前唯一的技术手段。此外，CO_2 利用技术在减排的同时可以形成具有可观经济社会效益的新业态，促进经济发展并增加就业，尤其适用于我国目前的发展阶段。因此，CCUS 技术的引进和推广对保障我国能源安全和低碳可持续发展是极为必要的。

1.3　CCUS 技术应用发展现状

从全球来看，2019 年 CCUS 的发展和部署持续加快。据 GCCSI（2020）统计，全球大型 CCUS 设施的数量已达 51 个，其中 19 个正在运营，4 个正在建设中，10 个处于高级开发阶段，18 个处于早期开发阶段。目前，这些正在运营和建设中的设施每年可捕集和封存 CO_2 约 4000 万 t。预计在接下来的 12 ~ 18 个月中，捕集和封存能力将增加约 100 万 t。2019 年，电力和工业领域通过使用 CCUS 技术封存了 2500 多万吨 CO_2。

据 GCCSI 统计，自 2017 年以来，CCUS 行业一直保持增长势头，2019 年运营中的大型 CCUS 设施约为 2010 年的 4 倍。许多因素推动了 2018 年和 2019 年 CCUS 项目的发展。运营中的大型 CCUS 设施的捕集能力已从 2017 年的 $3.12 \times 10^7 t/a$ 增加到 2019 年的 $3.92 \times 10^7 t/a$。各个开发阶段的所有 CCUS 项目的总 CO_2 捕集能力已从 2017 年的 37 个设施的 $6.45 \times 10^7 t/a$ 增加到 2019 年的 51 个设施的 $9.75 \times 10^7 t/a$。这些设施以及最近在美国、新西兰和卡塔尔宣布的项目有可能在 2020 年后形成下一轮全球 CCUS 投资浪潮。在曾经被认为 CCUS 成本过高的燃煤电力部门，仅使用第一代技术就将 CO_2 的捕集成本降低了一半——从每吨 100 美元以上降至每吨 45 美元左右。第一批 CCUS 设施产生的干中学的效应将使成本持续降低（GCCSI，2020）。

中国政府高度重视 CCUS 技术的研发与示范，积极发展和储备 CCUS 技术，并将其视作一个技术系统部署相关研发活动（杨锦琦，2016）。2006 年以来，国家发展和改革委员会、科学技术部、财政部、外交部、工业和信息化部、国土资源部[①]等多达 16 个国家部委先后参与制定并发布了 10 多项国家政策和发展规划，如《中国应对气候变化国家方案》《国家中长期科学和技术发展规划纲要（2006—2020 年）》《中国应对气候变化科技专项行动》《工业领域应对气候变化行动方案（2012—2020 年）》等。在上述发展规划的支持下，近年来中国 CCUS 技术相关的研发示范活动也在随之增多（图 1-2），并且主要采取政府指导、企业主体实施、科研单位和高等院校共同参与的方式来开展。

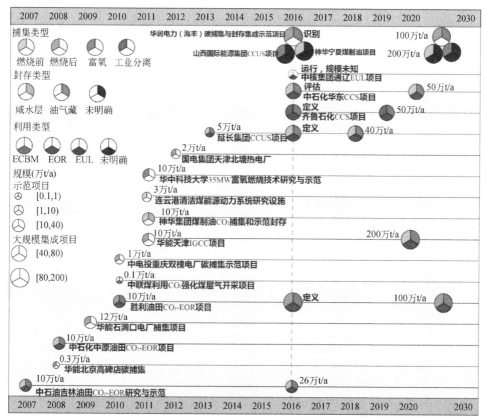

图 1-2　中国部分 CCUS（含 CCUS）项目示范工程概况
资料来源：中国二氧化碳地质封存环境风险研究组（2017）及作者整理

---

① 2018 年 3 月，根据第十三届全国人民代表大会第一次会议批准的国务院机构改革方案，将国土资源部的职责整合并入其他部委，不再保留国土资源部。

中国各类 CCUS 技术种类齐全，囊括了 CO_2 咸水层封存、CO_2 强化石油开采、CO_2 强化煤层气开采等各种 CCUS 关键技术，为中国乃至全球 CCUS 发展、推广和管理积累了非常宝贵的经验和数据。截至 2019 年，中国共开展了 8 个捕集示范项目、12 个利用与封存项目，其中包含 10 个全流程示范项目。除传统化工利用以外，所有 CCUS 项目的累积封存量约为 200 万 t CO_2。捕集主要集中在煤化工行业，其次为火电行业等。地质利用和封存项目以强化石油开采为主。现有主要项目的基本情况如表 1-2 所示。

表 1-2　CCUS 示范项目基本情况

项目名称	实施单位	建设时间	投运时间	项目资金来源及规模	地点
水泥窑尾烟气碳捕捉及应用项目	北京琉水环保科技有限公司	2016	2017.4	企业自筹资金	北京琉璃河
天然气发电烟气 1000t/a 燃烧后 CO_2 捕集实验装置	中国华能集团清洁能源技术研究院有限公司	2012.6	2012.10	华能清能院自筹与挪威石油公司投资	北京
华中科技大学 35MW 富氧燃烧碳捕集示范项目	华中科技大学	2012.3	2015.6	企业自筹资金、国家科研支持资金、国际合作资金和其他	湖北应城
中石化华东油田 EOR 示范项目	中国石化华东油气分公司	2005.3	2005.7	全部为企业自筹资金	江苏泰州
电石渣矿化利用二氧化碳弛放气	河南开祥精细化工有限公司	2019.8	2020.8	全部为企业自筹资金	新疆克拉玛依
钢渣及除尘灰直接矿化利用烟气 CO_2	山西金恒建材有限公司	2019.8	2020.3	全部为企业自筹资金	四川成都
安徽海螺集团水泥窑烟气 CO_2 捕集纯化技术示范项目	安徽海螺集团有限责任公司	2017.6	2018.4	企业自筹资金和其他资金	安徽芜湖
中国华能集团上海石洞口碳捕集项目	华能上海石洞口发电有限责任公司	2009.8	2009.12	企业自筹资金	上海
中国华能集团天津绿色煤电项目	"中国华能集团清洁能源技术研究院有限公司"	2009	2012	—	天津
吉林长春热电厂 CO_2 捕集示范项目	华能长春热电厂	2014.3	2014.6	—	长春
CO_2 加氢制甲醇	中国科学院上海高等研究院	2019	2019.12	企业自筹资金和国家科技支撑资金	辽宁大连

项目名称	实施单位	建设时间	投运时间	项目资金来源及规模	地点
中石化胜利油田 EOR 示范项目	胜利油田分公司	2009	2010	—	陕西延长
300Nm³/h 烟气 CO_2 化学吸收中试平台	浙江大学	2017.4	2017.10	企业自筹	浙江杭州
中电投重庆双槐电厂碳捕集示范项目	国家电力投资集团远达环保	2008	2010	企业自筹	重庆
二氧化碳甲烷大规模重整	国家电力投资集团远达环保	2014	2017	企业自筹资金、国家科研支持资金和国际合作资金	山西长治
微藻固定煤化工厂烟气 CO_2	鄂托克旗螺旋藻产业园	2005	2009	企业自筹资金和中央财政专项经费	内蒙古鄂尔多斯
微藻固定燃煤电厂烟气 CO_2	烟台海融微藻养殖有限公司	2010	2012	企业自筹资金和中央财政专项经费	山东烟台
微藻生物质利用煤化工厂烟气 CO_2	新奥集团	2008	2010	企业自筹资金和国家科研支持资金	鄂尔多斯
管道式反应器微藻固定燃煤电厂烟气 CO_2	广东海融环保科技有限公司	2010	2014	企业自筹资金和国家科研支持资金	广东肇庆
立柱式光合反应器微藻固定 CO_2	连衡会投资有限公司	2015	2017	企业自筹资金	河南郑州
中石油吉林油田 EOR 示范项目	中国石油吉林油田公司	2006	2008	—	吉林松原

资料来源：作者调研与整理

通过表 1-2 可以看出，目前中国的 CCUS 示范项目的资金来源主要为企业自筹或者企业自筹与政府补贴相结合的形式，其中全部为企业自筹的有 8 个，企业自筹与国家资金支持相结合的项目有 7 个。目前捕集的 CO_2 封存方式主要有强化石油开采和地质封存两种形式。除此以外，目前 CCUS 示范项目所采用的捕集技术类型主要有：燃烧前捕集、燃烧后捕集、化学吸附、变压吸附、富氧燃烧以及生物光合作用。其中，燃烧后捕集技术相对成熟，因此在示范项目中应用较为广泛。

中国 CCUS 捕集技术已经比较成熟，地质利用和封存方面若干关键核心技术取得了重大突破。CO_2 强化石油开采等技术已进入商业化应用初期阶段。经济成本依然是制约中国 CCUS 发展的重要因素，在 CCUS 捕集、输送、利用与封存环节中，捕集是能耗和成本最高的环节。中国当前的低浓度捕集成本为 300～900

元/t CO_2，罐车运输成本为 0.9 ~ 1.4 元/（t·km）。强化石油开采的技术的成本因技术水平、油藏条件、气源来源、源汇距离等不同，成本差异较大。通过利用 CO_2 强化石油开采可以提高石油采收率，可有效补偿 CCUS 的成本，原油在 70 美元/桶的水平，基本就可以平衡 CCUS 强化石油开采的封存成本（蔡博峰等，2020）。但由于起步较晚，我国 CCUS 技术总体上仍处于研发和示范阶段（图1-3），大多尚未商业化，减排潜力尚未充分体现，减排贡献较小，盈利能力不足。

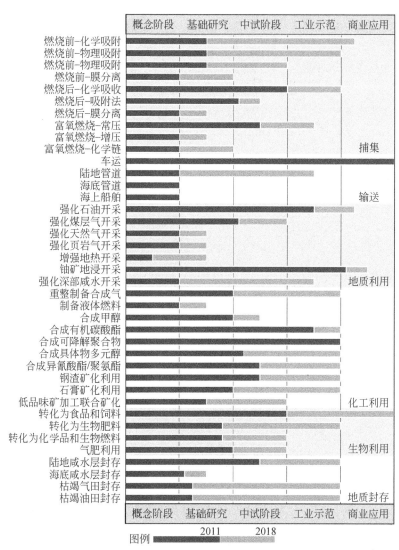

图1-3 我国 CCUS 技术各环节技术发展水平

资料来源：科学技术部社会发展科技司和中国 21 世纪议程管理中心（2019）

根据先进发电技术论坛（APGTF）提出的"代际"概念，燃烧前捕集技术、燃烧后捕集技术与富氧燃烧技术三类捕集技术可划分为一、二、三代。其中，第一代捕集技术趋于成熟，但大规模系统集成改造缺乏工程经验；第二代捕集技术处于实验室研发或小试阶段；而第三代捕集技术多数处于原理验证阶段（APGTF，2011）。具体来看，以燃煤电厂为例，燃烧前捕集技术仅用于新建整体煤气化联合循环（IGCC）电厂，所需运营成本和资金成本高于其他两种捕集技术（Theo et al.，2016），我国目前还缺乏燃烧前捕集技术的相关工程实践经验。富氧燃烧技术发展迅速，可用于部分燃煤电厂的改造和新建燃煤电厂，但空气分离的高能耗与高成本仍是其现阶段所面临的一大挑战（Font-Palma et al.，2016）。目前，燃烧后捕集是较为主流的 CO_2 捕集技术，发展相对成熟（纪龙和曾鸣，2014）。燃烧后捕集技术是将烟气中较低浓度的 CO_2 采用化学或物理方法选择性富集。以火力发电厂 CCUS 改造为例，只需在电厂下游增加燃烧后 CO_2 捕集系统，不需要对电厂进行大面积改造。因此这一技术受到国内外广泛关注，相关学者也进行了大量的研究和开发。燃烧后捕集技术中主要采用吸附分离法、膜分离法、低温分离法及化学吸收法等方法分离 CO_2，其中化学吸收法发展较为成熟，吸收效果较好（宗杰等，2016）。但基于化学吸收法的燃烧后捕集技术的缺点是溶剂再生能耗较高、设备易被腐蚀，该技术目前也难以大规模推广（王小丰，2017）。

CO_2 运输技术指将捕集的 CO_2 运送到利用或封存地的过程，在某些方面与天然气运输具有一定相似性。当前我国 CO_2 车运技术已进入商业应用阶段，但主要应用于小规模 CO_2 的输送，已有示范工程项目经验表明 CO_2 罐车运输目前的成本约为 1 元/（t·km）；CO_2 海上管道输送和船舶输送技术在国内外均处于概念研究阶段。当 CO_2 运输量超过 100 万 t/a 时，超临界/密相 CO_2 管道输送是最佳的运输方式（IPCC，2005）。美国已建设了 7600km 左右的陆上 CO_2 运输管道，每年运输 6800 万 t CO_2，主要用于强化石油开采（GCCSI，2016）。CO_2 管道运输技术在我国起步较晚，目前我国尚无长距离 CO_2 运输管道投入使用，仅有部分示范工程铺设了短距离 CO_2 运输管道，如吉林油田建设了 53km CO_2 运输管道，运输和封存潜力为 40 万 t/a。在建示范项目中，延长油田一期 85km 超临界/密相 CO_2 输送管道，运输量为 36 万 t/a，延长油田二期 460km 超临界/密相 CO_2 输送管道，运输量为 400 万 t/a（陈兵等，2018）。

CO_2 利用技术主要包括：①地质利用方面，我国目前只有强化石油开采、铀矿地浸开采技术接近或达到商业应用水平，其他技术还处于基础研究或中试阶段。目前，在 CO_2 地质利用增产能源中，CO_2 强化石油开采技术已经商业化应用，CO_2 强化煤层气开采技术正处于中试研发与示范工程建设阶段，其他如 CO_2 强化天然气开采、CO_2 强化页岩气开采、CO_2 强化地热开采等技术尚处于早期研发阶段。在矿产资源增采与利用的各类技术中，利用 CO_2 驱替高价值液体矿产资源或卤水资源技术目前尚处于研发阶段，CO_2-EUL 技术已经进入商业开发阶段，而利用 CO_2 驱替深部咸水并淡化利用技术已经进入示范工程建设阶段。②化工利用方面，多种 CO_2 利用技术已经进入或接近商业化。在 CO_2 合成转化能源产品的各类技术中，CO_2 与甲烷重整制备合成气技术现已进入中试放大阶段；CO_2 经一氧化碳制备液体燃料技术现处于基础研究阶段。CO_2 合成有机化学品（如甲醇、碳酸二甲酯等）、有机功能材料（如可降解聚合物、异氰酸酯/聚氨酯、聚碳酸酯等）大多处于中试放大或示范工程阶段；CO_2 矿化技术目前都已经进入中试放大研发与示范工程建设阶段。CO_2 矿化技术是利用富含钙、镁的矿物和固体废弃物与 CO_2 进行碳酸化反应将 CO_2 转化为碳酸盐固体，在减排 CO_2 的同时可处理工业固废，并联产具有一定经济价值的工业产品（纪龙和曾鸣，2014），该技术是目前 CCUS 领域的重点研究方向之一。③生物利用方面，目前微藻固定 CO_2 转化成生物肥料技术已经进入中试放大研发与示范工程建设阶段，微藻固定 CO_2 转化成食品和饲料技术以及 CO_2 气肥利用技术尚处于技术研发阶段。

CO_2 封存技术方面，目前我国已完成了全国范围内 CO_2 理论封存潜力评估。陆上咸水层封存技术完成了年十万吨级规模的示范，海底咸水层封存、枯竭油田、枯竭气田封存技术完成了中试方案设计与论证。

基于 CCUS 技术的近中远期定位，《中国 CCUS 发展路线图（2019）》提出了中国 CCUS 发展的总体愿景与各时间节点的发展目标，如图 1-4 所示。到 2025 年：建成多个基于现有技术的工业示范项目并具备工程化能力；第一代捕集技术的成本及能耗比当前降低 10% 以上；突破陆地管道安全运行保障技术；建成百万吨级输送能力的陆上输送管道；部分现有利用技术的利用效率显著提升并实现规模化运行。到 2030 年：现有技术开始进入商业应用阶段并具备产业化能力；第一代捕集技术的成本与能耗比当前降低 10%~15%；第二代捕集技术的成本与第一代技术接近；突破大型 CO_2 增压（装备）技术；建成具有单管 200 万 t/a 输送能力的陆地长输管道；现有利用技术具备产业化能力并实现商业化运行。到 2035 年：部分新型技术实现大规模运行；第一代捕集技术的成本及能耗与当前相比降低 15%~25%；第二代捕集技术实现商业应用，成本比第一代技术降低 5%~10%；新型利用技术具备产业化能力并实现商业化运行；地质封存安全性保障技术获得突破，大规模示范项目建成，具备产业化能力；到 2040 年：CCUS 系统集成与风险管控技术得到突破；初步建成 CCUS 集群，CCUS 综合成本大幅降低；第二代捕集技术成本比当前捕集成本降低 40%~50%，并在各行业实现广泛商业应用。到 2050 年：CCUS 技术实现广泛部署，建成多个 CCUS 产业集群（科学技术部社会发展科技司和中国 21 世纪议程管理中心，2019）。

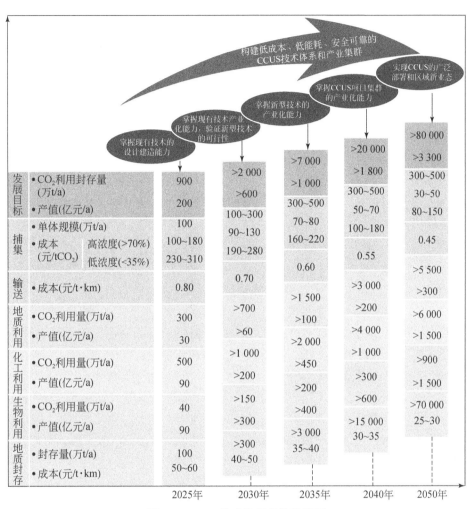

图 1-4　CCUS 技术发展总体路线图

资料来源：科学技术部社会发展科技司和中国 21 世纪议程管理中心（2019）

1.4　CCUS 政策总结

1.4.1　国际 CCUS 减缓政策汇总

随着全球温室气体排放形势日益严峻，CCUS 技术的研发和推广受到国际社会、多国政府和相关企业的高度重视。在推动 CCUS 技术发展的过程中，各国推动该技术发展的政策呈现出多样化的特点。

多国采用碳定价机制促进 CCUS 项目的投资，如挪威通过征收碳税促成了国家石油公司的 Sleipner CCUS 和 Snøhvit CCUS 项目；欧盟于 2009 年将 CCUS 纳入碳排放交易体系（EU ETS），为 CCUS 发展提供了长期驱动，"NER300 计划"通过出售碳排放配额筹建可再生能源和 CCUS 工程；英国通过电力市场改革引入最低碳价机制，对 CCUS 等低碳发电技术发出明确的价格信号，同时将征收的气候变化税作为支持开发 CCUS 低碳技术的基金来源；荷兰和瑞典等国家的碳税机制也为企业采用 CCUS 技术带来巨大的利益驱动；加拿大艾伯塔省的 Quest CCUS 项目（通过含油砂进行石油开采）已通过该省的碳补偿系统获益，该系统对碳信用奖励 30 加元/t CO_2（39 美元/t）；美国引入针对 CCUS 的《未来法案》并于 2018 年对该法案进行了修订，为 CCUS 项目的 CO_2 实施税收抵免政策（强化采油最高可达 35 美元/t，咸水层封存最高可达 50 美元/t），推动了生物乙醇、天然气和煤化工厂等对 CCUS 技术的部署（GCCSI，2018）。

CCUS 技术的补贴政策形式多样化。英国采用的"差价合约"电价补贴政策，弥补了 CCUS 特定示范项目融资与纯粹由碳定价机制驱动融资之间的差距；美国对 CCUS 技术的研发资助已将近 20 年，应用于电力部门的 CCUS 一代技术成本已从 100 美元/t 下降到了 60 美元/t（GCCSI，2017a）；欧盟对 CCUS 项目的技术研发支持也加快了 CCUS 技术的部署；此外，德国、荷兰分别对 CCUS 的捕集和地下封存技术进行成本和技术研发补贴。除研发补贴外，美国的《清洁能源与安全法案》将政策与市场化激励政策相结合，将部分碳排放交易额用来补贴电力企业安装 CCUS 装置。

电力配额制度有效促进了 CCUS 部署。美国的《清洁能源标准法案》和《清洁煤标准总则》对大型公共事业用电来源中的清洁电力比例做出规定，对靠近适宜封存地的燃煤电厂提供了 CCUS 优先改造权；英国为了确保 CCUS 技术得以实施，通过《电力法》将 CCUS 作为政府采购的重要对象，以支持 CCUS 技术研发和大规模商业化；加拿大承诺采购 20% 的低排放或零排放生产电力给予政府设施使用（王许等，2018）。

电厂性能和排放绩效标准同样是有效拉动 CCUS 技术部署的有效措施。英国 2008 年颁布的《气候变化法》提出，要出台政策要求常规燃煤电厂在某一时间段（如 2020 年）之前均采用 CCUS，并制定了排放标准迫使常规电厂在未来 10 年采用 CCUS，使电力行业在 2030 年实现脱碳目标。除此之外，英国在 2014 年还将碳排放绩效标准纳入法律规定，要求碳排放达到 450g CO_2/（kW·h），所有新建燃煤电厂必须安装 CCUS。加拿大于 2015 年实施的排放新规，要求凡是 2015

年 7 月 1 日之后运营的新建或者翻新的燃煤电站必须满足严苛的温室气体排放限制，燃煤电厂要和燃气电厂的排放水平相当。

除此之外，多国将 CCUS 技术纳入国家发展计划。欧盟还提出了六大产业（风能、太阳能、生物能源、智能电网、核裂变及 CCS）倡议，其中 CCS 倡议要求未来十年投资额达到 130 亿欧元，用来支持 12 个示范项目。美国的"Future Gen"提供 10 亿美元来发展未来发电 2.0 项目（GCCSI，2014）；欧盟在"第七框架计划"中提出，CCS 与清洁煤技术的指定预算大约为 3.6 亿欧元。英国将可再生能源和 CCS 等领域纳入"清洁增长战略"，在可再生能源和 CCS 等领域投入超过 25 亿英镑的资金。

1.4.2　中国 CCUS 减缓政策与规划部署

2006 年以来，中国出台了《国家中长期科学和技术发展规划纲要（2006—2020 年)》等一系列与碳减排相关的科技政策；"十二五"以来，中国政府大力加强 CO_2 减排技术的研发与示范，为了加快国家节能减排，减少污染排放，中央政府和各省级政府纷纷出台了促进节能减排与 CO_2 减排技术工业化应用的政策、规划和落实措施。"十二五"以来，这一系列政策的相继出台和实施为我国乃至全球的温室气体减排做出了重要贡献。本节将分别从国家和地方两个角度分析 CO_2 减排相关的政策。

1. 国家政策

"十二五"以来，国家发展和改革委员会（简称国家发改委）、科学技术部（简称科技部）、财政部、外交部、工业和信息化部（简称工信部）、国土资源部等多达 17 个国家部委先后参与制定并发布了 20 多项国家政策和发展规划，不仅涉及到国家战略层面，还进一步向二氧化碳减缓技术的具体化、可操作、可执行、可示范、可推广的趋势深度发展，2011 年以来我国陆续出台的政策和发展规划数量和内容如表 1-3 和表 1-4 所示。

表 1-3　"十二五"以来我国出台的国家政策

年份	当前出台政策数量	累计出台政策数量
2011	4	4
2012	2	6
2013	6	12

年份	当前出台政策数量	累计出台政策数量
2014	3	15
2015	2	17
2016	5	22
2017	2	24
2018	0	24
2019	1	25

表 1-4 中国已经发布的相关国家政策内容

序号	发布单位	发布时间	名称	主要内容
1	国务院	200602	《国家中长期科学和技术发展规划纲要（2006—2020 年）》	在环境优先主题纳入"主要行业二氧化碳、甲烷等温室气体的排放控制与处置利用技术"，同时在先进能源技术方向提出"开发高效、清洁和二氧化碳近零排放的化石能源开发利用技术"
2	科技部、国家发改委、外交部、教育部等 14 部委联合发布	200706	《中国应对气候变化科技专项行动》	将"二氧化碳捕集、利用与封存技术"列为重点支持、集中攻关和示范的重点技术领域
3	国务院	201010	《国务院关于加快培育和发展战略性新兴产业的决定》	提出在节能环保产业要加快资源利用关键共性技术的研发和产业化示范，推进煤炭清洁利用
4	科技部	201107	《国家"十二五"科学和技术发展规划》	提出"发展二氧化碳捕集利用与封存等技术"
5	国土资源部	20110913	《国土资源"十二五"科学和技术发展规划》	建立地质碳储技术方法体系
6	科技部、中国 21 世纪议程管理中心	20110918	《中国碳捕集、利用与封存技术发展路线图研究》	提供了中国发展 CCUS 技术的基本原则和总体发展进展，重点分析其研发投入、试点示范项目和国际合作项目
7	国务院	20111201	《"十二五"控制温室气体排放工作方案》	提出"到 2015 年全国单位国内生产总值二氧化碳排放比 2010 年下降 17%的目标，大力开展节能降耗，优化能源结构，努力增加碳汇，加快形成以低碳为特征的产业体系和生活方式。"

序号	发布单位	发布时间	名称	主要内容
8	国家发改委	20120318	《煤炭工业发展"十二五"规划》	支持开展二氧化碳捕集、利用和封存技术研究和示范
9	科技部、外交部、国家发改委、教育部、工信部等16部委联合发布	20120504	《"十二五"国家应对气候变化科技发展专项规划》	提出要着力研究埋存地址鉴定、选址、地下二氧化碳流动监测与模拟、泄漏风险评估与处理、测量与监测等关键技术。强调在减缓气候变化方面要着力解决碳捕集、利用和封存等关键技术的成本降低和市场化应用问题
10	工信部、国家发改委、科技部、财政部等4部委联合发布	20130110	《工业领域应对气候变化行动方案》	控制工业过程温室气体排放、加快低碳技术开发和推广应用、加快推进CCUS一体化示范工程
11	科技部	20130216	《"十二五"国家碳捕集与封存科技发展专项规划》	围绕CCUS各环节的技术瓶颈和薄弱环节，统筹协调基础研究、技术研发、装备研制和集成示范部署，突破CCUS关键技术开发，有序推动全流程CCUS示范项目建设
12	国家发改委	20130222	《战略性新兴产业重点产品和服务指导目录》	明确先进环保产业的重点产品包括碳减排及碳转化利用技术、碳捕捉及碳封存技术等减少或消除控制温室气体排放的技术
13	国家发改委	20130427	《关于推动碳捕集、利用和封存试验示范的通知》	(1) 结合碳捕集和封存各工艺环节实际情况开展相关试验示范项目；(2) 开展碳捕集、利用和封存示范项目和基地建设；(3) 探索建立相关政策激励机制；(4) 加强碳捕集、利用和封存发展的战略研究和规划制定；(5) 推动碳捕集、利用和封存相关标准规范的制定；(6) 加强能力建设和国际合作
14	国务院	20130506	《国家重大科技基础设施建设中长期规划(2012—2030)》	在能源科学领域：探索预研二氧化碳捕获、利用和封存研究设施建设，为应对全球气候变化提供技术支撑
15	环境保护部	20131105	《关于加强碳捕集、利用和封存试验示范项目环境保护工作的通知》	加强碳捕集、利用和封存试验示范项目环境保护工作：(1) 加强环境影响评价；(2) 积极推进环境影响监测；(3) 探索建立环境风险防控体系；(4) 推动环境标准规范制定；(5) 加强基础研究和技术示范；(6) 加强能力建设和国际合作

第 1 章 绪 论

序号	发布单位	发布时间	名称	主要内容
16	国务院	201409	《国家应对气候变化规划（2014—2020年)》	在火电、化工、油气开采、水泥、钢铁等行业中实施碳捕集试验示范项目，在地质条件适合的地区，开展封存试验项目，实施二氧化碳捕集、驱油、封存一体化示范工程。积极探索二氧化碳资源化利用的途径、技术和方法
17		20141112	《中美气候变化联合声明》	推进碳捕集、利用和封存重大示范：经由中美两国主导的公私联营体在中国建立一个重大碳捕集新项目，以深入研究和监测利用工业排放二氧化碳进行碳封存，并就向深盐水层注入二氧化碳以获得淡水的提高采水率新试验项目进行合作
18	国家能源局、环境保护部、工业和信息化部	201412	《国家能源局、环境保护部、工业和信息化部关于促进煤炭安全绿色开发和清洁高效利用的意见》	积极开展二氧化碳捕集、利用与封存技术研究和示范
19	国家能源局	20150505	《煤炭清洁高效利用行动计划（2015—2020年)》	积极开展二氧化碳捕集、利用与封存技术研究和示范；鼓励现代煤化工企业与石油企业及相关行业合作，开展驱油、微藻吸收、地质封存等示范，为其它行业实施更大范围的碳减排积累经验
20	国家发展和改革委员会	201512	《国家重点推广的低碳技术目录》（第二批）	将碳捕集利用与封存技术为29项国家重点推广的低碳技术之一
21	环境保护部	20160620	《二氧化碳捕集、利用与封存环境风险评估技术指南（试行)》	该指南以当前技术发展和应用状况为依据，规定了一般性的原则、内容以及框架性程序、方法和要求，可作为二氧化碳捕集、利用和封存环境风险评估工作的参考技术资料；明确了二氧化碳捕集、利用与封存环境风险评估的流程，提出了环境风险防范措施和环境风险事件的应急措施，对于加强二氧化碳捕集、运输、利用和封存全过程中可能出现的各类环境风险的管理具有重要意义

序号	发布单位	发布时间	名称	主要内容
22	国务院	20160808	《"十三五"国家科技创新规划》	在发展清洁高效能源技术方面强调发展煤炭清洁高效利用和新型节能技术，重点加强煤炭高效发电、煤炭清洁转化、燃煤二氧化碳捕集利用封存等技术。同时开展燃烧后二氧化碳捕集实现百万吨/年的规模化示范
23	国家发展和改革委员会、国家能源局	20160407	《能源技术革命创新行动计划（2016—2030)》	列举了包括"非常规油气和深层、深海油气开发技术创新""煤炭清洁高效利用技术创新""二氧化碳捕集、利用与封存技术创新"等 15 项重点任务。旨在研究二氧化碳低能耗、大规模捕集技术，研究二氧化碳驱油利用与封存技术、二氧化碳驱煤层气与封存技术、二氧化碳驱水利用与封存技术等，也致力于研究二氧化碳安全可靠封存、检测及运输技术。要建设百万吨级二氧化碳捕集利用和封存系统示范工程，全流程的 CCUS 系统在电力、煤炭、化工、矿物加工等系统获得覆盖性、常规性应用，实现二氧化碳的可靠性封存、检测及长距离安全运输
24	国家发展和改革委员会、国家能源局	201604	《能源技术革命重点创新行动路线图 2017》	明确了《能源技术革命创新行动计划（2016—2030)》15 项重点任务的具体创新目标、行动措施以及战略方向。强调了二氧化碳大规模低能耗捕集、资源化利用及二氧化碳可靠封存、检测及运输方面的技术攻关。同时对 2020 年、2030 年的目标及 2050 年的展望作出了规划
25	国家发展和改革委员会、国家能源局	201612	《煤炭工业发展"十三五"规划》	列出燃煤二氧化碳捕集、利用、封存等关键技术为煤炭科技发展的重点
26	国家发展和改革委员会	20170204	第二版《战略性新兴产业重点产品和服务指导目录》(2016 版)	将"控制温室气体排放技术装备：碳减排及碳转化利用技术装备、碳捕捉及碳封存技术及利用系统、非能源领域的温室气体排放控制技术装备"单独列示。另外，相比于 2014 年第一版《国家重点推广的低碳技术目录》，2017 年发布的第二版将对 CCUS 技术的投资额增加，对减排量的要求也大幅度提高

第 1 章 绪 论

序号	发布单位	发布时间	名称	主要内容
27	科技部、环境保护部、气象局	20170427	《"十三五"应对气候变化科技创新专项规划》	进一步强调要在能源、电力、工业、建筑、交通、农业等重点行业进行全生命周期的减排技术的研发与示范应用，同时继续推广大规模、低成本CCUS技术与低碳减排技术的研发与应用示范。该规划中还将CCUS技术作为专栏提出，从捕集技术、管道输送技术、资源化利用技术、封存技术、技术集成等方面对CCUS技术的发展做出部署
28	科技部、中国21世纪议程管理中心	201906	《中国碳捕集利用与封存技术发展路线图（2019）》	总结了中国CCUS技术现状和示范项目，并对未来30年CCUS技术在中国的发展进行了系统有序部署

虽然目前中国没有针对CCUS的具体激励措施，但近年来与CCUS技术相关的政策数目逐渐增多，我国对CCUS技术的重视程度逐渐增加。在CCUS早期发展阶段，注重CCUS技术的推广，关注其发展方向。"十二五"期间，政策重点转移到重点研发和早期示范。"十三五"期间，我国在CCUS技术方面的政策不仅关注到CCUS是节能环保战略新兴产业的重要技术和支撑可持续发展并有效应对气候变化的技术，还关注到该项技术在燃煤清洁利用、CO_2强化石油开采等方面的应用。"十三五"期间重点关注CCUS示范，并对CCUS发展提供资金。

2. 各省（自治区、直辖市）出台的政策

在国家低碳、节能降耗的政策下，全国20多个省（自治区、直辖市）根据各自能源、经济发展情况，纷纷出台CO_2减排政策和发展规划，涉及火电、煤化工、水泥、石油、食品、钢铁、化工等多个行业，促进低碳技术研究和应用，推进示范项目开展，具体情况如表1-5所示。

表1-5　各省（自治区、直辖市）已出台的相关政策规划

序号	发布单位	发布时间	名称	主要内容
1	北京市人民政府	20080516	《北京市中长期科学和技术发展规划纲要（2008—2020年)》	提到开发高效、清洁和二氧化碳近零排放的化石能源开发利用技术

序号	发布单位	发布时间	名称	主要内容
2	河南省人民政府	20090905	《河南省化工产业调整振兴规划的通知》	支持甲醇制烯烃、三联产制纯碱、合成气制乙二醇、二氧化碳捕集回收利用等关键性技术开发
3	湖北省人民政府	20091110	《湖北省人民政府关于发展低碳经济的若干意见》	重点研究新一代生物燃料技术、二氧化碳捕集、运送和埋存技术、智能电力系统开发和电力储存以及提高能效的相关技术等
4	江苏省人民政府	20100406	《江苏省新材料产业发展规划纲要》	提出"重点发展二氧化碳捕集膜材料"
5	安徽省人民政府	20100505	《安徽省低碳技术发展"十二五"规划纲要》	提出到2015年"二氧化碳捕获及封存（CCUS）关键技术研究取得进展，并开展试点、示范"的发展目标，并开展"开展CCUS关键技术研发"
6	浙江省人民政府	20101009	《浙江省应对气候变化方案》	力求在"二氧化碳捕获封存（CCUS）技术"取得新突破
7	北京市人民政府	20110822	《北京市"十二五"时期能源发展建设规划》	提出"建成全国首座电厂二氧化碳捕集示范装置"
8	湖南省经济和信息化委员会	20110609	《湖南省石化行业"十二五"发展规划》	提出"重点发展二氧化碳捕集封存技术"
9	上海市人民政府	20111128	《上海市能源发展"十二五"规划》	石洞口电厂建成世界上规模最大、拥有自主知识产权、年产10万t的二氧化碳捕集装置
10	上海市人民政府	20111205	《上海市电力发展"十二五"规划》	石洞口二期扩建项目建成年产10万t二氧化碳捕集装置，这也是目前世界上规模最大、拥有自主知识产权的碳捕获示范项目
11	上海市人民政府	20120416	《上海市科学和技术发展"十二五"规划》	研究超高参数发电技术、富氧燃烧技术、整体煤气化联合循环发电技术及二氧化碳捕集封存技术，为开发先进煤电机组提供技术支撑

序号	发布单位	发布时间	名称	主要内容
12	陕西省人民政府	20120428	《陕西省低碳试点工作实施方案》	加快二氧化碳收集转化技术的推广应用。积极推广榆林天然气化工公司自主研发的二氧化碳收集转化技术，继续推动延长石油集团自主研发的低碳技术合成甲醇方法及装置推广应用。积极引进和研发生物固碳技术及固碳工程技术，加快推进与美国、荷兰等国家进行的二氧化碳捕集、地质封存和综合利用科技合作项目。全面推广延长石油集团的二氧化碳驱油技术，支持榆林云化绿能公司二氧化碳加工转化，促进二氧化碳利用链条延伸，形成较为完整的二氧化碳收集、转化、加工、储运产业链
13	吉林省人民政府	20120530	《吉林省"十二五"控制温室气体排放综合性实施方案》	在火电、煤化工、水泥、石油、食品和钢铁行业中开展碳捕集试验项目，建设二氧化碳捕集、驱油、封存一体化示范工程
14	宁夏回族自治区人民政府	20120611	《陕甘宁革命老区振兴规划》	积极推进二氧化碳捕集、利用和封存的研究和示范，构建清洁高效综合利用产业体系
15	江西省人民政府	20120615	《江西省"十二五"控制温室气体排放实施方案》	在火电、煤化工、水泥和钢铁行业中开展碳捕集试验项目，建设二氧化碳捕集、驱油、封存一体化示范工程
16	广东省人民政府	20120820	《"十二五"控制温室气体排放工作实施方案》	在火电、水泥和钢铁等行业中开展碳捕集试验项目，建设二氧化碳捕集、驱油、封存一体化示范工程。推动碳捕集、利用和封存等新技术的研究和应用

序号	发布单位	发布时间	名称	主要内容
17	黑龙江省人民政府	20120906	《黑龙江省"十二五"控制温室气体排放工作方案》	支持大庆市碳捕集与封存示范项目建设,推进具有自主知识产权的碳捕集、利用和封存等新技术研究
18	宁夏回族自治区人民政府	20120907	《宁夏回族自治区能源发展"十二五"规划》	结合煤炭间接液化和洁净煤发电(IGCC)示范项目建设,开展二氧化碳捕集和封存试验,促进高碳能源经济向低碳利用模式转变
19	陕西省人民政府	20120917	《陕甘宁革命老区振兴规划实施方案》	加强对煤层气、页岩气、致密砂岩气、油页岩的综合利用,鼓励煤矸石发电和热电冷联产,推动二氧化碳捕集、利用和封存
20	河南省人民政府	20121029	《河南省"十二五"控制温室气体排放工作实施方案》	加强湿地修复恢复,积极探索生物固碳技术。在火电、煤化工、水泥和钢铁行业实施碳捕集试验项目,积极探索实施二氧化碳捕集、驱油、封存一体化示范工程。研究具有自主知识产权的碳捕集、利用和封存等新技术
21	湖北省人民政府	20121210	《湖北省"十二五"控制温室气体排放工作实施方案》	积极开展碳捕集试验项目,加快推进华中科技大学二氧化碳捕集示范工程
22	山东省人民政府	20121217	《山东省"十二五"控制温室气体排放工作实施方案》	推进海底碳封存、海洋生物固碳、林业固碳等一批关键技术的研发,形成一批具有自主知识产权的低碳科技成果,进一步增强技术支撑能力
23	广西壮族自治区人民政府	20130109	《广西循环经济发展"十二五"规划》	开展火电、水泥和钢铁行业碳捕集试验项目,探索建设二氧化碳捕集、驱油、封存一体化示范工程的可能性
24	江苏省人民政府	20130128	《江苏省"十二五"控制温室气体排放工作方案》	加强二氧化碳捕集、利用与封存关键技术
25	福建省人民政府	20130131	《福建省"十二五"控制温室气体排放实施方案》	开展具有自主知识产权的碳捕集、利用和封存等新技术的研究

第1章 绪论

序号	发布单位	发布时间	名称	主要内容
26	河南省人民政府	20130508	《河南省能源中长期发展规划（2012—2030年)》	积极建设二氧化碳捕集、封存和综合利用示范项目
27	河南省人民政府	20131118	《河南省"十二五"应对气候变化规划的通知》	推进二氧化碳捕集、封存和利用关键技术研发，制定技术路线图，建立产业技术创新
28	山西省人民政府	20140225	《山西省低碳创新行动计划》	低碳科技创新行动包括二氧化碳捕集、封存与利用技术专项。以重要燃煤行业二氧化碳集中排放源的吸附捕集利用为主线，重点研究大规模、低成本二氧化碳捕集、净化技术，二氧化碳输送、封存、矿化及安全检测技术，二氧化碳地下贮存，二氧化碳驱煤层气、驱页岩气等规模化利用技术。以二氧化碳为原料制备绿色聚碳有机物、无机化工产品，二氧化碳与甲烷重整制备合成气关键技术等。以煤基工业固废中的碱性成分为固碳转化原料，研究开发通过矿化转化方式实现低浓度二氧化碳矿化捕集封存工艺技术。建立低浓度二氧化碳资源化转化综合配套技术体系，实现二氧化碳资源的规模化高效转化，打造二氧化碳利用创新链
29	山西省人民政府	20140225	《关于围绕煤炭产业清洁、安全、低碳、高效发展重点安排的科技攻关项目指南》	在煤炭低碳利用领域，主要围绕二氧化碳捕集与利用关键技术研究与示范，二氧化碳封存关键技术研究，高耗能高排放企业节能降耗关键技术及装备，煤层气/乏风气规模化开发利用技术研究及示范，工矿区生态修复技术研究与示范，大宗工业固废资源化高值利用技术研发及产业化示范，煤炭及煤化工废水处理及回用技术研发与工程示范等开展联合攻关

序号	发布单位	发布时间	名称	主要内容
30	福建省人民政府	20170126	《福建省"十三五"控制温室气体排放实施方案》	在煤基行业开展碳捕集、利用和封存的规模化产业示范,控制煤化工等行业碳排放
31	吉林省人民政府	20170315	《吉林省"十三五"控制温室气体排放综合性实施方案》	贯彻落实国家相关法律法规,严格执行重点行业、重点产品温室气体排放核算、建筑低碳运行、碳捕集利用与封存等相关标准及低碳产品标准、标识和认证制度。加强节能监察,强化能效标准实施,促进能效提升和碳减排
32	河北省人民政府	20170315	《河北省"十三五"控制温室气体排放工作实施方案》	推进工业领域碳捕集、利用和封存试点示范,并做好环境风险评价
33	广东省人民政府	20170505	《"十三五"控制温室气体排放工作实施方案》	积极控制工业过程温室气体排放。推进工业领域碳捕集、利用和封存试点示范,并做好环境风险评价
34	湖北省人民政府	20170630	《湖北省"十三五"控制温室气体排放工作实施方案》	继续开展富氧燃烧示范工程,推进工业领域碳捕集、利用和封存(CCUS)试点示范,并做好环境风险评价
35	贵州省人民政府	20170630	《"十三五"控制温室气体排放工作方案》	积极控制工业过程温室气体排放。探索推进工业领域碳捕集、碳利用和碳封存试点示范
36	浙江省人民政府	20170808	《"十三五"控制温室气体排放实施方案》	鼓励能源相关行业开展碳捕集、利用和封存
37	山西省人民政府	20170911	《山西省"十三五"控制温室气体排放工作实施方案》	实施低碳科技创新,支持重点领域技术研发,加强工业领域和煤基领域碳捕集、利用和封存研究和示范
38	山东省人民政府	20171220	《山东省低碳发展工作方案(2017—2020年)》	鼓励在煤基行业和油气开采行业开展碳捕集、利用和封存的技术研发及规模化产业示范
39	陕西省人民政府	20180120	《"十三五"控制温室气体排放工作实施方案》	推进低碳技术研发、示范和产业化,加快发展低碳工业、低碳建筑、低碳交通,加快建设西北大学碳捕集、利用和封存(CCUS)国家工程研究中心

1.5 CCUS技术研究态势分析

近年来，CCUS技术在全球范围内受到广泛关注。2016年11月，CCUS被纳入"创新使命（MI）"七大创新挑战之一。许多国家积极开展CCUS技术相关研究，以提升全球竞争力。本节利用文献计量方法对Web of Science数据库中全球CCUS技术研究的科学文献进行了系统的数据统计，通过"碳捕集利用与封存""碳捕集""碳利用""碳封存"等关键词[①]统计了2000年以来全球文献发表情况。通过CCUS技术相关研究的发文历程、主要研究机构分布、研究主题的发展与演变等方面的数据揭示了CCUS技术的总体科研状况。

自2000年以来，全球CCUS领域发文量总体呈现逐年增加的趋势，截至2020年3月，发文总量达到5737篇。根据增长速度和年发文量情况，大致可分为四个阶段（图1-5）：第一阶段为2000～2005年，这一阶段为CCUS技术相关研究的起始阶段，总发文量为87篇，年均发文量14.5篇，第一阶段累计发文量占总发文量的1.51%。第二阶段为2006～2011年，这一阶段为CCUS技术相关研究快速增长阶段，年发文量平均增长率为57.6%，由2006年的34篇增长至2011年的288篇，本阶段总发文量为902篇，占总发文量的15.72%。2006年发文量较2005年增长183.3%，这主要是因为IPCC《CCS特别报告》的发布，从全球角度系统地阐述了CCUS技术的技术现状和减排效益，确定了CCUS技术对实现气候变化目标的重要作用。自2005年以后，CCUS技术相关研究迅速增加。CCUS发文量的第三个阶段是2012～2015年，这一阶段为CCUS技术相关研究的平稳增长阶段，此阶段年平均增长率为11.1%，由2012年的402篇增长至2015年的550篇，累计发文1935篇，占发文总量的33.72%。第四阶段为2016～2020年，此阶段为平稳发展阶段，此阶段年平均增长率为7.6%，其中2016～2018年，年发文量基本持平，2018年10月IPCC发布的《全球升温1.5℃特别报告》中重点强调了CCUS技术及BECCS技术对实现全球温控目标的重要性，2018～2019年，全球发文量迅速增加，增速达22.8%，达到2012年以来的最快增速，2019年发文量达到781篇，此阶段总发文量为2813篇，约占总发文量的49%。

---

① 检索词：TS＝（（"CCUS"and（"carbon"or"CO₂"））or"carbon capture and storage"or"carbon capture utilization and storage"or"carbon capture utilization and sequestration"or"carbon capture and sequestration"or"CO₂ capture,utilization and storage"or"CO₂ capture utilization and sequestration"or"CCUS"or"CO₂ capture and storage"or"CO₂ capture and sequestration"or"carbon capture and utilization"or"CO₂ capture and utilization"）检索时间：2020年3月5日,数据库：Web of Science（SCI）。

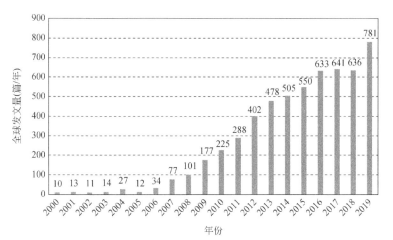

图 1-5　全球 CCUS 领域发文量（2000～2019 年）

2020 年数据截止到 3 月，不予显示，图 1-6（b）同

自 2000 年以来，发文量排名前十位的国家分别为美国、中国、英国、德国、澳大利亚、韩国、西班牙、荷兰、挪威和意大利［图 1-6（a）］。其中美国、中国、英国、澳大利亚、韩国和挪威六国均有示范项目分布，这些国家的发文总量为 5124 篇，占全球发文总量的 89.3%。其中美国、中国和英国的发文量远远大于其他国家，发文量前三名的国家发文总量占到全球发文总量的 52.4%。

从全球发文量排名前五的国家年发文趋势来看，美国和中国在 CCUS 技术领域的文献数量都呈现出增长趋势；英国和澳大利亚 2015 年之前均呈现增长趋势，2015 年后发文量变化不大；德国在 2012 年之前呈增长趋势，2012 年之后呈现波动变化，基本稳定在 54 篇。从时间序列上看，美国和英国在 CCUS 领域起步较早，并在 2013 年之前长期处于领先地位。

中国在 CCUS 领域研究起步最晚，中国作者于 2004 年发表第一篇 CCUS 相关的 SCI 文章。在 2008 年之前，中国发文量都较低，整体上自 2009 年迅速增加，主要原因是政府将碳减排列入国家发展规划，并且对世界做出了碳减排的庄严承诺，国家和企业逐渐加大对碳减排的投入，CCUS 作为大规模碳减排技术逐渐受到重视，相关研究迅速增加。2013 年中国发文量 63 篇，超过英国成为发文量第二的国家，2016 年中国发文量为 131 篇，首次超过美国成为年发文量最高的国家［图 1-6（b）］。在政策、经济及减排压力影响下，中国积极投入科研力量，对 CCUS 技术的关注程度不断提高。

根据国家年发文量，在发文量排名前十的国家中，H 指数[①]最高的前三位国

---

① H 指数是一个混合量化指标，可用于评估研究人员的产出数量与学产出水平，指作者有 h 篇论文被引用了不少于 h 次。

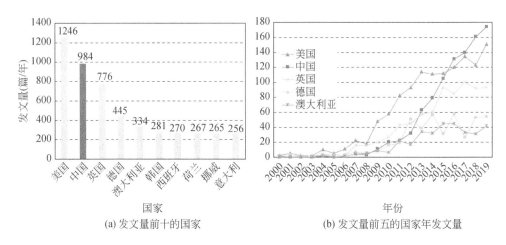

(a) 发文量前十的国家　　　　　　　　(b) 发文量前五的国家年发文量

图1-6　发文量排名靠前国家及其各年份发文量

家分别为美国、中国和英国，其次依次为德国、荷兰、澳大利亚、意大利、挪威、西班牙和韩国；篇均被引频次最高的前三位分别为美国、荷兰和英国，其次为德国、澳大利亚、意大利、挪威、西班牙、中国和韩国（图1-7）。除中国和荷兰H指数和篇均被引频次无同向变化外，其他国家均呈现相同的趋势。对于中国而言，发文数量和H指数虽然相对较高，但篇均被引频次在10个国家中处于第九位，说明中国在CCUS领域发表的文献数量较多，但总体影响力有待提升。对于荷兰而言，虽然发文量位于第八位，但篇均被引频次位于第二位，说明

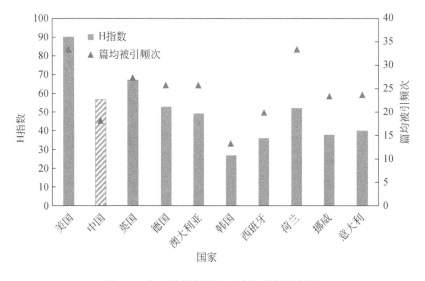

图1-7　发文量排名前十国家文献被引情况

荷兰的文献国际影响力更高。美国和英国无论是发文量还是 H 指数及篇均被引频次都处于领先水平，说明美国和英国在 CCUS 技术发展中处于领导地位，国际影响力和话语权较高。

从各机构的发文数量来看，发文量排名前十的机构位于 6 个国家，分别为美国 376 篇，中国 275 篇，英国 236 篇，挪威 182 篇，荷兰 107 篇，德国 103 篇，这些机构发文总量占全球发文总量的 22.3%（图 1-8）。美国能源部处于绝对的领先地位，文献数量为 261 篇，占世界发文总量的 4.55%，比排名第二和第三的机构分别高出了 89 篇和 120 篇。中国科学院发文量为 172 篇，占世界发文总量的 3.00%，居于第二位，比第三位高出 31 篇。排名第三的机构为伦敦帝国理工学院，占世界发文总量的 2.46%，发文量为 141 篇，高出第四位 26 篇，发文量前三的机构发文总量为 574 篇，占到发文总量的 10.01%，这表明美国能源部、中国科学院和伦敦帝国理工学院在 CCUS 技术领域的科研实力和科研投入远高于其他机构。

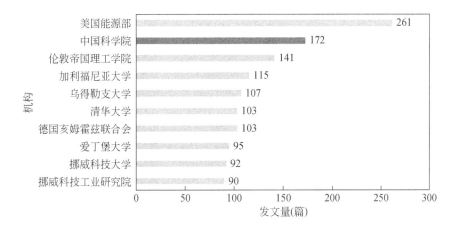

图 1-8　CCUS 领域发文量排名前十的机构

根据 CCUS 技术发展趋势的划分，本节还对各阶段国家发文量排名前十的国家间的合作情况进行了可视化分析（图 1-9）。在第一阶段（2000～2005 年），美国与其他国家的合作论文数量远高于其他国家，为 26 篇，是国家合作的主要对象，具有较大的领导作用和影响力。其次为德国 11 篇、英国 10 篇、日本 9 篇、意大利 7 篇。在第二阶段（2006～2011 年），美国同样是合作论文数量最高的国家（239 篇），但是我们可以发现，国家间在 CCUS 技术领域的合作有了巨大进步，合作论文数量有了巨大提升。其他国家的合作论文数量相较于第一阶段也有了较大提升，例如英国的合作论文数量由第一阶段的 10 篇增长至 145 篇，德国的论文数量由第一阶段的 11 篇增长至 56 篇。此外，中国、瑞典、挪威和澳大利亚的国家间合作论文数量进入前十名行列。中国在这一阶段与其他国家的合作论文数量有了较大提升，为 61 篇，居第 4 位。到了第三阶段（2012～2015 年），国家间在应对气候变化技术领域的合作有了巨大进步，合作论文数量有了巨大提升。虽然美国仍然是合作论文数量最高的国家，但在这一阶段国家间合作的聚集性进一步降低，这表明 CCUS 技术这一领域越来越受到各国的重视，各国在 CCUS 技术领域的差距有所减小。此外，法国进入国家间合作前十名，中国由前一阶段的第四名上升至第三名。在第四阶段（2016～2020 年），中国与其他国家的合作论文数量增加至 646 篇，超越美国成为合作论文数量最多的国家，同时中国、美国、英国、德国和澳大利亚成为主要合作对象，又出现聚集在几个国家的情况。第四阶段呈现出的国家间合作态势表明，在 CCUS 发展过程中，尽管一些国家可能受到 CCUS 技术应用成本的影响，与其他国家的合作力度逐渐衰退，但是美国、英国、澳大利亚等发达国家一直寻求国家间合作以增进自身 CCUS 领域的科研能力，争取话语权和影响力。而中国自 2005 年以来，与其他国家的合作逐渐加深，说明中国正在逐渐加深对 CCUS 技术应用的探索，同时争取合作以实现国家间 CCUS 技术发展和应用的共赢。中国超越美国成为与其他国家合作论文数量最多的国家，一定程度上显示出中国将在 CCUS 技术发展推进过程中贡献更大力量。

根据关键词耦合分析，去掉 capture、storage 等 CCUS 固定词汇外，其他的热点关键词包括 climate change（气候变化）、global warming（全球变暖）、climate policy（气候政策）、coal（煤炭）、renewable energy（可再生能源）、biomass（生物能源）等（图 1-10），说明除 CCUS 技术本身外，其对气候变化、能源结构转型和可持续发展等方面的附加影响以及政策需求分析也逐渐成为相关学者的研究重点，进一步体现了 CCUS 作为能源领域重要减排技术手段的重要地位。

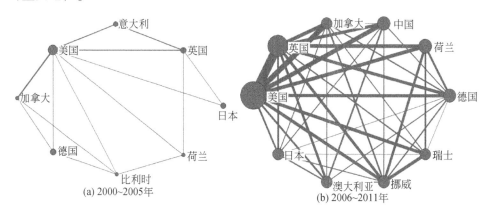

(a) 2000～2005 年   (b) 2006～2011 年

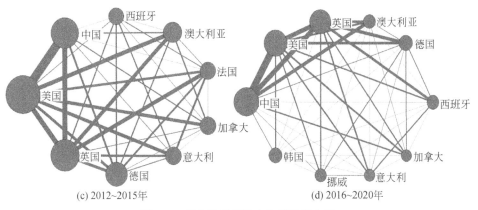

(c) 2012~2015年 　　　　　　　　　　(d) 2016~2020年

图 1-9　各阶段国家间合作情况耦合图

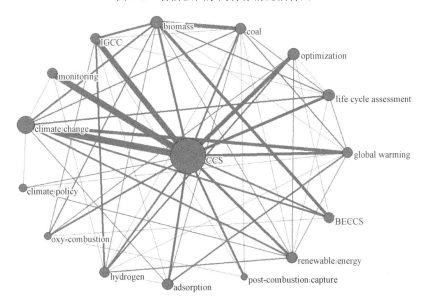

图 1-10　关键词耦合分析

为探索 CCUS 技术重点研究方向随时间的变化，我们分阶段对关键词进行词频排序。在第一阶段（2000 ~ 2005 年），总发文量为 87 篇，设计的关键词词频较少，前十分别为 CCUS、CO_2 capture、CO_2 storage、climate change、coal、model、utilization、risk assessment tool、scenario 和 sustainability。对于 CCUS 技术而言，捕集技术和封存技术为主要研究热点，在可持续发展和气候变化背景下，CCUS 与煤等化石能源系统的关系等相关研究开始出现。

在第二阶段（2006 ~ 2011 年），发文量增速最快，除 CCUS 固定词汇外，CO_2 封存和捕集技术相关研究最多，分别为 94 篇和 90 篇。其次的关键词排序如

图 1-11（a）所示，在第二阶段，气候变化和全球变暖仍旧是 CCUS 技术应用的宏观背景，基于电厂和电力行业的富氧燃烧，燃烧后捕集和燃烧前捕集技术以及与可再生能源之间的替代及互补关系成为 CCUS 技术的研究重点。作为 CCUS 技术发展和应用不可缺少的一环，风险分析及相关模型及评估过程成为重点研究方向。

在第三阶段（2012～2015 年），发文量增速放缓，稳定增长，在涉及的关键词中，CCUS、CO_2 capture 和 CO_2 storage 仍是研究热点，关键词频数分别为 318 次、92 次和 76 次。与第二阶段相比，电力行业三种捕集技术的研究热度继续上升，地质封存和经济性研究进入研究热点视野。

在第四阶段（2016～2020 年），发文量变化较为稳定，在涉及的关键词中，CCUS、CO_2 capture 和 CO_2 storage 仍为研究热点的同时，CO_2 utilization 进入热点关键词行列，出现次数为 118 次。说明除捕集和封存技术外，对 CO_2 利用途径和利用方式的研究逐渐增加。其后的关键词排序如 1-11（b）所示。在第四阶段中，利用技术如 EOR 和 CO_2 矿化利用进入研究热点方向。电力行业燃烧前捕集和燃烧后捕集技术相关研究趋势减弱，富氧燃烧技术和化学循环燃烧技术以及 CO_2 吸附等相关研究逐渐增加。此外，第四阶段与前三个阶段相比，呈现出了新的重点研究方向。2018 年 IPCC 发布的《全球升温 1.5℃特别报告》对 CCUS 整体研究方向具有引导作用。在此阶段，生物能源、负排放、BECCS 等关键词热

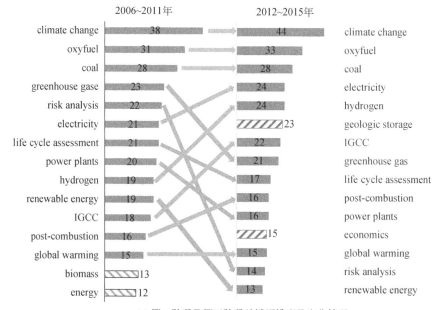

(a) 第二阶段及第三阶段关键词排序及变化情况

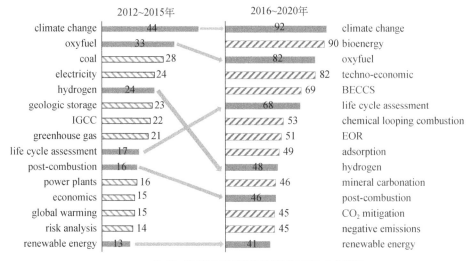

(b) 第三阶段及第四阶段关键词排序及变化情况

图 1-11 关键词排序及各阶段变化情况

度迅速上升，说明在现阶段气候变化目标实现日益紧迫的情况下，CCUS 技术结合生物能源为实现减排目标提供了选择空间，BECCS 相关研究大量增加。在第三和第四阶段 CCUS 技术经济性研究热度不断攀升，CCUS 技术的经济可行性将持续成为学者研究的重点方向。

1.6 本章小结

本章从 CCUS 技术的基本概念出发，对其发展的必要性、发展现状、相关政策以及研究进展进行了系统阐述，进一步明确了 CCUS 技术在当前阶段发展的主要特点和未来可能的发展方向，也明晰了 CCUS 发展面临的障碍。本章得出以下结论：CCUS 作为应对气候变化的关键技术，是以低成本实现减排目标的重要组成部分，对于中国这个以煤为主的国家，更是具有适用性并且存在多重效益。CCUS 技术作为具有多个环节的系统，其各环节技术的发展程度不尽相同，并且近年国际国内 CCUS 项目数量呈现增长趋势并发挥了一定的减排作用，CCUS 的国际国内政策逐渐丰富，针对 CCUS 技术的研究也开始增多，表明 CCUS 在近期又得到了国际国内社会的较多关注。总体来讲，CCUS 还需通过技术发展克服高成本带来的障碍以推动其商业化发展，从而实现规模化部署。

第 2 章

中国燃煤电厂 CCUS 项目投资决策方法及案例研究[①]

中国的电力需求巨大且增长迅速，2017 年火力发电量占总发电量的 71.8%。尽管一些低碳能源诸如风能、太阳能和核能在近年来取得了很大发展，但它们仍不能完全替代化石能源满足全球的能源需求（Wang and Du，2016）。电力行业 CO_2 减排成为各国温室气体减排的重点，尤其对于那些化石能源充裕的国家（Fan et al.，2018a）。根据 IEA 相关报告，中国电力行业碳排放占到能源相关碳排放总量的一半左右（IEA，2015a）。在中国，化石能源的主导地位使电力行业在未来几十年内都将成为温室气体的主要排放源。在保障能源安全和减排目标的双重要求下，CCUS 具有广阔的应用前景，成为近年来各国研究的热点（Leung et al.，2014）。然而，作为一项新兴的 CO_2 减排技术，CCUS 能否在我国电力行业得到广泛应用取决于其技术成熟性、投资成本以及政策法律等众多因素，面临极大的不确定性。面对高额的投资费用和诸多的不确定性因素，更加严厉的 CO_2 减排制度一旦出台，电厂决策者往往处于是进行 CCUS 改造还是关闭电厂的两难地步。在此背景下，进行 CCUS 项目成本效益分析对项目投资决策具有重要的意义。

2.1 CCUS 不确定性投资决策概述

我国燃煤电厂参与碳排放交易的情况下，CCUS 项目投资具有如下性质：①投资成本不可逆性，投资一旦发生则不能收回或转做他用，具有较高的沉没成本；②投资时点可自由选择，目前我国尚未出台相关政策，电厂具有投资与不投资的选择权；③投资回报率具有较高不确定性，CCUS 项目投资收益期长，且未来收益具有一定的变动性；④信息量积累不足，技术相对落后，投资风险

[①] 本章部分核心内容已于 2014 年发表在 SCI 检索期刊 Applied Energy 第 113 卷（Zhang et al.，2014b）。

大；⑤国家政策对 CCUS 投资具有重要的影响（Huitema et al.，2018）。传统的成本效益评估方法，即具有净现值（NPV）标准的现金流折现法（DCF），由于以下原因无法将上述不确定性因素纳入分析：①NPV 标准的决策是基于当前信息进行的，属于当前决策（Kato and Zhou，2011）；②电力企业要么马上投资，要么不投资，在不考虑未来不确定性的情况下，放弃潜在的机会将损失大量资金。另外，实物期权法（ROA）可以判断投资是否需要推迟和投资的最佳时间，从而提供新的机会，与 DCF 法相比，ROA 方法更适合于评估具有较大不确定性的大型项目的投资决策。CCUS 项目投资具有以下特性：①投资的不可逆性；②未来投资现金流的不确定；③需要灵活把握投资时机。与 DCF 方法相比，ROA 的决策规则为电力企业提供了更大的灵活性（电厂可以推迟对投资的判断并等待投资有利条件），这与实际决策更加吻合。

先前已经有学者在各种不确定性下利用 ROA 方法讨论了电力行业的投资决策。例如，Szolgayova 等（2008）考虑到电力和 CO_2 价格的不确定性，提出了实物期权模型，用于研究不同的气候变化政策工具对电力部门投资收益和累积排放的影响。Kato 和 Zhou（2011）提出了一种基于实物期权理论的新方法，用于评估包括 CCUS 单元在内的燃煤发电厂取代老式火力发电厂的投资决策，并考虑了碳排放基准、维护成本和电站寿命等不确定性。在随机的燃料和碳价格下，通过采用实物期权方法，决策者更侧重于对电厂更新（旧燃煤电厂的替代）和 CCUS 投资进行成本分析（Oda and Akimoto，2011）。上述研究建立在各种不确定性条件下并对 CCUS 投资进行决策，但是，在处理中国情况时，这些模型的应用受到限制。幸运的是，已经存在一些研究考虑了不确定性因素并使用实物期权模型来研究中国电力行业 CCUS 的投资。例如，Zhou 等（2010）考虑到碳价格和技术的不确定性，运用实物期权模型分析了中国能源行业 CCUS 的投资决策。Zhang 和 Li（2011）基于实物期权理论，建立了碳价和 CCUS 技术不确定性条件下的发电企业碳捕集投资模型。Zhu 和 Fan（2011）基于实物期权理论，建立了 CCUS 投资评价模型，考虑了现有火电发电成本、碳价、CCUS 改造后电厂的发电成本，以及其他影响 CCUS 技术投资决策的不确定性因素。上述研究讨论了在中国电力行业中使用 ROA 在不确定环境中进行 CCUS 投资的最佳策略。但是，由于高昂的投资成本，电力公司很可能会将 CCUS 投资的期限分为两个阶段：第一阶段电力公司完成碳捕集改造（CCR）预投资；第二阶段电力公司完成 CCUS 投资后产生现金流。开始时，CCR 可能是一个很好的选择。实际上，它可以为电力公司提供额外的灵活性来抵消排放成本，而不会因第二阶段的 CCUS 投资而造成沉重的资本投资或效率损失。Liang 等（2009）应用现金流量模型研究了在中国建造新电厂 CCR 的经济价值和投资特征，结果表明，如果人为限制潜在的改造期限，

CCR 的价值将被大大低估。但是，以前很少有研究关注 CCR 的预投资，同时也缺乏在不确定性下使用实物期权模型对 CCR 进行深入的经济性分析。

本章旨在从特定的视角评估 CCUS 投资，与以往研究存在以下不同：第一，从发电企业的角度出发，考察了 CCR 预投资的成本节约效果和最佳投资机会，并与传统决策方法下的投资决策进行了比较。第二，捕获的 CO_2 可用于 EOR，这种额外收入被视为不确定性因素并受油价的影响。第三，通过三叉树模型来计算延迟期权，提出了累积投资概率的概念，用以评估最佳的改装时间。第四，考虑了碳价、政府激励措施（即电价和补贴）、电厂寿命和技术进步等不确定性因素。分析结果能够对在不确定情况下的投资决策提供参考，还可以为电力企业的 CCUS 技术评估和相关决策提供信息。

2.2　CCUS 项目实物期权投资决策方法

2.2.1　CCUS 项目投资净现值研究

本章以电厂为投资主体，并假设电厂在进行 CCUS 投资时，成本（资金流出）仅包括捕集设备成本、相应的运维成本、CO_2 运输及封存成本，以及由于安装捕集设备引起的能耗损失，而相应的收益（资金流入）包括减排碳收入、清洁发电补贴及政府补贴。净收益（$Net_{benefits}$）用公式表示如下：

$$Net_{benefits} = CER \cdot P_c + P'_e \cdot Q_e - I_{CCS} - TC_{CO_2} - SC_{CO_2} - C_{O\&M} - P_e \cdot Q_r - \theta \cdot PI_{CCR} \quad (2-1)$$

式中：CER 为年核准碳减排量（t CO_2）；P_c 为碳价（元/t CO_2）；P'_e 为清洁发电补贴 [元/(kW·h)]；Q_e 为电厂年发电量（kW·h）；I_{CCS} 为 CCUS 项目投资成本（元）；TC_{CO_2} 为 CO_2 年运输成本（元）；SC_{CO_2} 为 CO_2 年封存成本（元）；$C_{O\&M}$ 为电站年运维成本（元）；P_e 为上网电价 [元/(kW·h)]；Q_r 为效率损失（kW·h）；θ 为二进制变量，若电站进行过 CCR 预投资则取值为 1，否则为 0；PI_{CCR} 为 CCR 预投资费用。

1. 核准碳减排量

假定进行 CCUS 改装后第 t 年所捕集的 CO_2 量即为该年的核准碳减排量（CER_t），并且核准碳减排量能够在碳排放交易市场进行交易并带来收入，具体计算如下：

$$CER_t = \phi \times IC \times RT_t \times EF \times CR \quad (2-2)$$

式中：ϕ 为机组效率（%）；IC 为装机容量（MW）；RT 为电站年运行时间（h）；EF 为 CO_2 排放因子 $[g\ CO_2/(kW\cdot h)]$；CR 为安装 CCUS 后 CO_2 的捕集效率（%）。

根据以往研究（Zhou et al.，2010，Heydari et al.，2012），可以假设碳排放权价格 P_c 遵循几何布朗运动，有如下公式：

$$dP_c = \mu_1 P_c dt + \sigma_1 P_c dw \tag{2-3}$$

式中：μ_1 为碳排放权价格变化率的期望值；σ_1 体现了碳排放权价格的波动性；dt 为时间增量；dw 为标准维纳过程增量，其在时间 t 内服从均值为 0 方差为 1 的正态分布。

2. 捕集设备成本与效率损失

在进行电站 CCUS 投资分析时，国外学者通常都将技术进步对捕集系统造价的影响考虑到模型之中（Schwartz，2004），本章假定电站 CCUS 投资成本 I_t^{ccs} 以及效率损失（LOR_t）随技术进步而逐渐降低，具体如下：

$$I_t^{ccs} = IC \times UI_0^{ccs} \times e^{-\alpha t} \tag{2-4}$$

$$LOR_t = P_e \cdot Q_{r0} \cdot e^{-\beta t} = P_e \times \phi \times IC \times RT \times \eta_0 \times e^{-\beta t} \tag{2-5}$$

式中：UI_0^{ccs} 为当前的 CCUS 项目单位投资成本（元/kW）；η_0 为当前的效率损失（%）；α、β 为技术进步对 CCUS 项目投资成本、效率损失影响的相关参数。

假设电站投入运行时间为 $t=\tau_0$，寿命期为 τ_2，在 $t=\tau_1$ 时投资，投资建设期为 1 年，即采集设备于 $t=\tau_1+1$ 年开始投入使用直到电站寿命期末；政府的补贴因子为 k（$0<k<1$）；假设采集设备残值为 γ，可以确定电站进行 CCUS 投资所获得的净现值（npv_{τ_1}）为

$$
\begin{aligned}
npv_{\tau_1} &= \sum_{t=\tau_1+2}^{\tau_2} (CER \cdot P_c + P_e' \cdot Q_e - C_{O\&M} - TC_{CO_2} - SC_{CO_2})(1+r_0)^{\tau_2-t} \\
&\quad - \sum_{t=\tau_1+2}^{\tau_2} (P_e \cdot Q_{r0} \cdot e^{-\beta\tau_1}) \cdot (1+r_0)^{\tau_2-t} \\
&\quad - (1+r_0)^{\tau_1} \cdot I_0^{CCS} \cdot e^{-\alpha\tau_1} \cdot (1-\gamma) \cdot (1-k) - \theta \cdot PI_{CCR} \\
&= (CER \cdot P_c + P_e' \cdot Q_e - C_{O\&M} - TC_{CO_2} - SC_{CO_2}) \frac{(1+r_0)^{\tau_2-\tau_1-1}-1}{r_0(1+r_0)^{\tau_2-\tau_1}} \\
&\quad - P_e \cdot Q_{r0} \frac{e^{-\beta\tau_1} \cdot (1+r_0)^{\tau_2-\tau_1-1}-1}{r_0(1+r_0)^{\tau_2-\tau_1}} \\
&\quad - (1+r_0)^{\tau_1} \cdot I_0^{CCS} \cdot e^{-\alpha\tau_1} \cdot (1-\gamma) \cdot (1-k) - \theta \cdot PI_{CCR}
\end{aligned}
\tag{2-6}
$$

如果以连续复利方式计息，用 $e^{r_0}-1$ 代替上式中的 r_0，则电站 CCUS 项目净现值计算公式为

$$npv_{\tau_1} = (CER_s \cdot P_c + P'_e \cdot Q_e - C_{O\&M} - TC_{CO_2} - SC_{CO_2}) \frac{e^{-r_0} - e^{r_0(\tau_1-\tau_2)}}{e^{r_0}-1}$$

$$-P_e \cdot Q_{r0} \frac{e^{-\beta\tau_1} \cdot (e^{-r_0} - e^{r_0(\tau_1-\tau_2)})}{e^{r_0}-1} - I_0^{CCS} e^{(r_0-\alpha)\tau_1} \cdot (1-\gamma) \cdot (1-k) - \theta \cdot PI_{CCR}$$

$$(2-7)$$

2.2.2 基于实物期权的三叉树模型研究

对于新建电站，CCUS 项目延迟投资期等于电站有效寿命期减去 CCUS 项目的投资建设期；对于现有电站通过改造设备进行 CCUS 项目投资，延迟投资期等于电站的剩余寿命减去 CCUS 项目的投资建设期。在确定延迟投资期后，以当前碳价水平为初始价格，并假定碳价在一个时间步长内有三种可能的状态：上升、保持不变、下降，对应的概率分别为 P_u、P_m 和 P_d。即在时刻 t 时碳价为 P_c，则 $t+\Delta t$ 时刻的碳价有三种变化状态：以 P_u 的概率上升到 uP_c，以 P_m 的概率保持初始值 P_c 不变，以 P_d 的概率下降到 dP_c。假定投资项目预期收益两个有序运动后的值与运动次序无关；即投资项目预期收益先向上运动再向下运动与先向下运动再向上运动的结果是相同的。根据此假定，我们可以得到 $u \times d = 1$，且有（Zhang et al., 2014b）：

$$P_u = \frac{e^{r\Delta t}(1+d) - e^{(2r+\sigma^2)\Delta t} - d}{(d-u)(u-1)} \tag{2-8}$$

$$P_m = \frac{e^{r\Delta t}(u+d) - e^{(2r+\sigma^2)\Delta t} - 1}{(1-d)(u-1)} \tag{2-9}$$

$$P_d = 1 - P_u - P_m \tag{2-10}$$

$$I = \frac{e^{r\Delta t} + e^{(3r+3\sigma^2)\Delta t} - e^{(2r+\sigma^2)\Delta t} - 1}{2\left[e^{(2r+\sigma^2)\Delta t} - e^{r\Delta t}\right]} \tag{2-11}$$

式中：$u = 1 + \sqrt{I^2-1}$，$d = 1 - \sqrt{I^2-1}$。

以当前碳价为初始碳价，将碳价按三叉树模型在 CCUS 项目投资延迟期内展开，之后根据项目净现值公式（2-7），以展开后的碳价为基础计算求得延迟投资期内对应的各节点的项目净现值，对于含有实物期权投资项目而言，第 j 年第 i 个节点的投资价值（$NPV'_{i,j}$）为：

$$NPV'_{i,j} = \max(NPV_{i,j}, 0) \tag{2-12}$$

这一取值规则的含义是指如果在相应时点 CCUS 投资项目的投资价值为负，

则项目投资者放弃这一项目，投资的价值为 0；如果投资项目的投资价值为正，则可进行投资，此时投资的价值即为对应时点的项目净现值。

以各节点项目投资价值为基础，从延迟投资的最后期限开始向前逆推，在延迟期内的每一期都按以下规则进行决策，直到最初时刻，所求的 $\mathrm{NPV}_{i,j}$ 即为延迟投资实物期权条件下的三叉树模型 CCUS 项目投资价值。

$$\mathrm{NPV}_{i,j} = \max\left\{ \mathrm{NPV}'_{(i,j)}, \left[P_u \times \mathrm{NPV}_{i+1,j} + P_m \times \mathrm{NPV}_{i+1,j+1} + P_d \times \mathrm{NPV}_{i+1,j+2} \right] \mathrm{e}^{-r\Delta t} \right\}$$

(2-13)

对于 CCUS 项目，从期权角度看投资价值应当包括两部分：一部分是不考虑实物期权的存在而固有的内在价值，即电站进行 CCUS 投资所获得的净现值 npv；另一部分是 CCUS 项目所具有的延迟投资期权特性产生的延迟期权价值 ROV。那么考虑实物期权特性的 CCUS 投资项目的总价值则可以表示为

$$\mathrm{NPV} = \mathrm{npv} + \mathrm{ROV}$$

(2-14)

具体的决策规则如表 2-1 所示：

表 2-1　CCUS 投资延迟实物期权决策规则

传统方法	实物期权下项目投资价值	决策
npv>0	NPV>npv	执行期权延迟投资
npv>0	NPV = npv	放弃期权立即投资
npv≤0	NPV>0	执行期权延迟投资
npv<0	NPV = 0	放弃投资

2.2.3　项目投资时间

利用三叉树对 CCUS 项目投资时间进行计算。在目标年 j 进行 CCUS 项目投资的累计分布概率计算如下：

$$\begin{cases} \varphi_{i,j} = P_u \cdot \varphi_{i-2,j-1} + P_m \cdot \varphi_{i-1,j-1} + P_d \cdot \varphi_{i,j-1}, \varphi_{1,1} = 1 & \text{当执行期权延迟投资时} \\ \varphi_{i,j} = 0 & \text{当放弃期权立即投资时} \end{cases}$$

(2-15)

$$\varphi_j = 1 - \sum_{i=0}^{j} \varphi_{i,j}$$

(2-16)

式中：$\varphi_{i,j}$ 为第 j 年第 i 个节点执行期权延迟投资的概率；φ_j 为在目标年 j 进行 CCUS 项目投资的累计分布概率。

2.3 中国燃煤电厂 CCUS 投资效益评价实例分析

2.3.1 假设和情景设定

本章研究对象为两类电厂：一类是进行过 CCR 预投资的电站；另一类是没有进行过 CCR 预投资的电站。为了简化计算，做如下假设：

（1）因为目前在中国进行 CCUS 投资经济上并不可行，所以政府一定的激励政策是必须的。本章采用两种激励政策：投资补贴和清洁电价补贴（Duan et al., 2013）。

（2）CCUS 项目投资运行后，核准碳减排量可以在碳交易市场上进行交易。

（3）典型的 CCUS 系统包括三部分：捕集、运输和封存。捕集部分成本占总成本的 70%～80%。本章假定进行 CCUS 改造的电站靠近油田，CO_2 运输费用为 100km 内 100 元/t，CO_2 封存率为 40%～50%，封存成本为 50 元/t。电站将捕集的 CO_2 通过管道运输售给附近油田进行 EOR，可以给电站带来额外的收益。

两种基本的情景假设如下：

（1）超临界电站（SC）。

（2）进行过 CCR 预投资的超临界电站（SC+CCR）。

2.3.2 案例研究和数据收集

本章选择中国作为案例，利用实物期权理论从经济学角度对两种情景下电站 CCUS 改装项目进行评价。考虑到 CCUS 项目投资成本较高需要较长的投资回收期以补偿初始投资和系统的运维成本，而电厂的寿命期一定，因此计算投资价值时延迟期的选择不宜太长，本章假定新建电站寿命是 35 年，CCUS 项目的延迟投资期为 20 年，即保证项目建成后运营时间最少可达到约 15 年，建设时间步长为一年。

2.3.3 EOR 收益和碳价

电厂捕集的 CO_2 可以售给附近油田用来驱油，提高石油采收率（8%～15%），本章将在两种情景的基础上研究 CO_2-EOR 对 CCUS 项目投资的影响。因

为 CO_2-EOR 的收益与石油的价格相关，所以可以假设这部分收益服从几何布朗运动，其相应的参数采用石油价格波动的参数，具体如下：

$$dRE_{EOR} = \mu_2 RE_{EOR} dt + \sigma_2 RE_{EOR} dw \tag{2-17}$$

式中：RE_{EOR} 代表 CO_2 利用技术 EOR 收益（元/t）；参数（包括 μ_2 和 σ_2）由 1990~2012 年西得克萨斯中间基原油（WTI）的石油价格和 2009~2012 年 EUETS 的碳价数据计算所得。

2.3.4 CCUS 改装电站的基本数据

表 2-2 列出了两种情景下进行 CCUS 改装的基本数据。由于煤电联动机制以及政府电价调整，中国各区域火电上网电价被反复调整过很多次，要全部弄清楚非常困难，本章以国家电力监管委员会《电价监管报告》公布的 2010 年平均上网电价作为计算依据，即 $P_e = 0.35$ 元/（kW·h）。对于电厂投资 CCUS 项目脱碳后清洁发电补贴，参照目前国家关于脱硫电价的补偿标准进行计算，即 $P'_e = 0.015$ 元/（kW·h）。对于模型计算中使用的无风险率，采用中国人民银行定期存款利率从 1990 年到 2008 年所有经历调整的一年期利率的平均值（$r = 5\%$）作为电厂 CCUS 投资项目模型的无风险利率。

表 2-2　两种情景下 CCUS 改装的基本数据

参数	描述	SC	SC+CCR
IC	装机容量（MW）	800	800
EF	排放因子 [g CO_2/（kW·h）]	893	893
η	效率损失（%）	20.0	16.8
Φ	机组效率（%）	94	94
CR	CO_2 捕集率（%）	84	90
UI	单位投资成本 [RMB/（kW·h）]	8510	8240
RT	运行时间（h）	5400	5400

2.3.5 结果分析

1. 延迟期权条件下投资 CCUS 项目的临界条件

表 2-3 列出了两种情景下 CCUS 项目投资的 npv 和 ROV。两种情景下 CCUS

改造的 npv 分别为 -17.91×10^9 元和 -17.53×10^9 元，而含有实物期权的 CCUS 项目投资价值为分别为 29.90×10^6 元和 31.80×10^6 元，由此可计算出两种情景下的 ROV 分别为 17.94×10^9 元和 17.56×10^9 元。相比情景 SC，在情景 SC+CCR 下，净节省达 6.35%。在当前环境下，两种情景下都执行期权，延迟投资。这一结果虽然对投资主体具有指导意义但并不具体，需要进一步计算在延迟投资实物期权条件下可进行 CCUS 项目投资的临界条件。

表 2-3　实物期权条件下两种情景的 CCUS 项目投资决策

（单位：10^9 元）

情景	npv	NPV	ROV	决策
SC	-17.91	0.0299	17.94	执行期权延迟投资
SC+CCR	-17.53	0.0318	17.56	执行期权延迟投资

根据决策规则，要放弃期权立即投资必须同时满足项目净现值大于零和延迟投资价值与项目净现值相等这两个要求。为了弄清当前碳价处于何种水平才能进行 CCUS 项目投资，需对投资临界碳价进行分析，当碳价高于临界碳价时就可以放弃期权立即投资。

图 2-1 显示了在不同的政府补贴下两种情景的临界碳价。如图所示，情景 SC+CCR 下的临界碳价明显低于情景 SC。当没有政府补贴时，这两种情景下的临界碳价差值约为 22 元/t CO_2，随着政府补贴的增加，两种情景下的临界碳价差值在逐渐减小，当政府进行全额补贴时，这一差值降低到 9.12 元/t CO_2。与传统净现值条件下的临界碳价相比，在实物期权条件下两种情景的临界碳价分别从 391.2 元/t CO_2 降低到 371.85 元/t CO_2、367.97 元/t CO_2 降低到 349.95 元/t CO_2。这是因为期权价值的存在。两种情景的主要差别在于单位投资费用和效率损失不同。随着政府补贴的增加，情景 SC+CCR 在单位投资费用上的优势逐渐减小，当

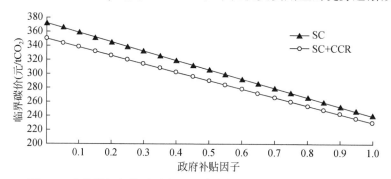

图 2-1　实物期权条件下对应于不同政府补贴两种情景的临界碳价

政府进行全额补贴时，这一优势已不存在，然而由于在效率损失方面存在的优势，两种情景下的临界碳价仍存在一定差距。从图2-2（a）中还可以看出，所计算出的临界碳价远远高于当前自由交易市场上的碳价，即使政府对 CCUS 项目进行全额补贴，在当前碳价下电厂也不会进行 CCUS 项目投资。

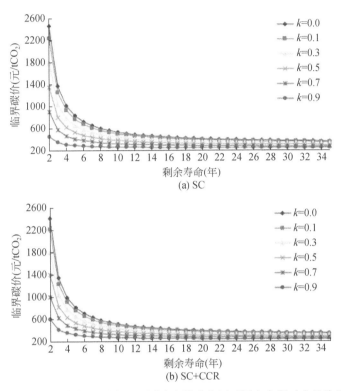

图 2-2　实物期权条件下对应于不同政府补贴电厂不同寿命期对应的临界碳价

k 为政府补贴因子

对于运营中剩余寿命期不足 35 年的电站，不同寿命期要求的 CCUS 投资临界碳价不同。如图2-2（b）所示，显而易见，政府补贴的比例越高，电厂投资 CCUS 项目需要的临界碳价就越低，而且目前碳价水平不支持电厂投资 CCUS 项目。随着有效寿命期的增加，CCUS 项目投资碳排放权临界价格先是大幅降低，而后随着寿命期增加基本保持稳定。在相同条件下，情景 SC+CCR 下的临界碳价低于情景 SC（约低5%），也就是说，当碳价增加到一定程度时，情景 SC+CCR 将率先放弃期权进行 CCUS 项目投资。当电厂剩余有效寿命期小于 15 年时，投资需要的临界碳价极高，与目前价格水平相差很大，两类电厂都不应当进行 CCUS 项目投资，因为没有足够投资回收期收回高昂的成本。

2. 考虑 EOR 收益对 CCUS 项目投资的影响

表 2-4 列出了考虑 EOR 收益下的 CCUS 项目投资决策。相比于未考虑 EOR 收益情况，其 npv 和 NPV 都有显著增加，这是因为 EOR 技术可以给电厂额外带来收益，并能够抵消部分的高额投资成本，然而，在两种情景下当前的碳价水平仍然不支持进行 CCUS 项目投资。

表 2-4　实物期权条件下考虑 EOR 收益两种情景的 CCUS 项目投资决策

（单位：10^9 元）

情景	npv	NPV	ROV	决策
SC	−11.67	4.232	15.90	执行期权延迟投资
SC+CCR	−10.85	4.532	15.38	执行期权延迟投资

如图 2-3 所示，在考虑 EOR 收益的条件下，对于情景 SC，当没有政府补贴时，临界碳价从 371.85 元/t CO_2 降低到 327.82 元/t CO_2；而对于情景 SC+CCR，当政府进行全额补贴时，临界碳价将从 230.07 元/t CO_2 降低到 186.26 元/t CO_2。

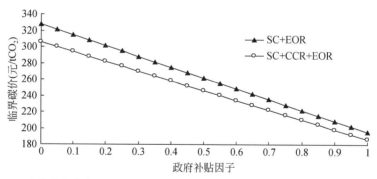

图 2-3　实物期权条件下对应于不同政府补贴考虑 EOR 收益的两种情景临界碳价

图 2-4 显示了在考虑 EOR 收益条件下对应于不同政府补贴下电厂不同剩余寿命对应的临界碳价。对于剩余寿命还有 20 年的电厂，当无政府补贴时，相比于无 EOR 收益情况，情景 SC 条件下临界碳价从 415.59 元/t CO_2 降低到 347.86 元/t CO_2。而对于情景 SC+CCR，当政府补贴达到一半时，这一数值将会从 313.13 元/t CO_2 降低到 246.25 元/t CO_2。结果显示，在当前碳市场萎靡、政府政策不明朗的条件下，引入 EOR 可以带来额外收益，有利于 CCUS 项目的投资。

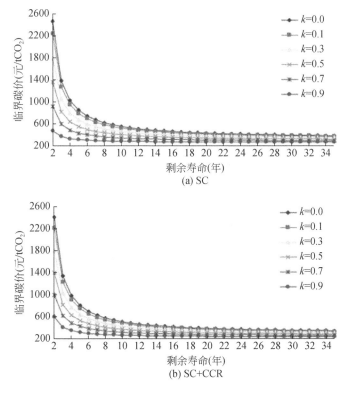

图 2-4　考虑 EOR 收益下对应于不同政府补贴电厂
不同寿命期对应的临界碳价

3. 投资时间

图 2-5 显示了在目标年执行 CCUS 项目投资的累积分布概率，假定目标年的累积分布概率达到 $\varphi_j = 0.2$ 时执行 CCUS 项目投资。根据上述假定，情景 SC 和 SC+CCR 在延迟投资期内都不会执行 CCUS 项目投资，因为 CCUS 项目投资成本过高，在当前没有任何政策激励的条件下，在中国进行 CCUS 项目投资在经济上是不可行的。但当引入 CO_2 利用技术 EOR 时，两种情景下执行 CCUS 项目投资时间分别在 2031 年和 2028 年。尽管在当前市场条件下仍将执行延迟期权，但从长远来看，CCR 预投资还是有利于 CCUS 项目投资，尤其是当引入 CO_2 利用技术 EOR 时，这种优势更加明显。

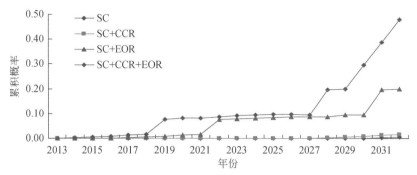

图 2-5　目标年执行 CCUS 项目投资的累积分布概率

4. 电厂年运行时间和清洁电价

图 2-6 显示了电厂年运行时间对 CCUS 项目投资临界碳价的影响。可以看出，临界碳价会随着电厂年运行时间的增加而下降，对于情景 SC，在无政府补贴条件下，当电厂年运行时间从 4800h 增加到 6500h 时，临界碳价将会从 388.43 元/t CO_2 降低到 349.40 元/t CO_2，而对于情景 SC+CCR，这一数值将从 366.28 降低到 327.85 元/t CO_2。两种情景下，随着政府补贴的增加，两种情景下临界碳价都将降低，且两种情景之间的碳价差距也将缩小。

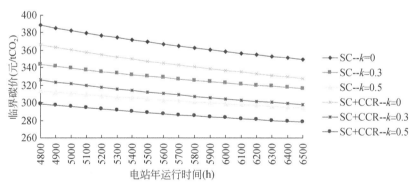

图 2-6　电厂年运行时间对 CCUS 项目投资临界碳价的影响

图 2-7 显示了清洁发电补贴对 CCUS 项目投资临界碳价的影响。在没有政府补贴没有清洁发电补贴的条件下，情景 SC 和 SC+CCR 的临界碳价分别为 391.79 元/t CO_2 和 368.57 元/t CO_2。当清洁发电补贴分别达到脱硫补贴的 2 倍、4 倍时，这一数值将会分别降低到 351.92 元/t CO_2 和 331.36 元/t CO_2、312.09 元/t

CO$_2$和294.18 元/t CO$_2$。这是因为清洁发电补贴和政府补贴都被视为现金流入，有利于 CCUS 项目投资。

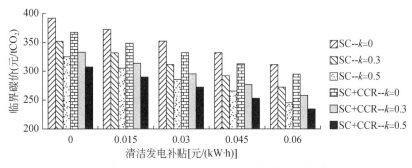

图 2-7　清洁发电补贴对 CCUS 项目投资临界碳价的影响

2.4　主要结论与政策启示

本章从电厂经营者的角度，在实物期权理论基础上利用三叉树模型对电厂 CCUS 项目投资进行评估，考虑的不确定性因素有碳价、政府补贴、电厂年运行时间、电厂寿命以及技术进步等，主要结论如下：

（1）CCR 预投资的成本节约效应是很明显的。当碳价增长到 350 元/t CO$_2$ 时，进行过 CCR 预投资的电厂就可以进行 CCUS 项目投资，而对于没有进行过 CCR 预投资的电厂，这一数值必须大于 371.80 元/t CO$_2$。

（2）在当前的市场条件下，两种情景下电厂都不会进行 CCUS 项目投资。当政府进行全额补贴时，对于情景 SC 和 SC+CCR，临界碳价分别为 239.20 元/t CO$_2$ 和 230.07 元/t CO$_2$，当引入 CO$_2$ 利用技术 EOR 时，这一数值降为 195.46 元/t CO$_2$ 和 186.26 元/t CO$_2$，而当前的碳价仅为 3.5 元/t CO$_2$，远远不够支持 CCUS 项目投资。

（3）增加电厂年运行时间以及提高电厂清洁发电补贴都有利于 CCUS 项目投资并且能够缩小当前市场碳价与临界碳价之间的差距。

（4）通过三叉树累计概率分布分别计算了两种情景下电厂进行 CCUS 投资时间。尽管在 CCUS 项目延迟期内两种情景下电厂都执行延迟期权，但从长远来看，CCR 预投资电厂更有利于 CCUS 项目投资，这种优势在考虑 CO$_2$ 利用技术 EOR 时，更加明显。

（5）结果显示当前市场碳价与两种情景下进行 CCUS 项目投资的临界碳价之间仍存在着巨大的差距，即使政府进行补贴，电厂仍不会进行 CCUS 投资。

本章所得结果可以为电厂决策者在当前不确定环境中进行 CCUS 项目投资提供有用的决策信息。

2.5 本章小结

本章以燃煤电厂为研究对象，在实物期权基础上利用三叉树模型对电厂的 CCUS 项目投资进行评估，考虑了碳价、政府补贴、电厂运营时间、电厂剩余寿命以及技术进步等不确定因素，详细介绍了电厂 CCUS 项目的成本构成及三叉树实物期权应用模型。通过实例研究，发现燃煤电厂 CCUS 投资不具有经济效益，临界投资碳价远远大于当前碳价，适当提高补贴和运营年限可增加 CCUS 投资收益。本章所用评估方法及评估结果可为当前不确定环境中进行 CCUS 项目投资提供有用的决策方法和决策信息。

第 3 章

45Q 政策对燃煤电厂 CCUS 项目投资决策的影响

3.1 政策对 CCUS 技术应用的影响概述

在能源需求推动下，2018 年全球能源相关 CO_2 排放量增长 1.7%，达到 33.1Gt（IEA，2019）。其中，电力部门对全球 CO_2 排放量的增长贡献了约三分之二，电力行业发电过程中仅煤炭的使用就产生了超过 10Gt 的 CO_2，其中大部分来自中国、印度和美国（IEA，2019）。为更大程度地减少化石燃料燃烧产生的 CO_2 排放，不仅需要使用替代燃料和提高能源效率，还需要使用 CCUS 技术（IEA，2017）。在 IEA 的可持续发展情景（SDS）下，到 2040 年，CCUS 将贡献 7% 的全球累计减排量，这意味着必须扩大 CCUS 的部署规模，使其从目前每年约 3000 万 t 的 CO_2 捕集量扩大到 2.3Gt CO_2（IEA，2018b）。

我国电力行业是化石能源主导的产业。到 2016 年底，我国火力发电装机占总装机的 64%，燃煤发电装机占火力发电装机的 89%，燃气发电装机占比从 2009 年的 3.72% 逐渐增加到了 2016 年的 7%（中国电力企业联合会，2017）。电力行业每年需要消耗大量的化石燃料，造成了 CO_2 排放大幅增加。根据 IEA 全球升温不超过 2℃ 的情景，若将实现本世纪末全球温升控制在比工业化前高 1.75℃ 以内目标的概率控制在 50%，中国需在 2045 年前关闭所有未装有减排设施的火力发电厂（即没有 CCUS 改造的发电厂）（IEA，2017）。许多学者通过气候能源模型模拟指出，将 CCUS 技术纳入温室气体减缓技术组合将显著降低总体减排成本（Edenhofer et al.，2010）。对于中国来说，如果不使用 CCUS 技术，实现预期的长期气候变化目标所需要的成本将增加 25%（ADB，2015a）。虽然中国政府正探索全流程且具有经济效益的 CCUS 技术，并计划建立多个示范项目（NDRC and NEA，2016）。但是，实现上述目标的具体机制尚不明确。中共十九大提出通过建立市场导向机制，促进低碳技术发展的方案，这为 CCUS 的发展提供了新的方向。

近年来，政府、科研机构、企业等对 CCUS 技术在电力行业的应用进行了大量的工程示范和科学研究工作，其中传统煤粉（PC）电厂、整体煤气化联合循环（IGCC）电厂和天然气联合循环（NGCC）电厂是电力部门CCUS改造示范和相关研究的主要对象。但时至今日大规模CCUS的部署仍面临着许多挑战，如技术不成熟（即高能耗、高成本）、缺乏综合性气候政策和规章制度、地质封存存在相关的风险（Durmaz，2018），以及公众对CCUS的接受度偏低（Saito et al.，2019）。在这些挑战中，高成本被普遍认为是CCUS大规模推广的主要障碍（Budinis et al.，2018）。借鉴其他低碳技术的推广经验（Fan and Dong，2018），可以发现为了鼓励CCUS的发展和部署，尤其在早期阶段，或许需要大量的政府资金支持。

由于CCUS技术目前不是经济可行的气候变化减缓方案，先前许多研究已经证实了补贴对于CCUS技术发展的重要性（Lupion and Herzog，2013）。例如，Duan等（2013）强调如果缺乏足够的投资激励，CCUS有很大可能会停留在"技术死亡谷"。为解决CCUS的高成本壁垒以及投资不确定性，各国采取了不同的措施。如挪威政府在1991年通过了一项针对海上作业产生CO_2的税收政策，1996年挪威的CCUS项目（Sleipner）就是为了避免支付高额的碳税而建立的（van Alphen et al.，2009）。欧盟在2005年制定了排放交易机制，从碳价补贴角度来讲，起了较好的示范作用（De Coninck et al.，2014）。

另外，还有一些学者建议需要对CCUS技术制定有针对性的补贴或财政支持。Zhang等（2014b）指出通过排放交易机制为CCUS项目提供补贴对CCUS投资有重大影响，特别是在燃煤电厂的剩余寿命不足20年的情况下。其他研究也强调了排放交易机制对CCUS投资决策的重要性（Chen et al.，2016）。与之类似的，Zhu和Fan（2011）也指出有必要对电力部门排放的CO_2进行征税或定价，从而刺激CCUS在中国和其他发展中国家的发展。Duan等（2013）比较了三种实现CO_2减排的补贴政策：碳税、对零碳技术的补贴（包括可再生能源技术和CCUS）以及这两种补贴的组合。结果表明，碳税是促进CCUS发展最佳补贴政策，到2100年，这项技术的市场份额将达到15%左右。除了排放交易机制和碳税之外，一些学者还提出了针对CCUS的其他补贴形式，如上网电价（FITs）补贴、奖金激励和税收减免。上网电价补贴可以保证电网优先接入低碳电力（使用CCUS进行脱碳），其价格通常高于正常的市场价格，以补偿CCUS的成本增加（Duan et al.，2013）。奖金激励和税收减免等气候政策已经被美国采用。例如，在《2007年利伯曼-华纳气候安全法案》中CCUS就被提议给与奖金奖励（Dzonzi-Undi et al.，2016），美国对CCUS项目的最新免税方案已经提出，并纳入了《2018年两党预算法案》（Orr，2018）。将CCUS与清洁发展机制（CDM）相结合也被认为是一种潜在的激励政策（Eto et al.，2013）。此外，研发示范和部署

（RD&D）的投入，以及高效和低成本的全球协作学习计划也被认为有助于加快 CCUS 的推广（Fan and Dong, 2018）。

综上所述，关于 CCUS 补贴政策的研究大多数集中在碳交易（即排放交易机制或者 CO_2 价格）、上网电价、资金激励、税收减免和清洁发展机制，但是，这些补贴形式尚未广泛付诸实践。更重要的是，从长远来看，CCUS 的部署显然需要在一个以市场为导向的框架内进行（Liang et al., 2009）。中国可以借鉴发达国家的经验，既考虑排放交易机制，又考虑税收减免，以此促进 CCUS 的发展。然而，中国的碳交易市场还处于起步阶段，尽管 CCUS 具有巨大的减排潜力，但在短期内似乎还不具备对燃煤电厂进行 CCUS 改造的能力。尽管如此，考虑中国实施的税收减免政策时，美国政府批准的修订后的 45Q 税收抵免条款应该得到更多的关注。Fan 等（2018b）基于 45Q 政策，探讨了燃煤电厂与其他 CCUS 的利益相关者之间的补贴分配问题。除此之外，很少有其他的研究评估 45Q 政策对 CCUS 投资的影响。

在此背景下，本章旨在探索，首先，如果中国政府借鉴 45Q 税收抵免政策对 CCUS 项目实施补贴政策，中国发电厂将会做出什么样的投资决策。此外，还评估了在政府支出无差异的情况下，哪种补贴模式更有利于燃煤电厂的 CCUS 投资。其次，考虑到不同类型火电厂在我国的发展阶段和 CCUS 改造成本不同，本章还以 PC 电厂、IGCC 电厂和 NGCC 电厂为研究对象，从成本和减排效益角度分析 45Q 补贴对三类电厂 CCUS 改造投资决策的影响。最后，为中国电力行业 CCUS 的有效推广和实施提供相关建议，这些信息可以为中国政府和中国发电厂运营商提供参考。本章研究的主要贡献如下：

（1）以 45Q 税收抵免政策为例，为中国如何促进 CCUS 的发展和推广提供一个新的视角。

（2）考虑不同的情景（CO_2 地质封存和 CO_2-EOR）和不同的减排方案。

（3）探索三种补贴方式［即给予 CO_2 地质封存或 EOR 补贴；初期投资及运行维护（I+O&M）补贴；运行维护（O&M）补贴］的激励效应。

（4）建立 PC 电厂、IGCC 电厂和 NGCC 电厂三类电厂的 CCUS 投资决策模型，在相同的发电量和相同的 CO_2 排放量基础上，建立了三叉树实物期权模型，考虑了变动因素对投资决策的影响，分析三类电厂 CCUS 改造的增量成本和收益。

3.2 美国 45Q 税收抵免政策

实际上，中国长期以来一直依赖基于化石燃料的能源供应基础设施，这为

CCUS 在中国的部署提供了重大机遇。从政府支持角度来看，中国提出了一系列旨在促进 CCUS 发展的政策，正如本书 1.4.2 节所述。除政策支持外，财政支持对于 CCUS 的发展同样至关重要。"十五"（2001～2005 年）以来，中国政府一直开展 CCUS 的开发和示范活动（ADB，2015）。自 2008 年以来，中国对 CCUS 研究投资已超过 4.5 亿美元，建立了 10 余个 CCUS 项目，尽管这些项目大多数规模较小（MOST，2011）。此外，目前中国有几个大型 CCUS 项目正在建设阶段。但是，根据目前的情况，中国没有政府市场导向和持续的 CCUS 补贴政策在运作。

与中国相比，美国在引入 CCUS 激励政策方面取得了很大进步。其中，45Q 税收抵免引起了全世界的关注。考虑到美国税法中的相关章节编号，针对 CCUS 项目的美国税收抵免相关条约称为"45Q"。实际上，45Q 税收抵免最初是在 2008 年颁布，但由于最初条款的局限性，当时的激励效果远不及预期。为了振兴煤炭行业并加速美国 CCUS 技术的发展，美国对 45Q 税收抵免条款进行了修改，降低了 CCUS 项目申请该税收抵免的标准，并为项目开发商和投资者提供更大的补贴力度。这些修订被纳入《2018 年两党预算法》，并由特朗普总统于 2018 年 2 月 8 日签署成为法律。

按照最初的规定，2008 年制定的 45Q 税收抵免仅适用于两种 CCUS 项目：第一种类型，税收抵免额度为 10 美元/t，捕集的 CO_2 用于 EOR，而不能用于其他 CO_2 转化项目。第二种类型，税收抵免额度为 25 美元/t，捕集的 CO_2 用于咸水层封存。此外，每个符合条件的 CCUS 项目至少封存 50 万 t CO_2。因此，作为 2018 年预算法案的一部分，美国国会通过了 45Q 税收抵免条款，用来进一步扩展 CCUS 项目开发。在修订的 45Q 法规中，税收抵免额基于绩效，且更多行业具有申请抵免的资格。45Q 税收抵免计划的一些主要目标和规定如下：

（1）按照表 3-1 所示，税收抵免从当前价格连续递增，并在 2026 年达到顶峰。①逐步提高目前用于 EOR 或 EGR 的 CO_2 税收抵免额度，并于 2026 年达到 35 美元/t；②逐步提高目前用于咸水层中封存的 CO_2 税收抵免额度，并于 2026 年达到 50 美元/t；③2026 年后，税收抵免价值将与通货膨胀率挂钩。

（2）扩展了可以申请获得税收抵免的行业范围。许多小型 CCUS 项目（如将 CO_2 转化为混凝土、塑料和化学品）都可以按 35 美元/t 的费率申请并获得抵免额度。

（3）根据修订后的 45Q 税收抵免，CO_2 的直接空气捕获（DAC）可申请该税收抵免。

（4）税收抵免适用于在 2024 年 1 月 1 日之前开始建造的新 CCUS 项目（包括现有设施的新 CCUS 改造）。

（5）如表 3-1 所示，建立各种 CCUS 项目的资格标准。

（6）从 CCUS 设备首次投入使用之日起，符合条件的项目可以申请为期 12 年的 45Q 税收抵免。

（7）取消 7500 万 t CO_2 的总量限制。

表 3-1　从燃煤发电厂捕获的不同用途的 CO_2 的补贴值

类型	运营期内相关补贴水平（美元/t CO_2）									
	2018 年	2019 年	2020 年	2021 年	2022 年	2023 年	2024 年	2025 年	2026 年	2026 年以后
地质封存	28	31	34	36	39	42	45	47	50	与通货膨胀联系
EOR 封存	17	19	22	24	26	28	31	33	35	

3.3　45Q 补贴对全流程燃煤电厂 CCUS 项目投资决策的影响[①]

3.3.1　补贴模式与情景设置

根据 45Q 税收抵免相关规定，本节开发了一种针对 CO_2 地质封存或通过 EOR 利用 CO_2 的补贴模式，因为中国 CO_2-EOR 的封存资源大于 100Mt CO_2/a，远远超过了其他 CO_2 利用方式（Wei et al.，2015a）。此外，提出了另外两种补贴方式。三种补贴方式的补贴总成本是相同的（三种补贴方式的政府支出无差异）。表 3-2 中对这三种补贴方式进行了描述。此外，补贴仅适用于新的 CCUS 项目（包括现有设施的新 CCUS 改造），这些项目的施工将于 2024 年 1 月 1 日前进行，从 CCUS 设备首次投入使用之日起，合格的 CCUS 项目将能够申请 12 年的补贴。

表 3-2　三种补贴模式的描述

补贴模式名称		描述
补贴模式 1	45Q 补贴模式	CO_2 地质封存或 EOR 提供补贴，补贴金额如表 3-1 所示
补贴模式 2	I+O&M 补贴模式	为 CCUS 初始改造投资提供全额补贴，并为运维提供一定的补贴

[①]　本节部分核心内容已于 2019 年发表在 SCI 检索期刊 Energy Policy 第 132 卷（Fan et al.，2019c）。

补贴模式名称		描述
补贴模式3	O&M 补贴模式	对年度运维费用给予一定补助

注：申请税收抵免 CCUS 项目的最小规模为 0.5 Mt CO_2/a。补贴水平由 45Q 税收抵免规定确定（IEA，2018c）。就本表而言，美元与人民币之间的汇率假定为 1∶6.8，即 1 美元＝6.8 元人民币

本研究为燃煤电厂提出了两种补贴方案，我们假设燃煤电厂将遵循以下两种方案之一。

情景1：燃煤电厂负责 CCUS 全流程环节，包括 CO_2 捕集、CO_2 运输和 CO_2 地质封存，作为纳税主体的燃煤电厂可以申请 CO_2 地质封存补贴。

情景2：燃煤电厂只负责与 CO_2 捕集有关的活动，而石油企业则负责通过 EOR 进行 CO_2 运输和 CO_2 地质封存。此外，假设石油企业将以正常的碳交易价格从燃煤电厂购买 CO_2，并且燃煤电厂也可以要求 EOR 补贴。

一般而言，燃煤电厂的寿命为 40 年（Seto et al., 2016），而本研究参考 45Q 税收抵免相关规定将补贴期设置为 12 年。即使获得政府补贴，燃煤电厂也可能无法负担长期（例如 40 年）的 CO_2 捕集、运输和封存费用。在这种情况下，本章研究为燃煤电厂开发了两种 CO_2 减排的方案。一种是全生命周期减排方案（即燃煤电厂在 40 年内捕集、运输、地质封存 CO_2 或通过 EOR 封存 CO_2）；另一种是短期减排方案（即燃煤发电厂仅在 12 年的补贴期内捕集、运输、地质封存 CO_2 或通过 EOR 封存 CO_2）。

3.3.2 投资效益评价模型与方法

1. 模型的基本假设和描述

通常，CCUS 投资会涉及许多利益相关者，不同的利益相关者可能会采取不同的收支核算方法。为了简化分析，本研究对 CCUS 投资进行了如下假设：

（1）CCUS 投资主体：CCUS 可以应用于许多领域，如水泥厂、发电厂和钢铁厂。本研究选择燃煤电厂作为 CCUS 投资主体，因为在中国燃煤电厂每年排放大量的 CO_2，2014 年约占能源相关碳排放的 50%（IEA，2016）。此外，本研究基于现有燃煤电厂，其经营者能够根据其经营情况选择合适的时间进行 CCUS 的改造投资，而不是建设新的装有 CCUS 设备的燃煤电厂。

（2）CCUS 投资效益评估：本研究只对增量 CCUS 投资产生的价值（包括净现值和实物期权价值）进行了评价。换而言之，燃煤电厂的主要业务（如电力销售、供暖服务等产生的利润）的经济效益没有被考虑在内。

2. CCUS 的投资净现值

本研究的重点是中国现有燃煤电厂的 CCUS 改造。在情景 1 中，燃煤电厂的现金流入仅包括 CO_2 封存补贴，而现金流出包括额外的燃料成本、CO_2 运输成本、CO_2 封存成本、CCUS 改造投资成本及 CCUS 设备的运维成本。我们假设燃煤电厂的寿命为 τ_2，CCUS 改造发生在 $t = \tau_1$，并且项目建设期为 1 年。换句话说，CO_2 捕集设备将从 $t = \tau_1 + 1$ 年一直运行到燃煤电厂的使用寿命结束为止。此外，CCUS 设备和设施的残值假定为零。因此，情景 1 中 CCUS 改造投资的净现值（NPV）定义如下：

$$
\begin{aligned}
\mathrm{NPV}_{\tau_1}^{\mathrm{S1}} = {} & \sum_{t=\tau_1+2}^{2026} \left[(Q_{\mathrm{CO_2}} \times \mathrm{VS}_t) / (1+r_0)^{t-\tau_1} \right] + \sum_{t=2027}^{\tau_1+12} (Q_{\mathrm{CO_2}} \times \mathrm{VS}_t) \\
& - \sum_{t=\tau_1+2}^{\tau_2} \left(P_t^{\mathrm{coal}} \times Q_{\mathrm{penalty}} + \mathrm{TC}_{\mathrm{CO_2}} + \mathrm{SC}_{\mathrm{CO_2}} + C_0^{\mathrm{O\&M}} \times \mathrm{e}^{-\beta\tau_1} \right) \\
& \times (1+r_0)^{\tau_1-\tau_2} - I_0^{\mathrm{ccus}} \times \mathrm{e}^{-\alpha\tau_1} \times (1+r_0)^{\tau_1}
\end{aligned}
\tag{3-1}
$$

式中：$Q_{\mathrm{CO_2}}$ 为 CO_2 的年捕集量；VS_t 表示第 t 年 CO_2 封存的补贴值，该值会随着时间变化；r_0 是基准折现率；P_t^{coal} 是第 t 年的煤价；Q_{penalty} 是由效率损失产生的额外煤耗；$\mathrm{TC}_{\mathrm{CO_2}}$ 是年 CO_2 的运输成本；$\mathrm{SC}_{\mathrm{CO_2}}$ 是年 CO_2 的封存成本；I_0^{ccus} 是 CCUS 改造初始投资成本；$C_0^{\mathrm{O\&M}}$ 是 CCUS 初始运维成本；α 和 β 是反映 CCUS 改造投资和运维成本技术进步效应的参数。

在情景 2 中，燃煤电厂的现金流入包括 CO_2-EOR 补贴和向石油企业出售 CO_2 的收益（CO_2 价格将根据市场而波动），而现金流出包括 CCUS 改造投资资本成本、CCUS 设备的运维成本和额外的燃料成本。应注意的是，在情景 2 中，我们没有考虑 CO_2 的运输成本，因为如果燃煤电厂负责 CO_2 的运输，则运输成本将包含在 CO_2 售价中。换句话说，在这种情况下，出售 CO_2 的净利润等于 CO_2 交易价格乘以捕集的 CO_2。情景 2 中 CCUS 改造投资的净现值如式（3-2）所示。

$$
\begin{aligned}
\mathrm{NPV}_{\tau_1}^{\mathrm{S2}} = {} & \sum_{t=\tau_1+2}^{2026} \left[(Q_{\mathrm{CO_2}} \times \mathrm{VU}_t) / (1+r_0)^{t-\tau_1} \right] + \sum_{t=2027}^{\tau_1+12} (Q_{\mathrm{CO_2}} \times \mathrm{VU}_t) \\
& + \sum_{t=\tau_1+2}^{\tau_2} (Q_{\mathrm{CO_2}} \times P_t^{\mathrm{carbon}} - P_t^{\mathrm{coal}} \times Q_{\mathrm{penalty}} \\
& - C_0^{\mathrm{O\&M}} \times \mathrm{e}^{-\beta\tau_1}) (1+r_0)^{\tau_1-\tau_2} - I_0^{\mathrm{ccus}} \times \mathrm{e}^{-\alpha\tau_1} \times (1+r_0)^{\tau_1}
\end{aligned}
\tag{3-2}
$$

式中：VU_t 是对通过 EOR 进行利用的 CO_2 在第 t 年的补贴值；P_t^{carbon} 是第 t 年的碳交易价格。

$$Q_{penalty} = IC \times RT \times \rho_{coal} \times \gamma \tag{3-3}$$

$$Q_{CO_2} = IC \times RT \times EF \times \eta \tag{3-4}$$

$$TC_{CO_2} = Q_{CO_2} \times UTC_{CO_2} \tag{3-5}$$

$$SC_{CO_2} = Q_{CO_2} \times USC_{CO_2} \tag{3-6}$$

式中：IC 表示燃煤电厂的装机容量；RT 表示燃煤机组的年运营时间；ρ_{coal} 是供电煤耗；γ 是捕集 CO_2 导致额外能耗；EF 是燃煤发电的 CO_2 排放因子；η 是 CO_2 捕集率；UTC_{CO_2} 和 USC_{CO_2} 表示 CO_2 的单位运输成本和封存成本。

3. 模型中的不确定性因素

1）煤价

根据已有研究（Wang and Du，2016），本章假设煤价波动符合几何布朗运动，如下式所示：

$$dP_t^{coal} = \mu_1 P_t^{coal} dt + \sigma_1 P_t^{coal} d\omega_t \tag{3-7}$$

式中：P_t^{coal} 是 t 时刻的煤价；μ_1 和 σ_1 表示煤价的漂移率和波动率；$d\omega_t$ 是维纳过程的独立增量，$d\omega_t = \xi_t \sqrt{dt}$；$\xi_t$ 是均值为 0 标准差为 1 的标准正态分布。煤价的漂移率和波动率（U_t）可由历史煤价根据式（3-8）计算：

$$U_t = \frac{P_{t+1}^{coal}}{P_t^{coal}} (t = 0, 1, 2, \cdots, n) \tag{3-8}$$

式中：P_{t+1}^{coal} 和 P_t^{coal} 表示 $t+1$ 和 t 时刻的煤价。煤价波动率的均值和方差可由式（3-9）进行计算：

$$\begin{cases} \bar{U} = \dfrac{1}{n} \sum_{t=0}^{n} (U_t - 1) \\ S^2 = \dfrac{1}{n-1} \Big[\sum_{t=0}^{n} (U_t - 1)^2 - n\bar{U} \Big] \end{cases} \tag{3-9}$$

μ_1 和 σ_1 可由式（3-10）获得：

$$\begin{cases} \bar{U} = \mu_1 \Delta t \\ S^2 = \sigma_1^2 \Delta t \end{cases} \Rightarrow \begin{cases} \mu_1 = \bar{U}/\Delta t \\ \sigma_1 = S/\sqrt{\Delta t} \end{cases} \tag{3-10}$$

2）碳交易价格

与煤价的波动相似，碳交易价格也可以用几何布朗运动来描述（Zhou et al., 2010）：

$$dP_t^{carbon} = \mu_2 P_t^{carbon} dt + \sigma_2 P_t^{carbon} d\omega_t \tag{3-11}$$

式中：μ_2 和 σ_2 分别表示碳交易价格的漂移率和波动率。由于煤价和碳价都遵循几何布朗运动，关于碳价波动的参数可由式（3-8）～（3-10）获得，只需将历史煤价换为历史碳交易价格。

3）CCUS 改造的投资和运维成本

学习曲线模型是用来形容某种特定技术随着技术进步成本降低的有效工具（Fuss and Szolgayová，2010）。已有研究已经证明了 CCUS 技术的成本可以用学习曲线来描述，即技术进步会导致 CCUS 改造的初始投资和运维成本的降低（Zhang et al.，2014c）。因此，CCUS 改造投资和运维投资成本可由式（3-12）和式（3-13）表示：

$$I_t^{\mathrm{ccus}} = I_0^{\mathrm{ccus}} \times \mathrm{e}^{-\alpha t} \tag{3-12}$$

$$C_t^{\mathrm{O\&M}} = C_0^{\mathrm{O\&M}} \times \mathrm{e}^{-\beta t} \tag{3-13}$$

式中：I_t^{ccus} 和 $C_t^{\mathrm{O\&M}}$ 分别表示第 t 年 CCUS 改造的投资成本和运维成本。

4）对于 CCUS 投资成本的政府补贴

目前，CCUS 的成本仍然很高，政府补贴是 CCUS 发展的主要资金来源。如果政府补贴能够用来减少 CCUS 投资成本，式（3-12）可改写为式（3-14）：

$$I_t^{\mathrm{ccus}} = (1-K) \times I_0^{\mathrm{ccus}} \times \mathrm{e}^{-\alpha t} \tag{3-14}$$

式中：K（$K \in [0\%, 100\%]$）是政府对于 CCUS 投资成本的补贴系数。

3.3.3　数据处理

表 3-3 列出了本章研究中使用的参数。总体而言，燃煤电厂的寿命为 40 年（Seto et al.，2016），本研究也采用这一假定。在案例研究中，假定机组为600MW 超临界机组，年运行时间为 4565h，等于 2004～2017 年中国火力发电设备的年平均运行时间（中国电力企业联合会，2017）。参考中欧近零排放煤炭合作示范项目的前端工程设计（FEED）报告，基准贴现率设定为 5%。无风险利率为 4.43%，等于中国人民银行 1990 年 4 月至 2015 年 3 月的一年期定期存款平均基准利率（Wang and Du，2016，Zhang et al.，2014b），期权期限设置为 10 年。

表 3-3　改造投资数据

参数	描述	数值
τ_2	燃煤电厂寿命（a）	40
IC	燃煤机组装机容量（MW）	600
RT	燃煤电厂年度运行小时数（h）	4565

参数	描述	数值
r_0	基准折现率（%）	5
r	无风险利率（%）	4.43
n	延迟投资期（a）	10
P_{coal}	煤价（元/t）	440
σ_{coal}	煤价波动率	0.081
P_{carbon}	碳价（元/t）	50
σ_{carbon}	碳价波动率	0.308
I_0^{ccus}	CCUS 初始投资成本（10^6 元）	15.08
$C_0^{O\&M}$	运维投资（10^6 元/a）	37.45
UTC_{CO_2}	CO_2 单位捕集成本［元/（t·100km）］	100
USC_{CO_2}	CO_2 单位封存成本（元/t）	50
VS	CO_2 封存补贴（元/t）	见表 3-2
VU	CO_2 利用补贴（元/t）	见表 3-2
α	初始投资的经验参数（%）	2.02
β	运维成本的经验参数（%）	5.7
ρ_{coal}	单位供电煤耗［gce/（kW·h）］	309
γ	CO_2 捕集能耗（%）	32
η	CO_2 捕集率（%）	90
EF	CO_2 排放系数［g CO_2/（kW·h）］	762

　　煤炭（电煤）价格（每月数据）是从内蒙古煤炭交易中心（2018）获得的，时间跨度为 2014 年 1 月至 2018 年 7 月。根据这些历史数据，得出的平均煤炭价格为 440 元/t，煤炭价格波动率为 0.081。同样，基于中国北京环境交易所（2018）提供的碳交易价格的历史数据，初始碳价格确定为 50 元/t，碳价格波动率为 0.308。

　　通过使用 NZEC 示范项目 FEED 报告中的参考数据，可以确定 600MW 燃煤机组 CCUS 的初始改造投资成本和年度运维成本。CO_2 的运输成本和 CO_2 的封存成本分别为 100 元/（t·100km）和 50 元/t（Zhang et al.，2014b）。该模型中的 CO_2 地质封存补贴和 EOR 补贴如表 3-1 所示。假定 CCUS 初始投资成本和运维成本的经验参数分别为 2.02% 和 5.70%（Rubin and Zhai，2007）。根据中国电力企业联合会（2017）的最新统计数据，供电煤耗为 309gce/（kW·h）。由 CO_2 捕集引起的能耗比可从 Wang 和 Du（2016）获得。从政府间气候变化专门委员会

（IPCC，2005）获得 CO_2 排放率和 CO_2 捕集效率。

3.3.4 结果分析与讨论

1. 不同情景结果分析

1）不同情景下燃煤电厂投资决策

在情景 1 中，如果执行延迟期权，推迟投资，CCUS 燃煤电厂改造项目的 NPV 将从 2019 年的 −25.1 亿元增加到 2023 年的 −8 亿元（图 3-1）。情景 1 的 NPV 显然会随着投资时间的延迟而增加，但最终该值仍为负。因此，其总投资价值（TIV）在 2019～2023 年保持为零，这表明延迟实物期权价值已从 2019 年的 25.1 亿元下降到 2023 年的 8 亿元。根据燃煤电厂 CCUS 改造的实物期权的投资决策规则，燃煤电厂应执行延迟实物期权，延迟对 CCUS 改造项目的投资。在情景 2 中，减少了燃煤电厂的补贴，但也省去了 CO_2 的运输和存储成本，燃煤电厂可以通过将 CO_2 出售给石油公司来获得更多收益。总体而言，情景 2 的 NPV 显著高于情景 1，从 TIV 的角度来看，结果相同，从 2019 年的 16.2 亿元增加到 2023 年的 28 亿元。换句话说，在这种情景下，煤炭电厂应放弃延迟期权，并立即投资 CCUS 改造项目。

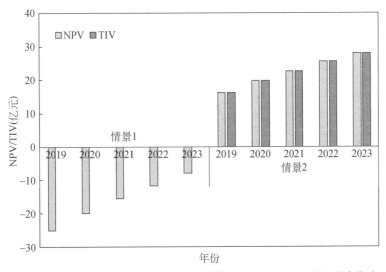

图 3-1　情景 1 和情景 2 下 CCUS 改造投资的 NPV 和 TIV（整个寿命期内电厂 CO_2 排放的捕集率为 90%）

随着技术进步，初始投资成本和运维成本将降低，补贴价值将随着时间的推移而增加。结果表明，在规定的时间内延迟投资可以提高 CCUS 项目的投资价值。但是，在 2019～2023 年期间全流程 CCUS 项目的投资不会产生经济效益，因为全流程 CCUS 项目 2023 年之前的经济表现不佳，燃煤电厂不会选择对其进行投资。如果燃煤发电厂捕获 CO_2 并将其出售给石油公司，则投资回报率和利润率将大大提高，燃煤发电厂可以选择在 2019～2023 年的任何时间进行燃煤电厂的 CCUS 改造投资。延迟投资可能会带来更多收益，但燃煤电厂应更多地关注市场准入时机和市场竞争，即平衡 CCUS 项目收益和市场风险。

结果还表明，在当前市场环境下，类似 45Q 税收抵免政策对于不同类型的 CCUS 项目具有不同的激励效果。具体而言，CO_2-EOR 项目比全流程 CCUS 项目具有更高的投资优先级，其主要原因可归纳如下。首先，CO_2 地质封存补贴高于 CO_2-EOR 补贴，但是碳交易可以为燃煤电厂创造额外的收入，因此碳交易价格将决定单位 CO_2 封存收益率和单位 CO_2-EOR 收益率（较高）。其次，在两种情况下，CO_2 封存的补贴时间仅为 12 年（远远少于燃煤电厂的 40 年寿命），因此包括 CO_2 捕集、运输和封存在内的活动将成为情景 1 中补贴期结束后燃煤电厂的负担，不但没有收入或补贴，而且电厂仍需继续支付 CO_2 减排成本。相反，CO_2-EOR 燃煤发电厂即使没有后续的政府财政支持，但是可以将 CO_2 出售给石油公司，以覆盖 CO_2 的捕集成本。此外，随着中国碳交易市场的全面推广和中国碳减排政策的加强，CO_2 交易价格呈上升趋势，这有利于在燃煤电厂的寿命期内降低 CO_2 减排成本。

燃煤电厂的另一种战略是短期减排计划，图 3-2 显示了情景 1 和情景 2 的 CCUS 改造投资收益。对于情景 1，TIV 等于 NPV，从 2019 年的 7.3 亿元增加到 2023 年的 18.5 亿元。换言之，延迟实物期权的价值为零，因此，燃煤电厂应放弃延迟实物期权，并可以在这种情况下在 2019～2023 年的任何时间投资 CCUS 全流程项目。对于情景 2，短期减排计划仍可投资，甚至比全寿命期减排计划更有利可图；这种情况的净现值从 2019 年的 19.1 亿元增加到了 2023 年的 29.4 亿元。

上述结果表明，无论是投资于全流程 CCUS 项目还是 CO_2-EOR 项目（回报率更高），燃煤电厂都能获得经济利益。短期减排在很大程度上取决于政府的补贴，特别是对于全流程 CCUS 电厂。也就是说，全流程 CCUS 电厂可以通过 CO_2 封存补贴来捕集 90% 的 CO_2。但是，一旦补贴期满，CCUS 设备可能会同时关闭。短期减排计划可能导致 2030 年后中国电力行业的 CO_2 排放量回升，以及政府的财政压力增加。

2）不同补贴模式下的激励效果比较

CCUS 项目所涉及的成本还包括初始投资成本，每年的运维成本和额外能

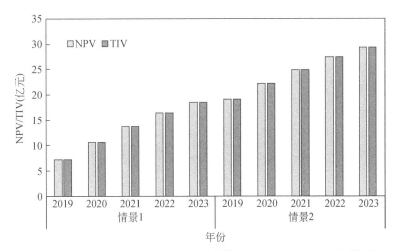

图 3-2 情景 1 和情景 2 下 CCUS 改造投资的 NPV 和 TIV（在补贴期内燃煤电厂的捕集率为 90%）

耗成本，这为改变补贴模式提供了可能性。因此，我们在保持相同的政府补贴支出水平下还探索了不同的补贴方式对全流程 CCUS 项目和 CO_2-EOR 项目的影响。

在 I+O&M 补贴模式下，考虑了整个生命周期的减排计划和短期减排计划，如图 3-3 所示。在情景 1 下，如果采用全寿命期减排计划，CCUS 改造投资的 NPV 为负，而 TIV 为零，这意味着采用 I+O&M 补贴模式时，结合了全寿命期减排计划的全流程 CCUS 项目不适合投资。此外，尽管差距并不明显，但这种情况下的激励效果要比 45Q 补贴模式差。如果电厂实施短期减排计划，则可以立即对全流程 CCUS 项目进行投资。在这种情况下，I+O&M 补贴模式的激励效果要优于 45Q 补贴模式。

对于 O&M 补贴模式，采用全寿命期减排计划时，情景 1 中 CCUS 改造投资的净现值为 -43.9 亿元（2019 年）至 -26.3 亿元（2023 年）（图 3-4）；运维补贴模式的激励效果不及 45Q 补贴模式和 I+O&M 补贴模式。但是，当燃煤电厂选择短期减排方案时，如果电厂在改造后采用 CCUS 进行改造，则运维补贴模式的激励效果在 2021 年后要优于 45Q 补贴模式和 I+O&M 补贴模式。

在情景 2 下，整个寿命期和短期减排计划下 CO_2-EOR 项目均可进行投资。另外，在这种情况下，三种补贴方式的激励效果没有明显的区别。

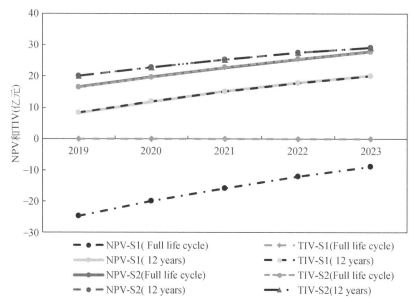

图 3-3　不同情景下 I+O&M 补贴模式的 CCUS 改造投资的 NPV 和 TIV

注："Full life cycle" 为在电厂的全寿命期内采用90%的 CO_2 捕集率；

"12years" 为在补贴期内采用90%的 CO_2 捕集率；S1 为情景 1；S2 为情景 2

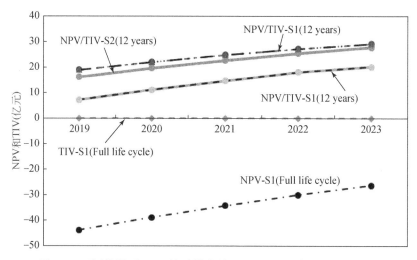

图 3-4　不同情景下 O&M 补贴模式的 CCUS 改造投资的 NPV 和 TIV

注："Full life cycle" 为在电厂的全寿命期内采用90%的 CO_2 捕集率；

"12years" 为在补贴期内采用90%的 CO_2 捕集率

2. 敏感性分析

为了检验计算结果的稳健性，已在模型中选择了几个重要参数进行敏感性分析，包括煤价、碳价、CCUS 初始投资成本和 CCUS 运维成本。这里只考虑全流程 CCUS 项目和 CO_2-EOR 项目的全生命周期减排计划，以便从长期角度分析这些参数对投资评估结果的影响。

1）煤价

煤炭是燃煤电厂最重要的原料。捕集 CO_2 的同时又保持发电量不变，增加的能源损失将导致煤炭消耗增加。因此，应考虑煤炭价格波动对 CCUS 项目投资的影响。毫无疑问，CCUS 项目的投资收益和盈利能力与煤炭价格成反比，即 CCUS 项目的 NPV 随着煤炭价格的上升而下降，反之亦然。如图 3-5 所示，在情景 1 中，煤炭价格从 440 元/t 下降到 300 元/t，NPV 从 -24.7 亿元增加到 -18.6 亿元，但仍为负值，这表明即使煤炭价格在当前基础上降低了 30%，燃煤电厂仍然不适合 CCUS 改造投资。在情景 2 中，当煤价从 440 元/t 上涨至 500 元/t 时，NPV 从 16.2 亿元下降至 13.6 亿元，CCUS 改造投资项目尽管收益下降，但仍可获利。此外，可以推断出情景 1 下的煤炭价格波动对投资回报和盈利能力的影响要比情景 2 下的稍大。

煤炭价格波动不仅会影响电力生产成本，还会加剧 CCUS 改造项目价值的不确定性。因此，稳定煤炭价格也是促进 CCUS 在燃煤电厂中使用的重要措施。

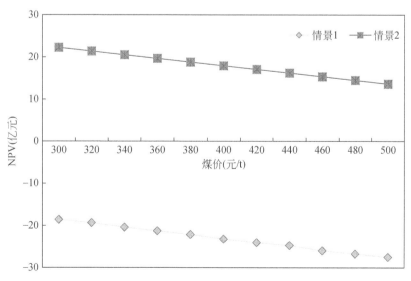

图 3-5 煤价对情景 1 和情景 2 下 CCUS 改造投资 NPV 的影响

2）碳价

在情景 1 中，将从煤电厂捕获的 CO_2 进行地质封存；因此，情景 1 中不涉及 CO_2 交易，因此仅针对情景 2 进行了碳交易价格的敏感性分析。对于 CO_2-EOR 项目，CO_2-EOR 补贴结束后，CO_2 交易是唯一的收入来源，因此，CO_2 交易价格将直接影响燃煤电厂的减排收益以及 CCUS 改造的投资决策。如图 3-6 所示，当初始 CO_2 交易价格从 50 元/t 升至 70 元/t 时，NPV 从 16.2 亿元升至 22.2 亿元。当初始 CO_2 交易价格从 50 元/t 降至 30 元/t 时，NPV 从 16.2 亿元变为 10.2 亿元。结果表明，即使初始碳价比当前水平下降了 40%，燃煤电厂也可以投资于 CO_2-EOR 项目。这是因为，根据历史数据，未来中国的碳交易价格很有可能会上涨，从而使投资者对未来 EOR 中的 CO_2 利用更加乐观。

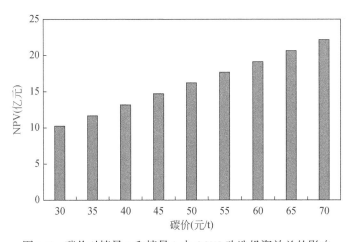

图 3-6　碳价对情景 1 和情景 2 中 CCUS 改造投资效益的影响

3）CCUS 初始投资和运维成本

总体而言，CCUS 改造项目庞大而复杂，CCUS 的初始投资成本以及运维成本较高，增加了企业的单位发电成本（Irlam，2017；Golombek et al.，2009），也是 CCUS 大规模应用的主要障碍。情景 1 和情景 2 下不同 CCUS 初始投资成本和年度运维成本的净现值变化分别如图 3-7 所示。两种情况下，CCUS 初始投资成本和运维成本的降低都会导致 NPV 的增加，但影响程度却不尽相同。更具体地说，当初始 CCUS 投资成本和运维成本均降低 20% 时，情景 1 的 NPV 会增加 17%，而情景 2 的 NPV 会增加 26%。结果还表明，即使在当前基础上将 CCUS 的初始投资成本和运维成本降低 20%，目前燃煤电厂对全流程 CCUS 项目进行投资也是不经济的。

CCUS 的高成本是发达国家和发展中国家面临的普遍问题，CCUS 成本的小幅下降不会对燃煤电厂投资 CCUS 的决策产生重大影响。未来，加大对新一代技术的研发力度，降低 CCUS 技术成本和能耗将是 CCUS 技术大规模推广的关键一步。

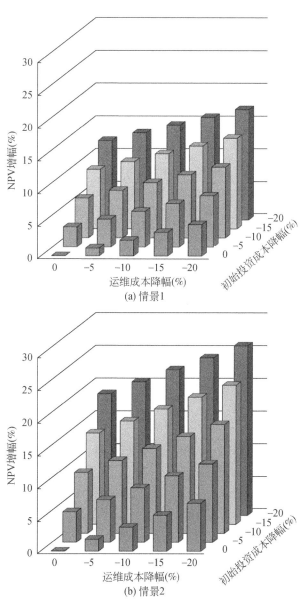

图 3-7　情景 1 和情景 2 中 CCUS 初始投资和运维投资
成本对 CCUS 改造投资的影响

3.3.5 结论及政策影响

1. 结论

本节利用延迟实物期权理论，考虑 CO_2 交易价格、煤炭价格、CCUS 初始投资成本、CCUS 运维成本等不确定因素，分析我国燃煤电厂 CCUS 项目的投资效益。另外，参考美国制定的 45Q 税收抵免条款，评估不同的补贴政策对我国燃煤电厂 CCUS 改造投资决策的影响。基于计算结果得出的主要结论如下：

（1）CCUS 补贴政策，如 45Q 税收抵免条款，显著提高了燃煤电厂 CCUS 全流程项目和 CO_2-EOR 项目的投资回报和盈利能力。但是，虽然 45Q 税收抵免政策能够激励全流程 CCUS 燃煤电厂在补贴期间将 CO_2 排放量减少 90%（12 年），然而这一目标无法在电厂的整个生命周期（40 年）内实现。造成这一现象的最重要的原因是，如果缺乏政府补贴，在中国运营的全流程 CCUS 燃煤电厂无法获得 CO_2 减排收入。

（2）在 45Q 税收抵免政策和 CO_2 交易的双重作用下，CO_2-EOR 电厂在补贴期间（12 年）和全生命周期（40 年）捕获 90% 的 CO_2 排放在经济上是可行的。此外，未来中国的碳交易价格可能会上涨，这将更有利于鼓励煤炭发电行业投资 CO_2-EOR 项目。

（3）不同的补贴方式对燃煤电厂 CCUS 改造投资的影响是不同的，即使是在补贴水平相同的情况下。如果全流程 CCUS 燃煤电厂实施全生命周期（40 年）减排计划，45Q 补贴模式和 I+O&M 补贴模式产生的激励效果没有差异，但均优于 O&M 补贴模式的激励效果。如果实施短期（12 年）减排计划，O&M 补贴模式的激励效果要优于燃煤电厂在 2021 年后进行 CCUS 改造并获得 45Q 补贴和 I+O&M 补贴。然而，对于 CO_2-EOR 电厂，无论是实施全生命周期或短期减排计划，三种补贴方式的激励效果都没有显著差异。

2. 政策建议

为了实现《巴黎协定》（IPCC，2018）的气候目标，其成本约为全球国内生产总值（GDP）的 2.5%。之前的预测显示，如果 CCUS 技术没有得到广泛的应用，这一成本将呈指数增长（IPCC，2014）。发达国家，例如美国、加拿大和欧盟国家对开发 CCUS 技术表现出了极大的热情。然而，对于中国来说，发展

CCUS 技术既是机遇也是挑战。本节在研究结果的基础上，提出了中国发展 CCUS 的政策建议。

（1）本节的计算结果表明，目前燃煤电厂使用 CCUS 的成本仍然较高，45Q 税收抵免政策可以有效地提高 CCUS 项目的投资效益。然而，从大规模的 CCUS 部署的角度来看，45Q 的激励效果在某些情况下是有限的。例如，45Q 税收抵免政策必须与 CO_2 交易相结合，以使燃煤电厂在 40 年的寿命内持续捕获 90% 的 CO_2 排放量。因此，中国政府可以从 45Q 机制中吸取教训，但同时，中国政府应该鼓励煤炭发电企业进一步探索 CO_2 的利用途径（如 CO_2-EOR），以增加 CO_2 的利用价值。将 CO_2 作为商品，提高其经济价值，可以有效地借助市场机制促进 CCUS 的发展，也有助于减轻政府的财政负担，特别是对中国这样的发展中国家来说。

（2）作为一个全新的补贴模式，应该尽可能详细地探索 45Q 税收抵免政策对燃煤电厂 CCUS 改造投资的决策影响。此外，45Q 税收抵免条款与同等 CCUS 补贴的其他补贴模式的激励效果差异也应该被给予更多的关注，因为 45Q 机制可能不是所有情况下的最佳选择。研究结果表明，对于在 40 年内捕集 90% 的 CO_2 排放量的全流程 CCUS 电厂，45Q 补贴模式或者 I+O&M 补贴模式都比 O&M 补贴模式更优。此外，一般情况下，CCUS 项目需要较大的初始投资，I+O&M 补贴模式将减少 CCUS 投资初期运营商的支出压力（尽管本研究没有量化这种影响）。

因此，中国政府可以制定多种灵活性的 CCUS 激励政策，以满足中国燃煤电厂的特殊需求和运行特点。此外，在可以避免因为不同补贴政策导致的政府支出水平差异的前提下，最大化 CCUS 补贴政策整体的激励效果。例如，政府可以为剩余生命较长的全流程 CCUS 电厂提供初期的投资补贴，以缓解其投资初期的资本支出压力。

（3）政府和电厂都应该重视 CCUS 的 RD&D 投入，因为初始投资成本和 O&M 成本对 CCUS 投资回报和盈利能力有重要影响，而这些成本可以通过技术的进步来降低。降低成本是大规模采用 CCUS 的主要动力，例如，未来可能商业化销售的第二代 CCUS 技术的成本和额外能耗将比目前的第一代 CCUS 技术低 30% 以上（Fan et al.，2018）。加大 CCUS 的 RD&D 投入，以及加强国际交流与合作，是推动 CCUS 部署与应用不可或缺的基石，也是政府和企业共同努力的方向。

3.4 45Q补贴对火力发电厂CCUS项目投资决策的影响比较

3.4.1 研究概述

1. 研究对象

近年来，政府、科研机构、企业等对 CCUS 技术在电力行业的应用开展了大量的工程示范和科学研究工作，其中 PC 电厂、IGCC 电厂和 NGCC 电厂是电力部门 CCUS 改造示范和相关研究的主要对象（GCCSI，2017a），而各国对三类电厂的应用前景和竞争力大小没有严格的定论（Catalanotti et al.，2013）。事实上，三类电厂在我国的发展阶段不同，CCUS 改造经济性差距较大。PC 电厂是我国传统的燃煤电厂，应用占比较高且应用广泛，在未来若干年仍然占有一定的比重（Li et al.，2011）。IGCC 是先进的清洁煤发电技术，其将清洁的煤气化技术与高效的燃气–蒸汽联合循环发电系统结合，能量转换率高，能够满足严格的环保标准（Xu et al.，2014）。虽然目前中国 IGCC 电厂的建设成本约为 PC 电厂的两倍，尚处于示范运营阶段，但随着技术进步 IGCC 成本将逐渐降低（van den Broek et al.，2008），在我国煤炭主导的资源禀赋条件和提高能效的政策号召下，IGCC 电厂的应用比例将不断升高，有可能成为 2020 年之后煤电发展的重点对象（Cormos，2012）。燃气发电与燃煤发电相比，污染物排放水平和 CO_2 排放水平低，其中 CO_2 排放仅为燃煤发电的 40% 左右。NGCC 技术较其他燃气发电技术具有更高的能源利用效率和发电效率，是最具前景的燃气发电方式，未来中国燃气发电机组中 NGCC 技术应用比例会逐渐增加。

三类电厂发电技术不同，采用的捕集技术也不尽相同。燃烧后捕集技术从燃烧后的烟气中捕集 CO_2，技术相对成熟，我国 PC 电厂和 NGCC 电厂的 CCUS 改造示范项目多采用燃烧后捕集技术，该技术能耗和增量成本都比较高（许世森和郜时旺，2009），其中 NGCC 电厂烟气中 CO_2 浓度更低，能耗比 PC 电厂更高。IGCC 电厂采用燃烧前捕集技术，且燃烧前捕集技术目前只适用于新建的 IGCC 电厂，与燃烧后捕集技术相比，捕集运行成本和增量成本较低，能耗较小。PC 电厂和 IGCC 电厂是煤基电厂，可通过 CCUS 改造使得 CO_2 排放水平与普通的 NGCC 电厂排放水平相当或更低，在相同发电量下，三类电厂达到相同的 CO_2 排放水平的减排成本不同。三类电厂在我国的发展阶段和改造成本不同，为综合考虑中国电厂的 CCUS 改造，本节以 PC 电厂、IGCC 电厂和 NGCC 电厂为研究对象，从成本和减排效益角度分析 45Q 补贴对三类电厂 CCUS 改造投资决策的影响。

2. 研究进展

由于三类电厂的 CCUS 改造投资受不确定性因素影响较大，在 CCUS 改造投资决策分析方面，已有多位学者展开相关研究，而大多数学者的研究对象为燃煤电厂且多集中在 PC 电厂，其中对 IGCC 电厂的 CCUS 改造投资决策多建立在和 PC 电厂的对比分析之上。例如 Sekar 等（2007）分析了美国排放处罚存在与否的情况下 PC 电厂和 IGCC 电厂的经济性，得出排放处罚机制存在的情况下 IGCC 电厂装备 CCUS 比 PC 电厂更具经济性。张正泽（2010）以 PC 和 IGCC 电厂作为基准电厂，应用实物期权模型分析了不确定性因素对电厂 CCUS 改造投资决策的影响，探讨了投资的临界条件，得出 PC 电厂的投资临界条件略大于 IGCC 电厂，IGCC 电厂具有良好的发展前景。Wu 等（2013）分析了 PC 电厂和 IGCC 电厂的 CCUS 投资的临界碳价，结果表明，PC 电厂的投资临界碳价为 61 美元/t，IGCC 电厂的投资临界碳价为 72 美元/t。也有部分学者对 NGCC 的投资决策做出了分析，例如 Lambert 等（2016）运用净现值方法，分析了 NGCC 电厂 CCUS 改造的投资决策，考虑了碳价和政府投资对电厂盈利能力的影响，结果证明 NGCC 准备 CCUS 技术要求高碳价水平和政府投资水平。Luo 和 Wang（2016）分析了 NGCC 电厂装备 CCUS 技术的平准化发电成本，重点分析了碳价对总成本的影响，结果表明，CO_2 价格超过 100 欧元/t 时才可抵消 NGCC 采用 CCUS 技术的成本，超过 120 欧元/t 时，NGCC 电厂的捕集率才能达到 90%，若保持电厂的 CO_2 捕集率，则需要更高的 CO_2 价格。Fleten 和 Näsäkkälä（2010）考虑了电价和天然气价格的不确定性，采用实物期权的方法分析了天然气发电项目的期权价值，计算了投资的上限和下限，并分析了排放成本对安装 CCUS 捕集技术的价值的影响。Elias 等（2018）运用实物期权的方法，在市场管制、电价和天然气价格不确定的情况下，对现有燃气电厂的 CCUS 改造进行了投资决策评估，结果表明，如果碳价格达到 140 美元/t，电厂会选择燃烧后技术，如果碳价进一步下降，则选择富氧燃烧技术。Fan 等（2019a）比较了燃煤电厂和燃气电厂装备 CCUS 技术的平准化发电成本，考虑了煤价变动和碳价变动的影响，结果表明，在相同减排量下，燃气电厂的平准化发电成本高于燃煤电厂。

在对影响电厂 CCUS 投资决策的不确定因素研究中，关于补贴政策的探讨较多。有部分学者通过建立实物期权投资评估模型，对政府电价补贴的影响进行了分析并表明政府的电价补贴对 CCUS 投资有巨大影响。还有部分学者运用实物期权模型，表明投资补贴对临界碳价的影响显著，但当前碳价水平下不足以吸引 CCUS 改造投资。

通过分析现有研究，可以发现：①大部分选取 PC 电厂为基准电厂作为研究对象，也有部分学者对 IGCC 和和 NGCC 电厂的投资决策进行分析，不过大多建立在与燃煤电厂的对比分析之上。同时对三类电厂投资决策对比的研究相对较少。②低碳技术的发展往往都需要政策引导和支持，而现有文献中关于补贴政策多从假设存在的投资补贴和电价补贴角度出发，补贴形式和补贴内容均基于假设，对投资者的激励效果相对有限，且欠缺现实意义。

3.4.2 模型与数据

1. 模型描述

电厂追求的是 CCUS 改造计划期后的预期利润总和最大化。总投资成本（现金流）包括投资成本、运维成本、运输成本、封存成本和效率损失（捕集装置的运行需要格外的电力消耗）。项目收入主要包括核证减排量、上网电价和将 CO_2 用于封存或者利用的补贴。

在封存的情况下，净现值（NPV）的表达式如式（3-15）所示：

$$NPV = CER \cdot P_{cer} + P'_e Q_e + P'_s Q_c - I_{ccs} - TC - SC - C_{O\&M} - P_e Q_r \tag{3-15}$$

式中：CER 为核证减排量；P_{cer} 为碳价；P'_e 为清洁电价增量；Q_e 为清洁发电量；P'_s 为封存每单位 CO_2 的补贴额；Q_c 为封存的 CO_2 量；I_{ccs} 为初始投资建设成本；TC 为运输成本；SC 为封存成本；$C_{O\&M}$ 为运维成本；P_e 为上网电价；Q_r 为电力损耗量。

在驱油的情况下，净现值的表达式如式（3-16）所示：

$$NPV = CER \cdot P_{cer} + P'_e Q_e + P''_s Q_c + OR - I_{ccs} - TC - SC - C_{O\&M} - P_e \cdot Q_r \tag{3-16}$$

式中：P''_s 为用于驱油时封存每单位 CO_2 的补贴额；OR 为 CO_2 驱油收益。

驱油收益表达式为式（3-17）：

$$OR = P_o \times Q_o = P_o \times k \times Q_c \tag{3-17}$$

式中：P_o 为原油价格；Q_o 为驱油量；k 为单位 CO_2 驱油量。

运输成本如式（3-18）所示：

$$TC = Q_c \times UTC \tag{3-18}$$

式中：UTC 为单位运输成本。

封存成本如式（3-19）所示。

$$SC = Q_c \times USC \qquad (3\text{-}19)$$

式中：USC 为单位封存成本。

假设电厂在 τ_1 年开工建设，建设年份为 1 年，在 τ_1+1 年开始运营，在封存补贴 $（P_s）$ 存在的情况下，电厂进行 CCUS 改造的项目净现值的表达式为式（3-20）：

$$
\begin{aligned}
\mathrm{NPV}_{\tau_1} &= \sum_{t=\tau_1+2}^{\tau_2} \left(\mathrm{CER} \times P_{\mathrm{cer}} + P'_{\mathrm{e}} Q_{\mathrm{e}} \right) \left(1 + r_0 \right)^{\tau_1-t} \\
&\quad - \sum_{t=\tau_1+2}^{\tau_2} \left(C_{\mathrm{O\&M}} + P_{\mathrm{e}} Q_{\mathrm{r}} + \mathrm{TC} + \mathrm{SC} \right) \left(1 + r_0 \right)^{\tau_1-t} \\
&\quad + \sum_{t=\tau_1+2}^{2026} \left(Q_{\mathrm{c}} \times P_{\mathrm{s}} \right) \times \left(1 + r_0 \right)^{\tau_1-t} + \sum_{2026}^{\tau_1+12} \left(Q_{\mathrm{c}} \times P_{\mathrm{s}} \right) - I_{\mathrm{ccs}} \mathrm{e}^{-\alpha\tau_1} \left(1 + r_0 \right)^{\tau_1}
\end{aligned}
$$
$$(3\text{-}20)$$

以连续复利方式计息，用 $\mathrm{e}^{r_0}-1$ 替换上式中的 r_0，则电厂进行 CCUS 改造的投资净现值的表达式为式（3-21）：

$$
\begin{aligned}
\mathrm{NPV}_{\tau_1} &= \left(\mathrm{CER} \times P_{\mathrm{cer}} + P'_{\mathrm{e}} Q_{\mathrm{e}} - C_{\mathrm{O\&M}} - P_{\mathrm{e}} Q_{\mathrm{r}} - \mathrm{TC} - \mathrm{SC} \right) \frac{\mathrm{e}^{-r_0} - \mathrm{e}^{r_0(\tau_1-\tau_2)}}{\mathrm{e}^{r_0} - 1} \\
&\quad + \left(Q_{\mathrm{c}} \times P_{\mathrm{s}} \right) \frac{\mathrm{e}^{-r_0} - \mathrm{e}^{r_0(\tau_1-2026)}}{\mathrm{e}^{r_0} - 1} + \sum_{2026}^{\tau_1+12} \left(Q_{\mathrm{c}} \times P_{\mathrm{s}} \right) - I_{\mathrm{ccs}} \mathrm{e}^{(r_0-\alpha)\tau_1}
\end{aligned}
$$
$$(3\text{-}21)$$

式中：P_s 为 45Q 补贴形式中各年份的补贴额。

利用 CO_2 驱油的净现值的表达式如式（3-22）所示：

$$
\begin{aligned}
\mathrm{NPV}_{\tau_1} &= \sum_{t=\tau_1+2}^{\tau_2} \left(\mathrm{CER} \times P_{\mathrm{cer}} + P'_{\mathrm{e}} Q_{\mathrm{e}} + P_{\mathrm{o}} Q_{\mathrm{o}} - C_{\mathrm{O\&M}} - P_{\mathrm{e}} Q_{\mathrm{r}} - \mathrm{TC} - \mathrm{SC} \right) \left(1 + r_0 \right)^{\tau_1-t} \\
&\quad + \sum_{t=\tau_1+2}^{2026} \left(Q_{\mathrm{c}} \times P_{\mathrm{s}} \right) \times \left(1 + r_0 \right)^{\tau_1-t} + \sum_{2026}^{\tau_1+12} \left(Q_{\mathrm{c}} \times P_{\mathrm{s}} \right) - I_{\mathrm{ccs}} \mathrm{e}^{-\alpha\tau_1} \left(1 + r_0 \right)^{\tau_1}
\end{aligned}
$$
$$(3\text{-}22)$$

以连续复利方式计息，用 $\mathrm{e}^{r_0}-1$ 替换上式中的 r_0，则电厂进行 CCUS 改造的投资净现值的表达式为式（3-23）：

$$
\begin{aligned}
\mathrm{NPV}_{\tau_1} &= \left(\mathrm{CER} \times P_{\mathrm{cer}} + P'_{\mathrm{e}} Q_{\mathrm{e}} + P_{\mathrm{o}} Q_{\mathrm{o}} - C_{\mathrm{O\&M}} - P_{\mathrm{e}} Q_{\mathrm{r}} - \mathrm{TC} - \mathrm{SC} \right) \frac{\mathrm{e}^{-r_0} - \mathrm{e}^{r_0(\tau_1-\tau_2)}}{\mathrm{e}^{r_0} - 1} \\
&\quad + \left(Q_{\mathrm{c}} \times P_{\mathrm{s}} \right) \frac{\mathrm{e}^{-r_0} - \mathrm{e}^{r_0(\tau_1-2026)}}{\mathrm{e}^{r_0} - 1} + \left(\tau_1 - 2014 \right) \left(Q_{\mathrm{c}} \times P_{\mathrm{s}} \right) \\
&\quad - I_{\mathrm{ccs}} \mathrm{e}^{(r_0-\alpha)\tau_1} - I_{\mathrm{ccs}} \mathrm{e}^{(r_0-\alpha)\tau_1}
\end{aligned}
$$
$$(3\text{-}23)$$

2. 假设与情景设置

1）假设条件

在选定的三类电厂中，PC电厂和NGCC电厂采用燃烧后捕集技术，IGCC电厂采取燃烧前捕集技术。为了简化探讨三类电厂CCUS改造的经济性。本节做以下几点假设。

（1）电站脱硫和脱碳的技术较为相似，本节以脱硫电价补贴为标准分析清洁电价补贴对电站投资CCUS项目的影响。

（2）电厂CCUS改造之后的减排量视为核证减排量可用于项目级交易。NGCC电厂在发电过程中相对于燃煤电厂少排放的CO_2同样可参与碳配额交易。

（3）典型的CCUS系统分为三部分：捕集、运输和封存。假设电厂与封存地或油田的距离为200km，CO_2驱油增采的原油可以带来收益，不考虑随CO_2注入量的增加可增采原油量的减少。

（4）建设期为1年，建设基准年为2019年。

（5）PC电厂和IGCC电厂平均运营年限为40年，NGCC电厂平均运营年限为20年。

（6）为保证NGCC电厂在CCUS改造后至少有10年的运营时间，假设期权持有期为10年。

2）情景设置

本节设立了两大类排放情景：①PC和IGCC电厂的CO_2排放控制在和常规NGCC电厂相同的排放水平；②PC电厂、IGCC电厂和NGCC电厂的CO_2排放量控制在PC电厂捕集率为90%时的排放水平。在两类排放情景下，根据电厂类型和CO_2封存方式，组成表3-4所示情景。

表3-4　具体情景设置

排放水平	电厂类型	CO_2去处
与NGCC电厂具有相同的排放水平	PC电厂	CCUS
	IGCC电厂	EOR
		CCUS
		EOR

排放水平	电厂类型	CO₂ 去处
具有相同的排放水平 （PC 电厂捕集率为 90%）	PC 电厂	CCUS
		EOR
	IGCC 电厂	CCUS
		EOR
	NGCC 电厂	CCUS
		EOR

3. 数据收集与处理

表 3-5 列举了 PC 电厂、IGCC 电厂和 NGCC 电厂的相关数据及数据来源。在淘汰落后产能的政策背景下，假设 PC 电厂和 IGCC 电厂的装机容量为 600MW，为了达到相同的发电量，NGCC 电厂的装机容量设为 1021MW。清洁电价补贴为 0.015 元/（kW·h）。无风险收益率假设为 8%。电厂的捕集率的大小会影响系统的能耗，捕集率越高，系统能耗越高。在 90% 的捕集率下，PC 电厂、IGCC 电厂和 NGCC 电厂的电力能耗分别为 11.1%、10.9% 和 12.7%。根据 Harkin 等（2012）的研究，捕集率小于 90% 时，认为能耗与捕集率呈线性关系，本节根据线性关系计算了不同捕集率对应的电力损耗。

表 3-5　PC 电厂、IGCC 电厂和 NGCC 电厂的基础数据

指标		PC 电厂	IGCC 电厂	NGCC 电厂	数据来源
装机容量（MW）		600	600	1021	本章设定
改造前 CO₂ 排放强度 [t CO₂/（MW·h）]		0.774	0.724	0.356	（GCCSI, 2017a）
改造后 CO₂ 捕集率（%）	NGCC 水平	54	50.83	0	根据减排量计算
	PC 最小水平	90	89.34	78.3	
单位建设成本（元/kW）		5500	5147	5120	Wu et al.（2013）
运营维护成本 [元/（MW·h）]		12.5	11.3	7.66	Wang and Du（2016）
电力损耗（%）	NGCC 水平	6.66	6.16	0	根据捕集率计算
	PC 最小水平	11.1	10.82	11.05	
发电设备利用小时数（h）		4749	4749	2790	（中国电力企业联合会, 2017b）

指标	PC 电厂	IGCC 电厂	NGCC 电厂	数据来源
清洁电价补贴 [元/(KW·h)]		0.015		Zhang et al. (2014b)
单位运输成本 [元/(t·100km)]		100		Zhang et al. (2014b)
单位封存成本（元/tCO$_2$）		50		Zhang et al. (2014b)
无风险收益率/%		8		Cormos (2012)
无风险利率		0.0435		银行利率
碳价变动方差		0.402		数据计算所得
投资成本曲线系数		0.0202		

3.4.3 结果分析

1. 直接封存时投资决策分析

当 PC 电厂和 IGCC 电厂进行 CCUS 改造并与常规 NGCC 电厂的 CO$_2$ 排放量相同时，PC 电厂和 IGCC 电厂的 CO$_2$ 捕集率分别为 54% 和 50.83%。此时，PC 电厂和 IGCC 电厂的收益包括碳减排收益、封存补贴以及清洁电价补贴收益，NGCC 电厂收益仅为碳减排收益。PC 电厂和 IGCC 电厂的投资净现值和期权价值与 NGCC 电厂的收益如图 3-8 所示。两电厂投资 CCUS 改造的投资净现值为负，需延迟投资，45Q 补贴虽然抵消了一部分成本支出，但是没有改变电厂亏损的状态，对投资决策不产生影响。因 IGCC 电厂捕集装置的初始投资成本、运营成本以及运输、封存成本和减排量都略小于 PC 电厂，投资净现值略大。NGCC 电厂减排收益为 6.14 亿元，大于 PC 电厂和 IGCC 电厂 CCUS 改造的收益，此时 NGCC 电厂更具有经济优势。

三类电厂的 CO$_2$ 排放量控制在 PC 电厂可达到的最低排放水平时，PC 电厂、IGCC 电厂和 NGCC 电厂都进行 CCUS 改造，此时 PC 电厂的捕集率为 90%，IGCC 电厂和 NGCC 电厂的捕集率为 89.34% 和 78.3%。三类电厂进行 CCUS 改造的净现值和期权价值如图 3-9 所示。三类电厂的投资净现值均为负值，需延迟投资。其中，45Q 补贴不存在时，三类电厂净现值差异不大。45Q 补贴存在的情况下，由于 NGCC 电厂捕集的 CO$_2$ 量相对较少，所得封存补贴较少，净现值明显小于两燃煤电厂。

综合分析图 3-8 和图 3-9 可知，在这两种排放和捕集情景下，PC 电厂和 IGCC 电厂的捕集率越大，投资净现值越小，说明将 CO$_2$ 直接封存带来的经济效

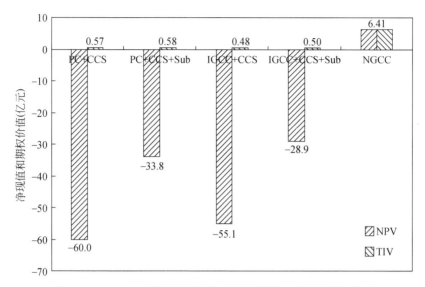

图3-8　NGCC 电厂排放水平下各电厂的投资净现值和期权价值

"PC+CCS" 代表 PC 电厂进行 CCUS 改造，将 CO_2 用于咸水层封存时的净现值和期权价值；"PC+CCS+Sub" 代表补贴存在的情况下，PC 电厂进行 CCUS 改造，将 CO_2 用于咸水层封存时的净现值和期权价值；"IGCC+ CCS" 代表 IGCC 电厂装备 CCUS 技术，将 CO_2 用于咸水层封存时的净现值和期权价值；"IGCC+CCS+Sub" 代表补贴存在的情况下，IGCC 电厂技术 CCUS 技术，将 CO_2 用于咸水层封存时的净现值和期权价值；"NGCC" 为 NGCC 电厂的碳价收益

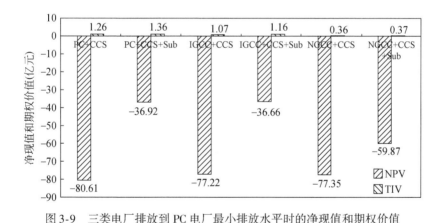

图3-9　三类电厂排放到 PC 电厂最小排放水平时的净现值和期权价值

"PC+CCS" 代表 PC 电厂进行 CCUS 改造，将 CO_2 用于咸水层封存时的净现值和期权价值；"PC+CCS+Sub" 代表补贴存在的情况下，PC 电厂进行 CCUS 改造，将 CO_2 用于咸水层封存时的净现值和期权价值；"IGCC+ CCS" 代表 IGCC 电厂装备 CCUS 技术，将 CO_2 用于咸水层封存时的净现值和期权价值；"IGCC+CCS+Sub" 代表补贴存在的情况下，IGCC 电厂装备 CCUS 技术，将 CO_2 用于咸水层封存时的净现值和期权价值；"NGCC+ CCS" 代表 NGCC 电厂进行 CCUS 改造，将 CO_2 用于咸水层封存时的净现值和期权价值；"NGCC+CCS+Sub" 代表补贴存在的情况下，NGCC 电厂进行 CCUS 改造，将 CO_2 用于咸水层封存时的净现值和期权价值

益为负，CO_2 捕集量越多，经济亏损情况越严重。直接封存时，常规 NGCC 电厂更具经济和减排优势。

2. 驱油时投资决策分析

1）当前油价水平

在 NGCC 电厂排放水平下，两燃煤电厂将捕集的 CO_2 用于驱油，收益包括碳减排收益、封存补贴以及清洁电价补贴收益，NGCC 电厂的收益为减排收益。2018 年 WIT 原油期货平均价格约为 68 美元/桶，在当时的油价水平下，三类电厂的投资净现值和期权价值如图 3-10 所示。PC 电厂和 IGCC 电厂在当前油价水平下，无论补贴存在与否，净现值和期权价值相等，可立即投资。PC 电厂和 IGCC 电厂在补贴不存在时的投资价值分别为 24.08 亿元和 19.68 亿元，补贴存在时的投资价值分别为 42.06 亿元和 35.50 亿元。PC 电厂的投资收益略大于 IGCC 电厂，两燃煤电厂的投资收益大于 NGCC 电厂。45Q 补贴的存在增加了投资的净现值和期权价值。在该 CO_2 排放水平下，两燃煤电厂具有与普通 NGCC 电厂竞争的经济优势。

在 PC 电厂可达到的最小排放水平下，两燃煤电厂在当前油价水平下的净现值和期权价值相等，可立即投资。PC 电厂和 IGCC 电厂在补贴不存在时的投资价值分别为 57.41 亿元和 52.90 亿元，补贴存在时的投资价值分别为 87.36 亿元和 80.71 亿元。PC 电厂的投资收益略大于 IGCC 电厂，45Q 补贴的存在增加了投资的净现值和期权价值。NGCC 电厂投资净现值小于零，需等待投资机会。具体结果如图 3-11 所示。

根据图 3-10 和图 3-11，捕集率较大时，电厂的投资收益较高。说明将 CO_2 用于驱油带来正的经济效益。两燃煤电厂驱油时，都具有与常规 NGCC 电厂竞争的经济优势，在减排量较大时，两燃煤电厂都具有与常规 NGCC 电厂竞争的经济优势和减排优势。补贴的存在增加了电厂投资的净现值和期权价值，但是没改变当前条件下的投资结果。

2）变动的油价

考虑到原油价格波动会对投资价值产生较大影响，本节综合分析了 2013 ~ 2018 年来 WIT 原油期货的波动情况，设定了不同的价格水平。2013 ~ 2018 年平均原油价格约为 64 美元/桶，经计算原油价格的波动率为 0.317，略小于碳价波动，为了简化研究，本节将原油价格设定了 7 个水平。分别为 40、50、60、70、80、90、100，单位为美元/桶。

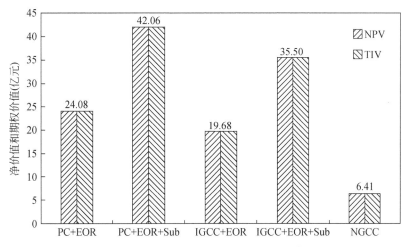

图 3-10　NGCC 排放水平下三类电厂驱油的净现值和期权价值

"PC+EOR"代表 PC 电厂进行 CCUS 改造,将 CO_2 用于强化石油开采时的净现值和期权价值;"PC+EOR+ Sub"代表补贴存在的情况下,PC 电厂进行 CCUS 改造,将 CO_2 用于强化石油开采时的净现值和期权价值; "IGCC+EOR"代表 IGCC 电厂装备 CCUS 技术,将 CO_2 用于强化石油开采时的净现值和期权价值;"IGCC+ EOR+Sub"代表补贴存在的情况下,IGCC 电厂装备 CCUS 技术,将 CO_2 用于强化石油开采时的净现值和期权价值;"NGCC"为 NGCC 电厂的碳价收益

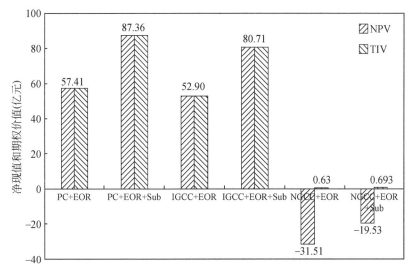

图 3-11　PC 电厂可达到的最小排放水平下三类电厂驱油的净现值和期权价值

"PC+EOR"代表 PC 电厂进行 CCUS 改造,将 CO_2 用于强化石油开采时的净现值和期权价值;"PC+EOR+ Sub"代表补贴存在的情况下,PC 电厂进行 CCUS 改造,将 CO_2 用于强化石油开采时的净现值和期权价值; "IGCC+EOR"代表 IGCC 电厂装备 CCUS 技术,将 CO_2 用于强化石油开采时的净现值和期权价值;"IGCC+ EOR+Sub"代表补贴存在的情况下,IGCC 电厂装备 CCUS 技术,将 CO_2 用于强化石油开采时的净现值和期权价值;"NGCC+EOR"代表 NGCC 电厂进行 CCS 改造,将 CO_2 用于强化石油开采时的净现值和期权价值; "NGCC+EOR+Sub"代表补贴存在的情况下,NGCC 电厂进行 CCS 改造,将 CO_2 用于强化石油开采时的净现值和期权价值

PC 电厂与 IGCC 电厂排放水平和 NGCC 电厂相当时，在不同油价水平下，PC 电厂和 IGCC 电厂的净现值和期权价值如图 3-12 所示。补贴不存在的情况下，油价在 60 美元及以上时，PC 电厂和 IGCC 电厂具有与常规 NGCC 电厂竞争的经济优势。补贴存在时，PC 电厂在油价为 40 美元/桶时即可与常规 NGCC 电厂竞争，IGCC 电厂在 50 美元/桶及以上时可与常规 NGCC 电厂竞争。

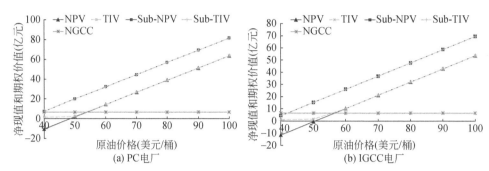

图 3-12　PC 电厂和 IGCC 电厂在不同油价水平下的净现值和期权价值

NPV 和 TIV 分别为补贴不存在时电厂的净现值和期权价值；Sub-NPV 和 Sub-TIV 分别为补贴存在时电厂的净现值和期权价值

三类电厂排放控制在 PC 电厂的最小排放量时，在不同油价水平下三类电厂的净现值和期权价值如图 3-13 所示。PC 电厂和 IGCC 电厂在不同油价水平下的净现值和期权价值相差不大，补贴不存在的情况下，油价在 50 美元/桶及以上时即可投资 CCUS 改造，补贴存在的情况下，在设置的油价范围内均可立即投资。NGCC 电厂在 PC 电厂可达到的最小排放水平下，不适合进行投资，补贴存在时，100 美元/桶及以上的油价才形成改造条件。

PC 电厂和 IGCC 电厂具有较高的经济效益，但补贴不存在时，较低的油价水平不足以形成 CCUS 改造的条件。NGCC 电厂投资收益远小于两类燃煤电厂，且投资的所需油价水平较高，不适合作为现阶段的改造对象。

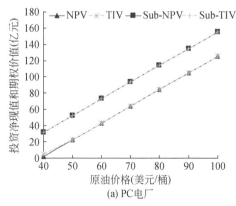

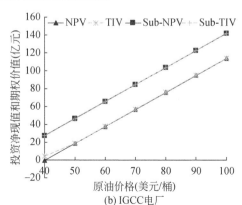

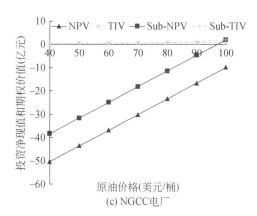

图 3-13　三类电厂不同油价水平下的投资净现值和期权价值

NPV 和 TIV 分别为补贴不存在时电厂的净现值和期权价值；Sub-NPV 和 Sub-TIV 分别为补贴
存在时电厂的净现值和期权价值

3. 投资临界碳价分析

1）直接封存时的临界碳价分析

2013～2018 年的平均碳价水平为 66.11 元/t，根据以上分析，电厂进行 CCUS 改造并直接封存时，投资收益为负。电厂进行 CCUS 改造对碳价格的要求较高。

电厂临界投资碳价如表 3-6 所示。NGCC 排放水平下，PC 电厂和 IGCC 电厂无补贴时的临界碳价分别为 545.93 元/t 和 559.52 元/t。45Q 补贴存在时的临界碳价分别为 338.20 元/t 和 351.79 元/t。PC 电厂最小排放水平下，PC 电厂、IGCC 电厂和 NGCC 电厂无补贴时的临界碳价分别为 464.61 元/t、466.67 元/t 和 526.48 元/t，45Q 补贴存在时的临界碳价分别为 257.10 元/t、259.14 元/t 和 421.34 元/t。PC 电厂投资的临界碳价略小于 IGCC 电厂，两燃煤电厂的临界碳价小于 NGCC 电厂。PC 电厂和 IGCC 电厂捕集率较大时，对投资临界碳价的要求相对较低。

表 3-6　两排放情景下三类电厂将 CO_2 直接封存时的临界碳价

（单位：元/t）

排放水平	NGCC 电厂排放水平		PC 电厂排放最小水平		
电厂类型	PC 电厂	IGCC 电厂	PC 电厂	IGCC 电厂	NGCC 电厂
不补贴时临界碳价	545.93	559.52	464.61	466.67	526.48
补贴时临界碳价	338.20	351.79	257.10	259.14	421.34

2）驱油时的临界碳价分析

45Q 补贴不存在时，不可立即投资的情况下，PC 电厂和 IGCC 电厂的临界碳价如表 3-7 所示。油价升高时，临界碳价逐渐降低，PC 电厂的临界碳价略小于 IGCC 电厂。表中未列举的油价水平（60、70、80、90 和 100 美元/桶）下和 45Q 补贴存在时两燃煤电厂可立即投资，临界碳价为 66.11 元/t。

表 3-7　两排放情景下 PC 电厂和 IGCC 电厂将 CO_2 用于驱油时的临界碳价

排放水平	NGCC 电厂排放水平				PC 电厂最小排放水平	
电厂类型	PC 电厂		IGCC 电厂		PC 电厂	IGCC 电厂
油价（美元/桶）	40	50	40	50	40	50
临界碳价（元/t）	160.50	68.87	173.43	79.86	87.63	89.38

在 PC 电厂的最小排放水平下，NGCC 电厂装备 CCUS 技术并将捕集的 CO_2 用于驱油，临界碳价如表 3-8 所示。油价升高时，临界碳价逐渐降低，在油价区间的最低水平，无补贴时的临界碳价为 373.23 元/t，在油价区间的最高水平，无补贴时的临界碳价为 131.64 元/t。补贴存在的情况下临界碳价与无补贴时相比下降了大约 70 元/t。

表 3-8　NGCC 电厂不同油价水平下的临界碳价　　（单位：元/t）

油价（美元/桶）	40	50	60	70	80	90	100
无补贴临界碳价	373.23	332.80	292.37	251.94	211.64	171.52	131.64
补贴临界碳价	301.00	260.68	220.36	180.05	140.14	101.49	66.11

3）电价水平对临界碳价的影响

除油价具有不确定性外，燃料价格也具有不确定性。本节将燃料价格变动对经济效益的影响通过煤电联动和气电联动机制来体现，即燃料价格的变动直接反映为对电价的影响。理论上，当电价上升时，在电力损耗不变的情况下，会增加电力损耗成本，投资所需的临界碳价也越高。以上分析的煤电价格和气电价格分别为 0.35 元/（kW·h）和 0.70 元/（kW·h），本节考虑煤电的价格区间为 0.125~0.75 元/（kW·h），气电的价格区间为 0.325~1.1 元/（kW·h），计算了电价的变动对临界投资碳价的影响，以下是各个情景下变动结果。

NGCC 排放水平下，PC 电厂和 IGCC 电厂将捕集的 CO_2 直接封存时，随电价变动，临界碳价如图 3-14 所示。PC 电厂和 IGCC 电厂 CCUS 改造投资临界碳价随电价的增高而增高。在当前电价水平下，PC 电厂投资的临界碳价在补贴存在与否的情况下分别为 338.20 元/t 和 545.93 元/t。IGCC 电厂在补贴与否的情况下分别为 351.79 元/t 和 559.52 元/t，与 PC 电厂相比略高佀相差不多。在设置的电价范围内，计算所得的最低临界碳价仍远远大于目前的碳价水平。

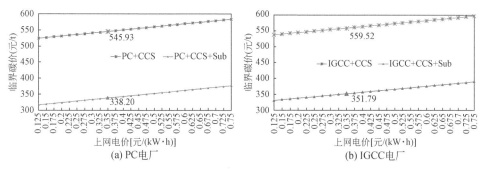

(a) PC电厂   (b) IGCC电厂

图 3-14   PC 电厂和 IGCC 电厂随电价变动的投资临界碳价

图 3-15 为 NGCC 排放水平情景下，PC 电厂和 IGCC 电厂捕集 CO_2 的用于驱油时的临界碳价。PC 电厂在油价为 40 美元/桶时，PC 电厂在最小的电价水平下所需临界碳价为 139.75 元/t，IGCC 电厂在最小的电价水平下所需临界碳价为 152.87 元/t。油价为 50 美元/桶时，PC 电厂临界投资电价为 0.3 元/(kW·h)，IGCC 电厂临界投资电价为 0.175 元/(kW·h)。45Q 补贴存在时，IGCC 电厂在油价为 40 美元/桶且电价在 0.575 元/(kW·h) 以上时，临界碳价随电价逐渐升高。PC 所需临界条件小于 IGCC 电厂。

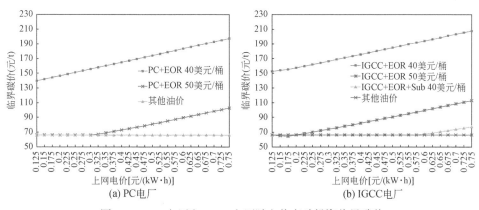

(a) PC电厂   (b) IGCC电厂

图 3-15   PC 电厂和 IGCC 电厂随电价变动投资临界碳价

在 PC 电厂的最小排放水平下，PC 电厂、IGCC 电厂和 NGCC 电厂将捕集的 CO_2 直接封存时，在目前的电价水平下不适合投资，随电价的变动，可投资的临界碳价随电价的升高而逐渐升高。图 3-16 为三类电厂投资 CCUS 改造的临界碳价随电价的变化。补贴存在时，PC 电厂和 IGCC 电厂的临界碳价与无补贴时相比，下降大约 207 元/t。NGCC 电厂有补贴时与无补贴时相比，下降了大约 105 元/（kW·h）。随着电价的升高，临界碳价也逐渐升高。在最低电价水平下，三类电厂的临界碳价均大于目前的电价水平。

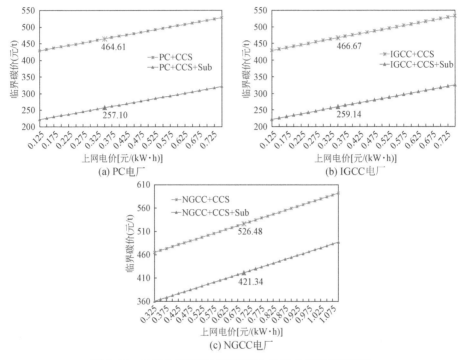

图 3-16　三类电厂直接封存时随电价变动投资临界碳价

三类电厂用于驱油时，临界碳价随电价的波动如图 3-17 所示。油价在 40 美元/桶的水平时，PC 电厂和 IGCC 电厂的临界电价为 0.2 元/（kW·h）。其他情况下的临界碳价均为 66.11 元/t。与 NGCC 排放水平情景下的 PC 和 IGCC 电厂相比，临界条件进一步降低。

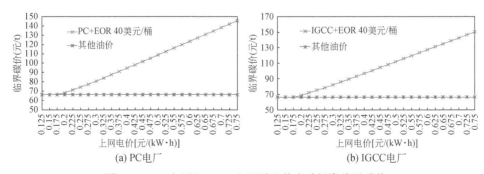

图 3-17　PC 电厂和 IGCC 电厂随电价变动投资临界碳价

NGCC 电厂投资临界碳价随电价的变动如图 3-18 所示，随着电价的升高，临界碳价逐渐升高，随着原油价格的逐渐升高，临界碳价逐渐降低。无补贴情况下，原油价格为 100 元/桶，气电价格为 0.325 元/（kW·h）时，所需临界碳价为 66.50 元，与当前碳价相差不大，略大于当前碳价。

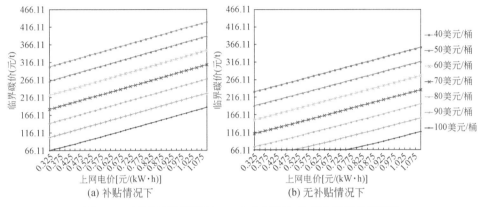

(a) 补贴情况下　(b) 无补贴情况下

图 3-18　不同补贴情况下 NGCC 电厂随电价变动投资临界碳价

45Q 补贴存在与不存在的情况相比，各个油价水平下所需的临界碳价都有所降低，当油价水平为 100 美元/桶，电价大于 0.75 元/（kW·h）时，随电价的升高，临界碳价也逐渐升高。当油价水平为 90 美元/桶，电价大于 0.5 元/（kW·h）时，投资所需临界碳价随电价的升高而逐渐升高。

3.4.4　结论与政策启示

1. 结论

本节建立了三叉树实物期权模型，对 PC 电厂、IGCC 电厂和 NGCC 电厂的 CCUS 技术应用的投资决策进行了分析。考虑了碳价、油价和电价的不确定性以及技术进步和补贴政策对投资决策的影响，在研究补贴政策的影响时，引入了 45Q 税收抵免政策，并将其视为一种封存补贴政策。通过分析得出以下几个结论：

（1）三类电厂配备 CCUS 技术并将 CO$_2$ 直接封存都需等待投资机会。三类电厂的临界投资临界碳价远远大于当前碳价水平。捕集率越高，PC 电厂和 IGCC 电厂所需临界碳价越低，PC 电厂的临界碳价小于 IGCC 电厂，PC 和 IGCC 电厂的临界碳价小于 NGCC 电厂。45Q 补贴显著降低了投资所需临界碳价。

（2）将 CO_2 用于 EOR 时，PC 电厂和 IGCC 电厂可立即投资，EOR 收益可抵消投资成本，并赋予产业链以正的经济效益。在 NGCC 电厂的排放水平下，PC 和 IGCC 电厂的 CO_2 投资收益大于普通 NGCC 电厂，具有与常规 NGCC 电厂竞争的经济优势。在 PC 电厂可达到的最小排放情景下，PC 和 IGCC 电厂具有与常规 NGCC 电厂竞争的经济和减排优势，捕集率越高，投资收益越大，其中 PC 电厂的收益略大于 IGCC 电厂。NGCC 电厂进行 CCUS 改造电厂并将 CO_2 用来驱油，驱油收益无法完全抵消投资成本，不可立即投资。45Q 补贴的存在增加了投资效益。

（3）驱油时投资收益受油价变动影响较大，各电厂的投资收益随油价的增加而逐渐增加，可投资临界碳价随油价升高逐渐降低到目前的碳价水平。补贴不存在时，PC 电厂和 IGCC 电厂在较低油价水平下不能形成最优投资条件。45Q 补贴存在时，NGCC 电厂在较高油价水平下才适合投资。

（4）电价水平对投资临界碳价影响较大，在不能立即投资的情况下，电价越高，临界投资碳价越高；驱油时，电价变动对 PC 电厂和 IGCC 电厂的投资临界碳价没有明显影响，而对 NGCC 电厂的临界碳价影响较大，45Q 补贴的存在降低了电价水平变动时的临界碳价。

2. 政策启示

（1）中国作为最大的 CO_2 排放国，减排压力巨大，在中国富煤的资源禀赋条件下，CCUS 技术作为一种 CO_2 移除技术，在电力行业的应用是保证电力部门能源结构转型平稳过渡和实现减排目标的必要举措。政府应响应 IPCC《全球升温 1.5℃ 特别报告》中对 CCUS 增加投资力度的号召，重点关注对电力部门的 CCUS 改造示范，尤其是燃煤发电技术，并加大投资力度，尽快实现 CCUS 技术的商业化运营。

（2）碳价、油价及电价的变动对 CCUS 投资价值影响较大，CCUS 发展需要政府的政策保障。碳排放权交易对 CCUS 有所帮助，但在短期内无法支持 CCUS 技术的发展。45Q 政策补贴形式在一定程度上拉动了电厂的投资改造，对我国政策制定具有参考意义，但是该政策无法改变 CO_2 直接封存的亏损情况，在政策制定时，还需要考虑其他经济激励形式，如投资补贴，技术研发补贴、电价补贴等，促进 CCUS 在电力行业的商业化进程。

总体而言，CCUS 初始投资金额巨大，企业无法承担 CCUS 改造的高额成本，若无政府参与，CCUS 商业化进程将受到阻滞。政府应牵头对电力行业的 CCUS 技术改造，联合企业加大技术研发力度，降低技术成本。重点推广 CO_2 利用技术，赋予 CO_2 以经济价值，推动 CCUS 技术在我国的商业化进程。

3.5 本 章 小 结

本章以美国 45Q 税收抵免政策为基础，评估了该政策对中国 PC 电厂 CCUS 投资决策的影响，并分析了 45Q 政策下，中国不同类型的火力发电厂进行 CCUS 投资的决策差异。结果表明，45Q 税收抵免政策能够显著提高 PC 电厂和 IGCC 电厂 CO_2-EOR 项目的投资回报和盈利能力。45Q 税收抵免政策能够激励全流程 CCUS 燃煤电厂的短期减排计划。在补贴额度相同的情况下，不同政策组合对燃煤电厂实施长期减排计划和短期减排计划时的投资激励效果不同。对于不同类型的火力发电厂，三类电厂进行全流程 CCUS 项目时，45Q 税收抵免政策不足以激励 PC 电厂、IGCC 电厂和 NGCC 电厂进行 CCUS 投资。在驱油的情景下，燃煤电厂 CO_2-EOR 的投资效益远远大于燃气电厂。

燃煤电厂 CCUS 和其他主要低碳发电技术的 LCOE 比较[①]

4.1 中国低碳发电技术发电成本研究现状

中国是一个以煤为主的国家，2018 年，其燃煤电厂的装机容量约占总装机容量的 53%（CEC，2019a）。2016 年，燃煤电厂产生的 CO_2 排放量为 3.58Gt，占化石燃料燃烧产生的 CO_2 排放量的 37%（NBS，2017）。燃煤电厂 CCUS 技术对于中国实现《巴黎协定》中提出的 2℃ 目标不可或缺（IEA，2016a）。由于目前 CCUS 项目初始投资成本高，额外能耗大以及缺乏明确的政策支持，CCUS 项目的发展较为缓慢。

在明确的计划以及补贴政策驱动下，低碳发电技术，例如 NGCC 发电技术以及以太阳能光伏、风能和生物质等为主的可再生发电技术得到了快速发展。2017 年，NGCC 电厂的累计装机容量为 75.7GW，比 2016 年增长 7.97%（CEC，2018）。到 2020 年，天然气发电厂的计划装机容量为 1.1 亿 kW（NDRC，2017b）。截至 2018 年，太阳能光伏、风能和生物质能发电项目的累计装机容量分别为 174.63GW、184.26GW 和 17.81GW（CEC，2019b；PPG，2019）。但是，这些低碳发电技术在中国的发展还存在一些问题。天然气的对外依存度从 2006 年的 1.7% 增加到 2016 年的 35.8%，使得 NGCC 的发电成本难以控制。同时也对中国的能源安全构成潜在威胁。传输线路等基础设施的缺乏和系统平衡问题将导致弃光和弃风现象的发生（Burke and Malley，2011），从而造成资源浪费。NGCC 和可再生能源发电在一定程度上减少了碳排放，但是就目前的发展规模而言，其减排潜力仍然有限。

迫切的减排要求以及中国丰富的煤炭资源，意味着燃煤电厂进行 CCUS 改造（简称燃煤电厂 CCUS）可能是一个有利的选择，但这一技术仍待大规模推广。

[①] 本章部分核心内容已于 2019 年发表在 SCI 检索期刊 Energy 第 176 卷（Fan et al.，2019a）。

判断燃煤电厂 CCUS 技术发展潜力的首要任务便是将其与低碳发电技术进行经济性比较，以确定燃煤电厂 CCUS 在低碳发电技术之间的竞争力。

当前的研究主要集中在对低碳发电技术的经济评估上。为了量化燃煤电厂 CCUS 因高昂的资本成本和能源消耗带来的负面影响，已有研究对燃煤电厂 CCUS 的整个过程进行了技术经济性评估（Hammond et al.，2011）。当燃煤电厂 CCUS 的捕集率为 90% 时，将造成 14% ~ 30% 的能耗，单位发电成本将增加 27% ~ 142%。考虑到捕集技术的进步，Cormos（2014）探究了一种基于钙基循环的新型捕集技术对燃煤电厂经济指标的影响，结果表明应用该技术会使初始投资增加 24% ~ 42%，运维成本增加 24% ~ 30%，证明了该新型捕集技术具有相对较低的成本和能耗。考虑到燃煤电厂 CCUS 不确定因素带来的潜在收益和投资机会，Wang 和 Du（2016）采用更具灵活性的实物期权柔性投资评估方法分析燃料价格、碳价和投资补贴等不确定因素对燃煤电厂 CCUS 投资决策的影响。结果表明，即使政府为 CCUS 改造提供全额投资补贴，在当前的碳价水平下电厂 CCUS 改造也并不具备投资条件。为了探求 CCUS 项目商业化发展的可能，有学者对捕集的 CO_2 的利用途径进行了研究。CO_2 可以直接用于增强油气开采，培养微藻等（ACCA21，2015；Fan et al.，2015），也可通过化学过程，将 CO_2 转化为其他具有使用价值的物质，如 CH_4（Castellani et al.，2018），但 CO_2 利用对减少碳排放的贡献还相当有限（Li et al.，2016a）。

天然气发电厂被视为未来 20 年化石燃料发电的主要形式，Fleten 和 Näsäkkälä（2010）建立了一个简单的考虑电价和天然气价格的随机波动性的双因素模型，计算了电厂价值的上限和下限以及进行投资的最佳能源价格阈值。中国的天然气价格是由政府控制的，因此，Jiang 等（2017）分析了市场机制下天然气价格对天然气发电厂的影响。结果表明，市场机制下的天然气价格有利于价格稳定，降低投资风险。为进一步明确现有天然气价格对 NGCC 电厂的影响，张青（2016）以 9F 燃气–蒸汽联合循环装置为例，对影响天然气电厂发电成本的因素进行了敏感性分析，结果发现由于天然气价格高昂，天然气发电没有竞争力。目前关于可再生能源发电项目（REP）的投资评估已大量存在（Tu et al.，2018，Zhang et al.，2016b）。为了准确估计可再生能源的发电成本并为政府制定激励政策提供支持（Zhao et al.，2017），一些学者进行了平准化度电成本（LCOE）分析。Ondraczek 等（2015）计算了 143 个国家的太阳能光伏系统的 LCOE，结果表明，赤道北部国家太阳能光伏系统的 LCOE 低于赤道国家，更为广泛可用的低成本融资政策的存在有益于赤道发展中国家扩大光伏装置部署规模。对中国可再生能源 LCOE 的系统性研究表明，除生物质能发电外，在折现率较高的情况下，应该提高对可再生能源发电的补贴（Ouyang and Lin，2014）。

已有研究忽略了低碳发电技术之间的潜在竞争，并且缺乏相应的比较研究。尽管一些国际机构已经对燃煤电厂 CCUS 的电力成本进行了评估（IEA，2011；ZEP，2011；GCCSI，2017a；EPRI，2010），但在各种发电方式中，燃煤电厂 CCUS 的发电成本的地位仍然较为模糊，还需更深一步地了解中国燃煤电厂 CCUS 的电力成本结构。燃煤电厂 CCUS、NGCC 和 REP 是具有不同水平减排原理的低碳发电技术。天然气发电项目的初始投资成本及燃料价格成本较高，与燃煤电厂相比具有较高的发电成本；可再生能源发电因其投资成本和运行时间，也具有较高的发电成本，且区域差异显著。在上述条件下，对燃煤电厂 CCUS、NGCC 和 REP 发电成本比较将具有重要意义。本章旨在从政府决策角度，在考虑燃煤电厂 CCUS、NGCC 和 REP 的减排收益的基础上进行发电成本经济分析，从而确定其竞争力。

4.2 低碳发电技术的 LCOE 计算方法

4.2.1 基本假设

从公平性和切合中国实际的角度出发，我们进一步明确了比较对象，并针对 CCUS 运营方式、技术选择及选择原因做出了一些假设，如下所示：

（1）NGCC 和 REP 是与燃煤电厂 CCUS 进行比较的主要对象。REP 包括集中式太阳能光伏电站（CPV）、陆上风电场（WF）和农林生物质直接燃烧厂（BPP），它们的累计装机容量分别占太阳能光伏、风能和生物质能发电项目的 85%、99% 和 50%（CNREC，2017b）。由于水力发电项目的发电成本低，核电的分布有限，本章未考虑这两种发电方式。

（2）燃煤电厂负责整个 CCUS 全流程的运营，包括碳捕集、运输和封存。由于中国目前还没有专用的 CO_2 运输管道，假设 CO_2 通过罐车运输，并使用现有的物流设施以降低投资成本。考虑到大规模减排的需求，捕集的 CO_2 直接被封存在地下。

（3）捕集技术采用基于单乙醇胺（MEA）的燃烧后捕集 CO_2 化学吸收技术，该技术比其他的替代技术更加成熟（Catalanotti et al.，2013）。

（4）CO_2 减排收益将通过碳核证减排量（CER）的方式获得。

（5）为了使燃煤电厂 CCUS 分别达到与 NGCC 和 REP 相同的减排水平，将通过灵活的操作（部分时间捕集或捕集部分 CO_2）来调整燃煤电厂 CCUS 的 CO_2 捕集率。与 NGCC 相比时，燃煤电厂 CCUS 的捕集率设置为 41.5%，额外能耗为

5.1%（Wilcox，2015）。可再生能源的 CO_2 排放为零，由于技术限制，CO_2 捕获率还未能达到 100%，通常 CO_2"完全捕集"率一般为 85%～90%（Wiley et al.，2011）。因此，90% 的捕集率被认为与可再生能源的减排水平类似，额外能耗为11%（van den Broek et al.，2009）。

4.2.2 情景设置

就燃煤电厂 CCUS 而言，会有多种因素对其 LCOE 产生影响。燃煤电厂CCUS 与 NGCC 和 BPP 不同，煤炭市场中的煤炭价格经常波动，而天然气价格受政府控制，秸秆价格受到生产限制的影响，因此，NGCC 和 BPP 的燃料价格与煤炭价格相比都较为稳定。除煤炭价格外，另一个影响燃煤电厂 CCUS 的因素的是CO_2 的运输距离及其相应费用支出。

以 2014～2017 年中国动力煤市场上出现的最低、平均和最高煤炭价格为基准（CBEE，2018），设置了低（150 元/t）、中（426 元/t）和高（750 元/t）煤价。CO_2 的运输距离设置为短距离（100km）、中距离（250km）和长距离（800km）。其中，100km 在燃煤电厂 CCUS 的经济评估中较为普遍使用（Zhang et al.，2014b；DOE and EPA，2010）。考虑到政治和社会偏好，将运输距离设置为250km，运输距离上限设置为 800km，但在技术和政治上具有较大挑战（IEA，2016b）。

从 LCOE 的角度，通过对反映市场环境和自然条件的这两个因素的不同情况的组合，设置了 9 个情景，以分析其对发电技术选择的影响。如表 4-1所示。

表4-1　关于 CCUS 的情景设置

燃煤电厂 CCUS 的可变参数		运输距离（km）		
		100	250	800
燃煤价格（元/t）	150	L-1	L-2	L-3
	426	M-1	M-2	M-3
	750	H-1	H-2	H-3

注：L、M 和 H 分别表示较低、中等和较高煤价，1、2 和 3 表示较短、中等和较长运输距离

4.2.3 平准化度电成本（LCOE)

LCOE 是一种被广泛认可的开源的发电成本计算方法，它能够清楚地量化某一发电技术的经济可行性（IEA et al., 2015）。LCOE 也通常被用作衡量不同发电技术竞争力（LAZARD, 2016）。该方法对于确定一个国家的能源管理政策至关重要（Branker et al., 2011），是决策者对发电技术竞争力进行比较的长期指南（IEA et al., 2010）。

LCOE 是收入总和的折现值与成本总和的折现值相等时所确定的点（Hearps and Mcconnell, 2011），这意味着如果电价等于某一发电技术寿命期内 LCOE 成本，投资者将能在投资项目上刚好实现收支平衡（Ouyang and Lin, 2014），参见式（4-1）。

$$\sum_{t=0}^{N} \frac{P_t \times Q_{et}}{(1+r)^t} = \sum_{t=0}^{N} \frac{COST_t}{(1+r)^t} \tag{4-1}$$

式中：P_t 为某一发电项目在 t 年的电价；Q_{et} 为某一发电项目在 t 年的发电量；$COST_t$ 为发电项目在 t 年的成本；N 为发电项目的寿命期；r 为折现率。当 P_t 保持不变时，通过对式（4-1）进行转换可以得到式（4-2）：

$$LCOE = P_t = \frac{COST_{Initial} + \sum_{t=1}^{N} \frac{COST_t}{(1+r)^t}}{\sum_{t=1}^{N} \frac{Q_{et}}{(1+r)^t}} \tag{4-2}$$

式中：$COST_{Initial}$ 为发电项目的初始投资成本，包括设备、土地和建设成本；$COST_t$ 为项目的年度成本，是指运维成本以及燃料成本。如式（4-2）所示，LCOE 等于项目生命周期内所有成本之和的现值与发电量的现值之比。需要注意的是，发电量的折现指的是发电量数值的折现，而不是对电力本身物理量的折现（IEA et al., 2015），而仅是式（4-1）的数学变换的结果。

为了进行 LCOE 比较，必须确定不同发电项目的成本结构及其发电量。因此，4.2.4 节详细介绍了每种发电技术 $COST_{Initial}$、$COST_t$ 和 Q_{et}。

4.2.4 不同低碳发电技术的成本结构

不同的发电技术的投资结构和发电量是不同的。燃煤电厂 CCUS、NGCC、CPV、WF 和 BPP 的投资结构和发电量如下所示。

1）燃煤电厂 CCUS

假定燃煤发电厂负责包含 CO_2 的捕集、运输和封存的全流程运营，并承担此过程中的成本。就成本而言，除发电厂本身的成本外，还包括捕集设备的初始投资成本、运维费用和燃料成本，以及运输和封存费用等额外支出，如式（4-3）和（4-4）所示：

$$\text{COST}_{\text{Initial}}^{\text{CP}} = (C_{\text{I\_CP}} + C_{\text{I\_CCS}}) \times \text{Cap}_{\text{CP}} \tag{4-3}$$

式中：$C_{\text{I\_CP}}$ 和 $C_{\text{I\_CCS}}$ 分别为燃煤电厂和碳捕集设备的单位初始投资成本；Cap_{CP} 为燃煤电厂的装机容量。

$$\text{COST}_{t}^{\text{CP}} = (C_{\text{O\&M}t}^{\text{CP}} + C_{\text{O\&M}t}^{\text{CCS}}) \times \text{Cap}_{\text{CP}} + Q_{ct} P_{ct} + \lambda Q_{gt}^{\text{CP}} (T_{gt} \times D + S_{gt} - P_{gt}) \tag{4-4}$$

式中：$C_{\text{O\&M}t}^{\text{CP}}$ 和 $C_{\text{O\&M}t}^{\text{CCS}}$ 为燃煤电厂以及碳捕集设备在时间 t 的单位年度运维费用；Q_{ct} 为燃煤电厂在 t 的煤炭消耗量，由式（4-6）计算所得；P_{ct} 为 t 年的煤炭价格；λ 为 CO_2 捕集率；Q_{gt}^{CP} 为燃煤电厂在 t 年的年度碳排放量，由式（4-7）所示；T_{gt} 为捕集 CO_2 由排放源到封存地的运输成本；D 表示运输距离；S_{gt} 为 CO_2 封存成本；P_{gt} 表示碳价。

$$Q_{et}^{\text{CP}} = \text{Cap}_{\text{CP}} \times H_{t}^{\text{CP}} \times (1 - \omega_{\text{CP}} - \gamma) \tag{4-5}$$

式中：Q_{et}^{CP} 为燃煤电厂 CCUS 在 t 年的电力产出；H_{t}^{CP} 为燃煤电厂 CCUS 在 t 年的满负荷运行小时数；ω_{CP} 表示燃煤电厂的电厂自用电率；γ 为由碳捕集设备造成的能量损耗比率。

$$Q_{ct}^{\text{CP}} = \sigma \times \text{Cap}_{\text{CP}} \times H_{t}^{\text{CP}} \tag{4-6}$$

$$Q_{gt}^{\text{CP}} = \mu \times Q_{ct}^{\text{CP}} \tag{4-7}$$

式中：σ 为时间 t 的单位电力煤炭消耗量；μ 为单位煤炭消耗的 CO_2 排放量。

2）NGCC

NGCC 电厂需要支付初始投资，运维成本和天然气费用，但同时可以从核证碳减排量中受益。

$$\text{COST}_{\text{Initial}}^{\text{NGCC}} = C_{\text{I-NGCC}} \times \text{Cap}_{\text{NGCC}} \tag{4-8}$$

式中：$C_{\text{I-NGCC}}$ 为 NGCC 电厂的单位初始投资成本；Cap_{NGCC} 为 NGCC 电厂的装机容量。

$$\text{COST}_{t}^{\text{NGCC}} = C_{\text{O\&M}t}^{\text{NGCC}} \times \text{Cap}_{\text{NGCC}} + Q_{nt} P_{nt} - Q_{gt}^{\text{NGCC}} P_{gt} \tag{4-9}$$

式中：$C_{\text{O\&M}t}^{\text{NGCC}}$ 为 NGCC 电厂在 t 年的单位运维成本；Q_{nt} 为 NGCC 电厂在 t 年的天然气消费量；P_{nt} 在 t 年的天然气价格。NGCC 工厂的天然气消耗量和 CO_2 减排量可通过公式（4-11）和（4-12）计算。

$$Q_{et}^{\text{NGCC}} = \text{Cap}_{\text{NGCC}} \times H_{t}^{\text{NGCC}} \times (1 - \omega_{\text{NGCC}}) \tag{4-10}$$

式中：H_{t}^{NGCC} 为 NGCC 电厂在 t 年的满负荷运行小时数；ω_{NGCC} 为 NGCC 电厂的电厂自用电率。

$$Q_{nt}^{NGCC} = \theta \times Cap_{NGCC} \times H_t^{NGCC} \tag{4-11}$$

$$Q_{gt}^{NGCC} = Cap_{NGCC} \times H_t^{NGCC} \times (\sigma\mu - \theta\tau) \tag{4-12}$$

式中：θ 为单位电力的天然气消耗量；τ 为单位天然气消费的 CO_2 排放量。

3）CPV

由于 CPV 依靠太阳辐射进行运行，所以只需支付初始投资和运维成本。并且作为一种零排放的发电技术，也可以通过核证碳减排量获得相应收益。

$$COST_{Initial}^{CPV} = C_{I\text{-}CPV} \times Cap_{CPV} \tag{4-13}$$

式中：$C_{I\text{-}CPV}$ 为 CPV 的单位初始投资成本；Cap_{CPV} 为 CPV 的装机容量。

$$COST_t^{CPV} = C_{O\&Mt}^{CPV} \times Cap_{CPV} - Cap_{CPV} \times H_t^{CPV} \times \mu \times \sigma \times P_{gt} \tag{4-14}$$

式中：$C_{O\&Mt}^{CPV}$ 为 CPV 在 t 年的年度单位运维费用；H_t^{CPV} 为 CPV 在 t 年的满负荷运行小时数。

$$Q_{et}^{CPV} = Cap_{CPV} \times H_t^{CPV} \times (1 - \omega_{CPV}) \tag{4-15}$$

式中：ω_{CPV} 表示 CPV 的电厂自用电率。

4）WF

由于 WF 依靠风能这一自然条件进行运行，所以 WF 的投资和收益构成与 CPV 相似。

$$COST_{Initial}^{WF} = C_{I\text{-}WF} \times Cap_{WF} \tag{4-16}$$

式中：$C_{I\text{-}WF}$ 为 WF 的单位初始投资成本；Cap_{WF} 为 WF 的装机容量。

$$COST_t^{WF} = C_{O\&Mt}^{WF} \times Cap_{WF} - Cap_{WF} \times H_t^{WF} \times \mu \times \sigma \times P_{gt} \tag{4-17}$$

式中：$C_{O\&Mt}^{WF}$ 为 WF 在 t 年的年度单位运维费用；H_t^{WF} 为 WF 在 t 年的满负荷运行小时数。

$$Q_{et}^{WF} = Cap_{WF} \times H_t^{WF} \times (1 - \omega_{WF}) \tag{4-18}$$

式中：ω_{WF} 为 WF 的电厂自用电率。

5）BPP

除了每年的运维成本外，BPP 还使用秸秆作为燃料，因此会产生相应的燃料费用，但作为零排放发电技术也可以通过核证碳减排量而获得收益。

$$COST_{Initial}^{BPP} = C_{I\text{-}BPP} \times Cap_{BPP} \tag{4-19}$$

式中：$C_{I\text{-}BPP}$ 为 BPP 的单位初始投资成本；Cap_{BPP} 为 BPP 的装机容量。

$$COST_t^{BPP} = C_{O\&Mt}^{BPP} \times Cap_{BPP} + Q_{st}P_{st} - Cap_{BPP} \times H_t^{BPP} \times \mu \times \sigma \times P_{gt} \tag{4-20}$$

式中：$C_{O\&Mt}^{BPP}$ 为 BPP 在 t 年的年度单位运维费用；Q_{st} 为 BPP 在 t 年的年度秸秆消耗量，可由式（4-22）计算所得；P_{st} 为 t 年的秸秆价格；H_t^{BPP} 为 BPP 在 t 年的满负荷运营小时数。

$$Q_{et}^{BPP} = Cap_{BPP} \times H_t^{BPP} \times (1 - \omega_{BPP}) \tag{4-21}$$

式中：ω_{BPP} 为 BPP 的电厂自用电率。

$$Q_{st}^{BPP} = \delta Q_{et}^{BPP} \tag{4-22}$$

式中：δ 为 BPP 单位发电量的秸秆消耗量。

4.2.5　数据收集

600MW 超临界燃煤机组在 2000 年后开始大量运行，是目前中国火力发电主要机组型号（Zhu and Fan，2013），因此选择其为燃煤电厂的代表。参照已有研究（Viebahn et al.，2007；Karaveli et al.，2015），在进行比较的同时，将其他低碳技术的装机容量设置为与燃煤机组相同，因不同发电技术的投入，例如初始投资成本与运维成本，以及受寿命期、年运行时间以及电厂自用率影响的电力产出才是导致 LCOE 产生差异的主要因素。不同发电项目的寿命期取决于其自身的设备和组件状况，受技术特点的影响，燃煤电厂 CCUS 的使用寿命最长为 40 年，而其他技术的使用寿命则小于 40 年。同时，与依靠太阳辐射和风能等自然资源的 CPV 和 WF 不同，具有稳定燃料输入的燃煤电厂 CCUS、NGCC 和 BPP 可以具有更长的年运行时间。与 CO_2 运输和封存相关的数据来自神华 CCUS 示范项目。封存成本包括初始投资以及后续注入和监测的运维成本。碳价是 2014～2017 年北京环境交易所（CBEE）的 CO_2 价格平均值。燃煤电厂 CCUS、NGCC 和 REP 的经济参数如表 4-2～表 4-4 所示。

表 4-2　燃煤电厂 CCUS 的经济性参数

参数	数值	来源
Cap_{CP}（MW）	600	Zhu and Fan（2013）
H_t^{CP}（h）	4186	Jiang et al.（2017）
ω_{CP}（%）	6.88	NEA（2018a）
C_{L_CP}（元/kW）	3986	CEC（2017）
C_{L_CCS}（元/kW）	4395.77	Abadie and Chamorro（2008）
$C_{O\&Mt}^{PC}$（元/kWa）	133	江天生（2004）
$C_{O\&Mt}^{CCS}$（元/kWa）	120.71	Abadie and Chamorro（2008）
σ（g/kWh）	326.67	NBS（2017）
P_{ct}（元/t）	426.04	IMCEC（2018）
μ［t CO_2/t］	2.24	IPCC（2006）
T_{gt}［元/（t·km）］	1	经验值
S_{gt}（元/t）	47.44	经验值
燃煤电厂的寿命期（a）	40	Jiang et al.（2017）
折现率（%）	8	NDRC（2006）

表 4-3　NGCC 电厂的经济性参数

参数	数值	来源
Cap_{NGCC}（MW）	600	与燃煤电厂相同
H_t^{NGCC}（h）	2701	CEC（2017）
ω_{NGCC}（%）	2.23	NEA（2018b）
$C_{I\text{-}NGCC}$（元/kW）	2555	CEC（2017）
$C_{O\&Mt}^{NGCC}$（元/kWa）	106	江天生（2004）
θ［$m^3/(kW \cdot h)$］	0.2	赵长红等（2016）
τ（kg/m^3）	2.14	IPCC（2006）
P_{nt}（元/m^3）	1.71	NDRC（2017d）
NGCC 的寿命期（a）	20	CEC（2017）

表 4-4　REP 的经济性参数

参数	数值	来源
REP 的装机容量（MW）	600	与燃煤电厂相同
H_t^{CPV}（h）	1105	CNREC（2017a）
ω_{CPV}（%）	1.9	NEA（2018a）
$C_{I\text{-}CPV}$（元/kW）	8393	CEC（2017）
$C_{O\&Mt}^{CPV}$（元/kWa）	126	Hernández-Moro and Martínez-Duart（2013）
CPV 的寿命期（a）	25	Zhu et al.（2015）
H_t^{WF}（h）	1742	CNREC（2017a）
ω_{WF}（%）	2.45	NEA（2018a）
$C_{I\text{-}WF}$（元/kW）	7695	CEC（2017）
$C_{O\&Mt}^{WF}$（元/kWa）	255.4	Tu et al.（2018）
WF 的寿命期（a）	20	Chen et al.（2011）
H_t^{BPP}（h）	5731	CNREC（2017a）
ω_{BPP}（%）	9.4	BEIPA（2018）
$C_{I\text{-}BPP}$（元/kW）	10140	NEA（2015）
$C_{O\&Mt}^{BPP}$（元/kWa）	350	Ouyang and Lin（2014）
δ（kg/kWh）	1.11	Qi et al.（2011）
P_{st}（元/t）	300.34	Gao and Fan（2010）
BPP 的寿命期（a）	20	Zhang et al.（2016b）

　　另外，各省（自治区、直辖市）的天然气价格、秸秆价格和由风光资源决

定的年运行时间的具体参数如表4-5所示。

表4-5　REP 的经济性参数

地区	P_{nt}（元/m^3）	P_{ct}（元/t）	H_t^{WF}（h）	H_t^{CPV}（h）	P_{st}（元/t）	T_{gt}（km）
河北	1.9	444.90	2075	487	367.2	100
天津	1.88	403.98	2077	1222	301.22	100
山西	1.81	305.25	1936	1459	296.16	100
内蒙古	1.24	235.71	1830	1491	288.74	100
辽宁	1.88	460.50	1929	1200	310.27	100
吉林	1.66	422.44	1333	1179	299.61	100
黑龙江	1.66	405.97	1666	1467	295.22	100
上海	2.08	504.02	2162	871	351.97	100
江苏	2.06	491.11	1980	1115	346.07	100
浙江	2.07	513.89	2161	1025	350.51	100
安徽	1.99	519.87	2109	882	281.12	100
福建	2.14	500.88	2503	637	318.87	500
江西	1.86	588.91	2114	687	295.36	100
山东	1.88	522.38	1869	1108	312.77	100
河南	1.91	476.62	1902	693	283.62	100
湖北	1.86	515.68	2063	916	298.91	100
湖南	1.86	528.54	2125	—	288.73	100
广东	2.08	520.74	1848	620	330.52	500
广西	1.91	610.24	2365	964	275.85	500
重庆	1.54	519.32	1600	—	278.88	100
四川	1.55	518.30	2247	1515	281.61	100
贵州	1.61	437.31	1806	1006	256.37	100
云南	1.61	459.15	2223	1227	262.99	100
陕西	1.24	394.32	1951	1218	266.44	100
甘肃	1.33	377.87	1088	999	258.59	100
青海	1.41	460.98	1553	1268	277.03	500
宁夏	1.17	297.77	1726	1429	265.78	100
新疆	1.05	191.09	1290	886	312.08	100

资料来源：NDRC（2017d）；IMCEC（2018）；CNREC（2017a）；CNREC（2017a）；Gao and Fan（2010）；IEA（2016b）

注：暂不包括北京、海南、西藏、香港、澳门、台湾数据

4.3 燃煤电厂 CCUS 的 LCOE 及比较

4.3.1 全国水平下燃煤电厂 CCUS 和其他低碳发电技术的 LCOE 比较

1. 燃煤电厂 CCUS 和 NGCC 的 LCOE 比较

图 4-1 显示了燃煤电厂 CCUS 和 NGCC 在不同情景下的 LCOE。天然气平均价格为 1.71 元/m^3 时，NGCC 电厂的 LCOE 为 0.491 元/（kW·h）。可以看出，在 L-1、L-2 和 M-1 情景下，负责包含 CO_2 捕集、运输和封存的全流程运营的燃煤电厂的 LCOE 低于 NGCC 电厂。当燃煤电厂 CCUS 的煤炭价格较低且能够获得合适的封存地时，燃煤电厂 CCUS 可以与 NGCC 竞争。由此看来，尽管燃煤电厂 CCUS 存在高额初始投资和较大额外能耗，燃煤电厂 CCUS 仍然可能是适合中国资源禀赋的优先选择。不可忽视的是，随着煤电行业升级，新的"近零排放"标准将使烟气、二氧化硫和氮氧化物等燃煤电厂相关的污染物排放降低到低于 NGCC 电厂的水平，在此情况下，如果进一步通过 CCUS 技术降低燃煤电厂的 CO_2 排放，燃煤电厂 CCUS 与 NGCC 电厂相比将更具减排和经济优势。

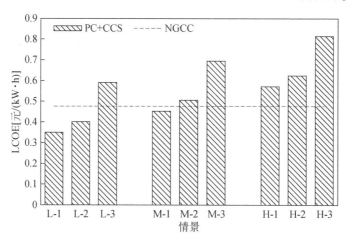

图 4-1 燃煤电厂 CCUS 和 NGCC 电厂的 LCOE 比较
"PC+CCS" 为燃煤电厂 CCUS

当使燃煤电厂 CCUS 的 LCOE 与 NGCC 相等时，其煤炭价格与运输距离之间存在线性关系，如图 4-2 所示。当 CO_2 运输距离分别为 510km 和 213km，煤炭价格为 150 元/t 和 426 元/t 时，燃煤电厂 CCUS 具有 LCOE 优势。当 CO_2 运输距离为 100km 和 250km 时，如果煤炭价格超过 531 元/t 和 392 元/t，燃煤电厂 CCUS 将失去 LCOE 优势。另外，当煤炭价格高于 624 元/t 或运输距离超过 671km 时，燃煤电厂 CCUS 将失去与 NGCC 电厂在 LCOE 方面的竞争基础，此时只能转向 CCUS 技术可能的创新来进一步降低成本。从 LCOE 的角度来看，当燃煤电厂 CCUS 具有理想的封存地点和较低的煤炭价格时，能够成为比 NGCC 更具竞争性的低碳发电技术。但是，如果天然气价格大幅下跌，燃煤电厂 CCUS 若想保持 LCOE 的竞争优势，将需要更近的 CO_2 封存地和更低的煤炭价格。同时还需注意，由于中国"少气"的资源禀赋，天然气价格的大幅下降将在很大程度上取决于中国天然气进口量的增加，而不是国内天然气生产量的提升，由此带来的对能源安全的潜在挑战不可忽视。

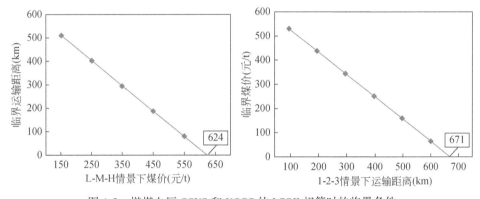

图 4-2　燃煤电厂 CCUS 和 NGCC 的 LCOE 相等时的临界条件

NGCC 电厂和燃煤电厂 CCUS 的 LCOE 的结构如图 4-3 所示。天然气价格对 NGCC 电厂的 LCOE 具有很大影响，并且是其 LCOE 竞争力的决定性因素。由于中国天然气产量有限，难以满足 NGCC 电厂快速发展和居民使用的需求，天然气价格保持较高水平。如果天然气供应量充足，NGCC 电厂的 LCOE 可能会大幅度降低，在此情况下，政府可以在一定程度上削减对于 NGCC 电厂的上网电价补贴。

在 L-1 到 H-3 情景下，与原始燃煤电厂相比，CCUS 技术的使用将增加 51%~240% 的额外成本。对于燃煤电厂 CCUS，当 CO_2 运输距离存在经济性时，与原有燃煤电厂相比，所增加的成本中 CCUS 的初始投资成本所占比例最大。随着运输距离的增加，运输成本在 CCUS 增量成本中的比例不断扩大，并超过了初始投资成本所占比例，在燃煤电厂 CCUS 的 LCOE 构成中成为最主要的部分。在 H-3 情景中，CCUS 初始投资和 CO_2 运输在 LCOE 中的占比分别为 33% 和 12%，而在 L-1 中分别为 9% 和 27%。煤炭价格是影响 LCOE 的重要因素，当煤炭价格较高时，燃料价格因素将成为 LCOE 的决定性因素。当燃煤电厂 CCUS 捕集率为 41.5%时，额外能耗较低，由此导致的额外成本并不明显，保持在 1% ~ 2%。当煤炭生产过剩时，低煤价将为燃煤电厂 CCUS 带来 LCOE 优势，然而中国正在进行的煤炭供给侧改革将限制通过此途径提升的燃煤电厂 CCUS 的 LCOE 竞争力。

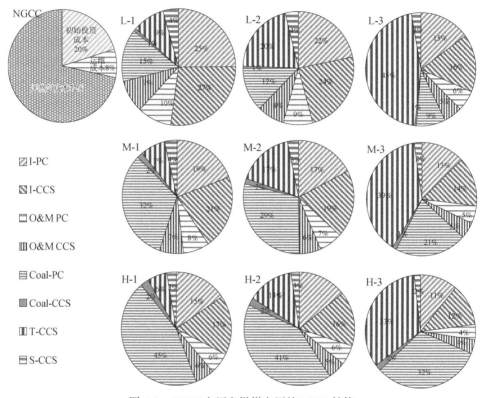

图 4-3　NGCC 电厂和燃煤电厂的 LCOE 结构

注：I-PC 为燃煤电厂初始投资；I-CCS 为燃煤电厂 CCUS 部分的初始投资；O&MPC 为燃煤电厂运维成本，O&MCCS 为燃煤电厂 CCUS 部分的运维成本，Coal-PC 为燃煤电厂燃料消耗，Coal-CCS 为燃煤电厂 CCUS 部分额外的燃料消耗；T-CCS 为 CCUS 部分 CO_2 运输成本；S-CCS 为 CO_2 封存成本

2. 燃煤电厂CCUS 和可再生能源发电项目的 LCOE 比较

随着捕集率的增加，燃煤电厂CCUS 进行运输和封存的 CO_2 数量会增加，从而会使 LCOE 相应提高。由图 4-4 可以看出，尽管煤炭价格低廉，但在运输距离为 800km 时，燃煤电厂 CCUS 的 LCOE 将高于可再生能源发电。因此，尽管长距离运输在理论上可以实现，但仍要尽量避免长距离运输以保持 LCOE 竞争力优

势。尽管 CPV 的初始成本在装机容量迅速扩大和技术进步的影响下迅速下降，其 LCOE 在 REP 中仍然最高，主要原因在于依靠太阳辐射但运行时间较短，换句话说，CPV 的发电效率相较其他低碳发电技术不具有优势。当运输距离为 250km 或 100km 时，即使煤炭价格高，燃煤电厂 CCUS 的 LCOE 较 CPV 仍具有优势。BPP 和 WF 的 LCOE 相对较低，因此，当煤炭价格和运输距离处于特定范围内时，燃煤电厂 CCUS 可能具有竞争优势。

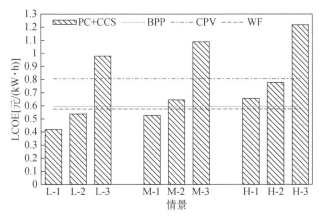

图 4-4　燃煤电厂 CCUS 和可再生能源发电项目的 LCOE 比较

如图 4-5 所示，在低、中、高三种煤炭价格下，燃煤电厂 CCUS 要想保持相对 CPV 的 LCOE 优势，对应的 CO_2 运输距离应分别短于 584km、447km 和 287km。如果选择 BPP 和 WF 作为燃煤电厂 CCUS 的比较对象，则燃煤电厂 CCUS 维持 LCOE 优势的最大运输距离将大大减少。在低、中、高三种煤炭价格下，燃煤电厂 CCUS 与 BPP 相比要保持 LCOE 优势，其 CO_2 运输距离需分别短于 321km、184km 和 24km，与 WF 相比时应分别短于 298km、161km 和 0km，表明在煤炭价格较高的情况下，燃煤电厂 CCUS 捕集的 CO_2 如果能在原地封存，其 LCOE 竞争优势可能大于 WF。在 100km 和 250km 的运输距离内，当煤价分别低于 1126 元/t、596 元/t、548 元/t 和 824 元/t、294 元/t、246 元/t 时，燃煤电厂 CCUS 将具有优于 CPV、BPP 和 WF 的 LCOE 优势。如果 CO_2 运输距离较短，与 CPV 相比，燃煤电厂 CCUS 保持 LCOE 优势的煤炭价格的上涨空间可能很大，尤其是当前相对较低的煤炭价格，为煤价上升提供了更大空间。当 CO_2 运输距离超过 372km、396km 和 659km 时，与 CPV、BPP 和 WF 相比，燃煤电厂 CCUS 的 LCOE 竞争力将消失。

可再生能源发电项目和燃煤电厂 CCUS 的 LCOE 结构如图 4-6 所示。对于 CPV 和 WF，初始投资成本占 LCOE 的比例最大。这两项技术的 LCOE 降低取决于设备的改进和资源利用效率的提高。对于 BPP，为保持有利的 LCOE，以低价

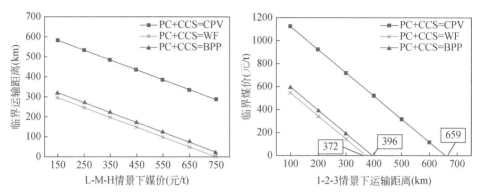

图 4-5　燃煤电厂 CCUS 和可再生能源发电项目 LCOE 相等时的临界条件

获得充足的秸秆供应是关键。否则，缺乏秸秆供应将导致 BPP 的 LCOE 较高，这样即使存在上网电价补贴，BPP 也很难实现盈利。

当燃煤电厂 CCUS 的捕集率为 90% 时，CCUS 的成本有所增加，由 CCUS 造成的 LCOE 增量从情景 L-1 的 73% 增加到 H-3 的 439%。但在 90% 捕集率下，即使运输距离相对较短，CO_2 的运输成本是燃煤电厂 CCUS 的 LCOE 的重要组成部分，其占比与捕集设备的初始投资成本所占比例相似。在 9 种情景下，运输成本占所有额外成本的比例为 27%～77%，与低捕集率的情况相比有所增加。不同于欧盟的 CO_2 运输成本，180km 的陆上管道的 CO_2 运输成本仅为 0.025 欧元/(t·km)——相当于 0.2 元/(t·km)（ZEP，2011），而中国的运输成本却较高，通常为 1 元/(t·km)，进一步说明了寻找近距离封存地点和低成本运输方式的重要性。

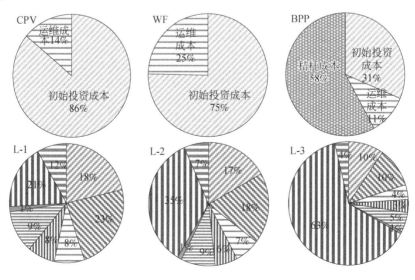

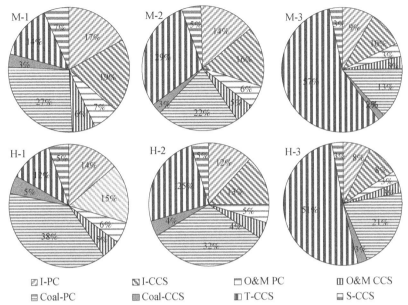

图 4-6　可再生能源发电项目和燃煤电厂 CCUS 的 LCOE 结构

注：I-PC 为燃煤电厂初始投资；I-CCS 为燃煤电厂 CCS 部分的初始投资；O&MPC 为燃煤电厂运维成本；
O&MCCS 为燃煤电厂 CCUS 部分的运维成本；Coal-PC 为燃煤电厂燃料消耗；Coal-CCUS 为燃煤电厂 CCS
部分额外的燃料消耗；T-CCS 为 CCUS 部分 CO_2 运输成本；S-CCS 为 CO_2 封存成本

4.3.2　区域资源差异对 LCOE 的影响

为了进一步说明燃煤电厂 CCUS、NGCC 电厂和可再生能源发电项目在各省
（自治区、直辖市）的竞争力差异，本小节考虑了地区分布造成的资源差异对
LCOE 的影响。就燃煤电厂 CCUS 而言，各省（自治区、直辖市）的煤炭价格以
及从燃煤电厂到合适的 CO_2 封存地点的距离不尽相同。北京逐步淘汰了燃煤电
厂，没有进行 CCUS 应用的基础，而海南燃煤电厂在 800km 之内没有合适的封存
地点，因此北京和海南不在比较范围内。青海、广西、广东和福建在 800km 以内
有合适封存地点，但 250km 以内没有，因此将这些省（自治区）的 CO_2 运输距
离设置为 500km。对于燃煤电厂 CCUS 在 250km 之内有合适封存地点的省（自治
区、直辖市），其 CO_2 运输距离设为 100km。

由表 4-6 可以看出，由于天然气价格较高，燃煤电厂 CCUS 与 NGCC 电厂相
比在中部和东部省份具有 LCOE 优势。燃煤电厂 CCUS 在山西具有最大的 LCOE
优势，比 NGCC 低 0.087 元/（kW·h），因山西省煤炭价格低廉，天然气价格相

对较高，燃煤电厂具有近距离封存地。山西是煤炭资源大省，其 2014～2017 年的平均煤价为 305.25 元/t，在中国排名第四低，在煤价优势下能将燃煤电厂 CCUS 的 LCOE 控制在较低水平。但是山西没有丰富的天然气资源，导致天然气价格居高不下。沁水盆地为山西省的燃煤电厂提供了短距离的封存地点。NGCC 电厂的 LCOE 较燃煤电厂 CCUS 在青海最有优势，其 LCOE 比燃煤电厂 CCUS 低 0.179 元/(kW·h)。尽管青海的天然气价格相对较低，但燃煤电厂在经济距离内缺乏合适的封存地点，这也决定了该地区燃煤电厂 CCUS 难以具有 LCOE 优势。

表 4-6　燃煤电厂 CCUS 和 NGCC 电厂的 LCOE 比较

地区	燃煤电厂 CCUS [元/(kW·h)]	NGCC [元/(kW·h)]	LCOE 差距 [元/(kW·h)]
天津	0.459	0.512	−0.053
河北	0.444	0.508	−0.064
山西	0.407	0.494	−0.087
内蒙古	0.381	0.377	0.004
辽宁	0.465	0.508	−0.044
吉林	0.451	0.463	−0.013
黑龙江	0.445	0.463	−0.019
上海	0.481	0.549	−0.068
江苏	0.476	0.549	−0.073
浙江	0.485	0.545	−0.061
安徽	0.487	0.547	−0.060
福建	0.618	0.562	0.056
江西	0.512	0.504	0.008
山东	0.488	0.508	−0.021
河南	0.471	0.514	−0.044
湖北	0.485	0.504	−0.019
湖南	0.490	0.504	−0.014
广东	0.625	0.549	0.076
广西	0.658	0.514	0.144
海南	0.628	0.439	0.189
重庆	0.487	0.439	0.048
四川	0.486	0.441	0.045

地区	燃煤电厂 CCUS [元/(kW·h)]	NGCC [元/(kW·h)]	LCOE 差距 [元/(kW·h)]
贵州	0.456	0.453	0.003
云南	0.464	0.453	0.011
陕西	0.440	0.377	0.063
甘肃	0.434	0.396	0.038
青海	0.542	0.363	0.179
宁夏	0.465	0.412	0.053
新疆	0.365	0.339	0.026

注：北京、西藏、香港、澳门、台湾不在比较范围，本节同

各省（自治区、直辖市）燃煤电厂 CCUS 和 REP 的 LCOE 比较如表 4-7～表 4-9 所示，以显示由于区域异质性燃煤电厂 CCUS 具有 LCOE 优势的省份。对于 CPV，燃煤电厂 CCUS 在大多数地区中都具有 LCOE 优势，因为 CPV 的年度运行时间很短，大约是燃煤电厂 CCUS 的 11%～36%。因此，尽管装机容量相同，但是它们的发电量之间存在明显差距。燃煤电厂 CCUS 在天津具有最大的 LCOE 优势，主要原因在于天津的 CPV 年度运行时间在中国范围内最低，为 487h，导致其 LCOE 比燃煤电厂 CCUS 的 LCOE 高 1.293 元/(kW·h)。从 LCOE 的角度来看，青海由于其省内燃煤电厂缺乏近距离的 CO_2 封存地点，成为唯一的 CPV 较燃煤电厂 CCUS 相比具有 LCOE 优势的地区。

表 4-7　燃煤电厂 CCUS 和 CPV 的 LCOE 比较

地区	燃煤电厂 CCUS [元/(kW·h)]	CPV [元/(kW·h)]	LCOE 差距 [元/(kW·h)]
天津	0.535	1.828	−1.293
河北	0.519	0.729	−0.210
山西	0.479	0.610	−0.131
内蒙古	0.452	0.597	−0.146
辽宁	0.541	0.742	−0.201
吉林	0.526	0.755	−0.229
黑龙江	0.519	0.607	−0.087
上海	0.558	1.022	−0.464
江苏	0.553	0.798	−0.245
浙江	0.562	0.869	−0.306

第 4 章　燃煤电厂 CCUS 和其他主要低碳发电技术的 LCOE 比较

地区	燃煤电厂 CCUS [元/(kW·h)]	CPV [元/(kW·h)]	LCOE 差距 [元/(kW·h)]
安徽	0.565	1.009	−0.445
福建	0.878	1.398	−0.520
江西	0.592	1.296	−0.704
山东	0.566	0.803	−0.238
河南	0.548	1.285	−0.737
湖北	0.563	0.972	−0.409
湖南	0.568	—	0.568
广东	0.886	1.436	−0.550
广西	0.921	0.924	−0.002
海南	0.889	0.665	0.224
重庆	0.565	—	0.565
四川	0.564	0.588	−0.024
贵州	0.532	0.885	−0.353
云南	0.541	0.726	−0.185
陕西	0.515	0.731	−0.216
甘肃	0.508	0.891	−0.383
青海	0.797	0.623	0.174
宁夏	0.541	0.702	−0.161
新疆	0.434	1.005	−0.571

中国燃煤电厂 CCUS 项目投资决策与发展潜力研究

WF 的年度满负荷运行时间普遍高于 CPV，因此其 LCOE 相对较低。与 WF 相比，燃煤电厂 CCUS 在黑龙江、吉林、内蒙古、山西、宁夏、甘肃、新疆、重庆和贵州具有 LCOE 优势。尽管这些地区风能资源丰富，但相对较低的煤炭价格为燃煤电厂 CCUS 带来了 LCOE 优势。燃煤电厂 CCUS 在甘肃具有最大的 LCOE 优势，其 LCOE 比 WF 低 0.413 元/(kW·h)。在其他地区，尤其是在青海、广西、广东和福建这些燃煤电厂 CCUS 的 CO_2 运输距离较长的地区，WF 具有 LCOE 可作为优先低碳技术选择。

表 4-8   燃煤电厂 CCUS 和 WF 的 LCOE 比较

地区	燃煤电厂 CCUS [元/(kW·h)]	WF [元/(kW·h)]	LCOE 差距 [元/(kW·h)]
天津	0.535	0.483	0.052

地区	燃煤电厂 CCUS [元/(kW·h)]	WF [元/(kW·h)]	LCOE 差距 [元/(kW·h)]
河北	0.519	0.483	0.036
山西	0.479	0.518	−0.038
内蒙古	0.452	0.548	−0.096
辽宁	0.541	0.520	0.021
吉林	0.526	0.752	−0.226
黑龙江	0.519	0.602	−0.082
上海	0.558	0.464	0.095
江苏	0.553	0.506	0.047
浙江	0.562	0.464	0.099
安徽	0.565	0.475	0.089
福建	0.878	0.400	0.477
江西	0.592	0.474	0.118
山东	0.566	0.536	0.029
河南	0.548	0.527	0.021
湖北	0.563	0.486	0.077
湖南	0.568	0.472	0.096
广东	0.886	0.542	0.343
广西	0.921	0.424	0.498
海南	0.889	0.563	0.326
重庆	0.565	0.626	−0.062
四川	0.564	0.446	0.118
贵州	0.532	0.555	−0.023
云南	0.541	0.451	0.090
陕西	0.515	0.514	0.001
甘肃	0.508	0.921	−0.413
青海	0.797	0.581	0.216
宁夏	0.541	0.645	−0.104
新疆	0.434	0.777	−0.343

第 4 章　燃煤电厂 CCUS 和其他主要低碳发电技术的 LCOE 比较

　　与 CPV 和 WF 不同，BPP 发电依靠秸秆燃料。如果秸秆供应充足，BPP 的运行时间可能会较长。秸秆的供应量和价格是 BPP 是否能够进行经济性电力生产的决定性因素。从表4-9可以看出，相较于 CPV 和 WF，BPP 和燃煤电厂 CCUS 之间的 LCOE 差距范围较小，进一步说明了依靠燃料供应的发电技术的稳定的经济性。在许多地区中，燃煤电厂 CCUS 较 BPP 具有 LCOE 优势，新疆最有可能选择燃煤电厂 CCUS 作为首选的低碳发电技术，因为它的 LCOE 比 BPP 低 0.176 元/（kW·h）。主要原因在于新疆秸秆资源并不丰富，但煤炭产量大，煤炭价格在全国范围内处于最低水平。

表4-9　燃煤电厂 CCUS 和 BPP 的 LCOE 比较

地区	燃煤电厂 CCUS [元/（kW·h）]	BPP [元/（kW·h）]	LCOE 差距 [元/（kW·h）]
天津	0.535	0.677	−0.142
河北	0.519	0.597	−0.078
山西	0.479	0.590	−0.111
内蒙古	0.452	0.581	−0.130
辽宁	0.541	0.608	−0.066
吉林	0.526	0.595	−0.069
黑龙江	0.519	0.589	−0.070
上海	0.558	0.659	−0.100
江苏	0.553	0.651	−0.098
浙江	0.562	0.657	−0.095
安徽	0.565	0.572	−0.007
福建	0.878	0.618	0.260
江西	0.592	0.589	0.003
山东	0.566	0.611	−0.045
河南	0.548	0.575	−0.027
湖北	0.563	0.594	−0.031
湖南	0.568	0.581	−0.013
广东	0.886	0.632	0.253
广西	0.921	0.565	0.356
重庆	0.565	0.569	−0.005
四川	0.564	0.572	−0.008
贵州	0.532	0.542	−0.010
云南	0.541	0.550	−0.009
陕西	0.515	0.554	−0.039

地区	燃煤电厂 CCUS [元/(kW·h)]	BPP [元/(kW·h)]	LCOE 差距 [元/(kW·h)]
甘肃	0.508	0.544	−0.036
青海	0.797	0.553	0.244
宁夏	0.541	0.567	−0.026
新疆	0.434	0.610	−0.176

与 CPV、WF 和 BPP 相比，燃煤电厂 CCUS 在天津、甘肃和新疆具有最大的 LCOE 优势。CPV 和 WF 的 LCOE 受太阳能和风能利用效率的限制，在天津和甘肃最高，从而使燃煤电厂 CCUS 获得了相对优势。与 BPP 相比，新疆最低的煤炭价格和较高的秸秆价格保证了燃煤电厂 CCUS 的 LCOE 优势。与燃煤电厂 CCUS 相比，CPV 在青海具有优势，而 WF 和 BPP 在广西具有优势，其 LCOE 差距分别为 0.174 元/(kW·h)、0.498 元/(kW·h) 和 0.356 元/(kW·h)，CO_2 运输成本是造成这些结果的主要原因。

4.4 LCOE 关键影响因素的敏感性分析

为了进一步验证结果的稳健性，本节对燃煤电厂 CCUS、NGCC、BPP、CPV 和 WF 共有的关键因素——碳价、初始投资成本、运维成本和运行时间进行了敏感性分析。如图 4-7 所示，除了不同发电技术的初始投资成本外，大多数因素的变动对于结果的影响都较为稳定。其中，初始投资成本对于 CPV 的影响最为明显，当初始投资成本变化 1% 时，LCOE 变化 0.9%。捕集率为 90% 的燃煤电厂 CCUS 对初始投资成本的敏感度最低，当初始投资成本变动 1% 时，其 LCOE 变化 0.17%。

碳价对 LCOE 的影响最小，当碳价变动 1% 时，将使 LCOE 变化 0.03% ～ 0.06%。这是因为目前中国的碳价成本较低，但是，如果未来出现较为严格的碳排放限制，碳价可能迅速增加，从而有可能对不同低碳发电技术的 LCOE 产生较为明显的作用。

LCOE 对发电项目的运行时间较为敏感。当运行时间改变 1% 时，不同发电技术的 LCOE 的变化均大于 1%，因此，这是影响 LCOE 的最为关键的因素，所以在研究过程中需要仔细选择以确保结果的准确性。

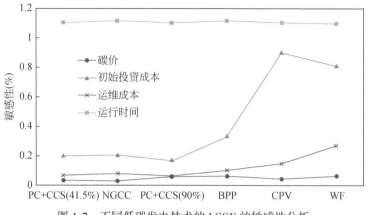

图 4-7　不同低碳发电技术的 LCOE 的敏感性分析

4.5　主要结论与政策启示

本章从国家和地区的角度研究了燃煤电厂 CCUS 在主要低碳发电技术中的竞争力，以确定其发展潜力。具体的，在满足相同减排水平的这一公平性前提下，从影响 LCOE 的主要变量、结构和地区差异三个方面，将燃煤电厂 CCUS 与 NGCC 和 REP 进行了比较。主要结论如下：

（1）在现有市场条件下，当燃煤电厂使用 CCUS 技术进行减排时，尽管碳捕集设备的初始投资成本较高，但在较短 CO_2 运输距离及低煤价等积极条件存在的情况下，燃煤电厂 CCUS 的 LCOE 较其他低碳技术具有优势。基于中国以煤为主的资源禀赋条件，为满足减排要求，燃煤电厂 CCUS 的定位需要进一步被明确。基于燃煤电厂 CCUS 存在 LCOE 优势的这一事实，这一技术可能成为实现减排要求的经济性低碳技术之一。

（2）燃煤电厂 CCUS 的 LCOE 主要受封存距离和煤炭价格这两个可变因素影响。当 CO_2 运输距离为 800km 时，燃煤电厂 CCUS 将失去较 NGCC 和 REP 的 LCOE 优势。当燃煤电厂 CCUS 能够获得 250km 甚至 100km 的经济性 CO_2 运输距离时，将拥有优于 CPV 的绝对性 LCOE 优势。但是，与 NGCC、BPP 和 WF 相比，只有在煤价处于较低水平时，燃煤电厂 CCUS 的 LCOE 优势才存在。所以，当应用 CCUS 技术时，合适的存储地是关键考量因素。同时，低廉的煤炭价格可以抵消长距离的 CO_2 运输带来的负面影响，如果长距离运输不能避免，那么低煤价将对控制 LCOE 起到一定作用。

（3）中国的资源状况受区域分布影响具有较大差异，使得不同发电项目的LCOE优势也产生了区域差异。因此，为了确保燃煤电厂CCUS的LCOE优势，在燃煤电厂CCUS开发过程中应考虑区域因素。与NGCC、CPV、WF和BPP相比，燃煤电厂CCUS分别在山西、天津、甘肃和新疆具有最大的竞争优势。同时，在全国范围内，与其他低碳技术相比，燃煤电厂CCUS较CPV的LCOE优势最为明显。对于现有资源以及市场环境不利于某些低碳发电技术发展的省（自治区、直辖市），燃煤电厂CCUS较低的LCOE使其发展可能具有优势。

（4）核证碳减排量带来的收益可以使低碳发电项目的LCOE降低3%~6%，但由于中国的碳价较低，其影响还较为有限。因此，有必要加速完善全国碳交易市场以提高碳交易价格，以便对燃煤电厂CCUS的LCOE的进一步降低产生积极影响。

基于前述主要结论，提出如下相应的政策建议：

（1）为了实现减排要求，应根据资源禀赋等现实情况开发包括CCUS在内的低碳发电技术组合，从而在减排过程中节省相关资源和资金。

（2）随着中国碳交易市场的建立，具有较大减排潜力的燃煤电厂CCUS项目应被纳入市场交易主体。同时，应完善碳市场交易机制，以保持碳交易市场的平稳发展，并且通过市场资金支持燃煤电厂CCUS项目的发展。

（3）为了确保燃煤电厂CCUS的LCOE优势，在燃煤电厂CCUS开发过程中除了要考虑合适的封存地点外，还应考虑区域资源条件。同时，对于NGCC和可再生能源发电等高成本低碳发电技术享有的政府补贴政策也可以考虑应用到燃煤电厂CCUS项目中去。

4.6　本章小结

本章通过梳理燃煤电厂CCUS、NGCC、CPV、WF和BPP的成本构成要素，构建了纳入碳收益的LCOE模型，并在通过改变燃煤电厂CCUS的捕集率使其分别与NGCC和可再生能源发电相比具有同等减排水平的前提下，对不同情景下的燃煤电厂CCUS和其他主要低碳技术的LCOE水平、构成、具有成本竞争优势的临界条件，以及各省（自治区、直辖市）的LCOE进行了对比，识别出了燃煤电厂CCUS具有成本竞争优势的具体市场、技术条件和优先发展区域，最后提出了相关的政策建议。

第 5 章

中国燃煤电厂 CCUS 和可再生能源发电项目的投资效益比较

5.1 中国燃煤电厂 CCUS 和可再生能源发电项目投资效益比较的必要性

为了将全球温升与工业化前水平相比限制在 2℃ 以内，需要涵盖所有行业的减排技术组合，以改变 CO_2 排放的增长（IEA，2015b）；除了提高能源利用效率外，可再生能源和 CCUS 技术是减少排放的最有效手段（IEA，2017）。世界上的主要国家都在积极关注可再生资源和 CCUS，2016 年可再生能源发电量约占全球总发电量的 24%（IEA，2017），并且有 17 个正在运营的大型 CCUS 项目，其潜在 CO_2 总捕集能力超过 30Mt/a（GCCSI，2017b）。这些事实也进一步证明可再生能源和 CCUS 的技术组合是减少碳排放的可行选择。

作为电力行业重要的减排技术，可再生能源和 CCUS 技术在实现全球 2℃ 温升目标的过程中，到 2050 年可分别贡献电力行业减排量的 44% 和 14%（IEA，2015b）。电力行业减排对中国而言至关重要。一方面，中国已经意识到了可再生能源的重要性，并提出了明确的发展目标。到 2020 年，可再生能源发电的总装机容量将增加到 680MW，发电能力将达到 1.9 万亿 kW·h，占 2020 年总发电量的 27%（NDRC，2016a）。《电力发展"十三五"规划（2016—2020）》提出，到 2020 年，风电、太阳能和生物质能的装机容量分别应超过 210GW、110GW 和 15GW（NDRC，2017a）。另一方面，因为火电的主导地位在短期内不会改变，CCUS 在减少火力发电厂的排放方面将具有巨大的应用潜力。CCUS 技术可以实现高碳能源低碳利用，并移除发电企业等大型集中点排放源的 85%~90% 的 CO_2 排放量（Leung et al.，2014）。如果中国的火力发电厂在没有应用 CCUS 的情况下继续在当前负荷下运行，中国在 2℃ 温升目标下的减排要求将无法实现（IEA，2016a）。

具体来说，这两种技术也各有优缺点。作为一种清洁发电技术，可再生能源发电通过替代化石能源使用并促进能源结构调整来减少 CO_2 排放。但是，由于光伏和风力发电的电力输出经常变化，将间歇性电源连接到电网会不可避免地对电能质量、电力调度控制和可靠性带来挑战（Shivashankar et al., 2016）。由于电力系统运行的技术局限性以及发电结构、市场结构和运行规则的限制，许多风能和太阳能发电的电量在并入电网时会受到限制从而产生弃风弃光现象（Bird et al., 2016；Gu and Xie, 2013）。使用 CCUS 的火电项目具有稳定的电力供应能力，并且其电力产出易于连接到电网，这在经济上是有利的。此外，在确保依托现有大容量火力发电基础上的能源安全的同时，还能够减少 CO_2 排放量。尽管中国已经探索了火电厂的 CCUS 改造并进行了工程示范，但 CCUS 高昂的成本及其技术发展带来的不确定性给其融资（Sanders et al., 2013）和快速推广（Zhou et al., 2010）带来了障碍。

同时，从政策角度看，可再生能源发电得到了大量补贴和政策的支持，如财政补贴、税收优惠和价格优惠政策（Zhang et al., 2009）。但是，与可再生能源发电项目相比，对于火电厂的 CCUS 改造还没有明确的补贴政策和良好的投资环境。

因此，在现有情况下，至关重要的是确定在享有相似的政府补贴下哪种技术可以带来更好的投资收益。同时，对于中国这个仍需发展经济以改善民生的发展中国家而言，选择具有成本效益的技术组合是关键问题。考虑到中国不同地区的自然资源禀赋不同，可再生能源和 CCUS 技术各自处于不同发展阶段并具有不同技术特点，其未来的工业应用也将具有区域差异性。

5.2 燃煤电厂 CCUS 和可再生能源发电项目的投资效益研究现状

针对可再生能源发电和火力发电厂 CCUS 改造的投资收益已有丰富的研究。由于对可再生能源发电项目实施高额的补贴政策，对于可再生能源发电项目的投资评估主要集中在固定上网电价和政府补贴带来的不确定性影响上。就促进光伏产业发展的最重要的因素而言，固定上网电价在 2011 年的水平还不是最佳的，难以刺激对太阳能光伏产业的投资，因此还需对其进一步完善以确保以最低的政府支出来达到最大的投资激励效果（Lin and Wesseh, 2013）。与此同时，碳价、非可再生能源成本和政府补贴水平等各种不确定因素也影响着光伏投资的前景（Zhang et al., 2014a；Zhang et al., 2016b）。关于风电投资，Li 等（2013）分析了投资和运营成本、CDM 项目收入、上网电量、上网电价及政府补贴等不确定性因素对于风力发电项目的内部收益率和投资回收期的影响。当政府对风电固定上网电价的补贴比例不同时，风电项目投资者的最优投资时机也会相应地变化

（Li，2015）。关于生物质发电项目，Wang 等（2014）分析了核证碳减排量收入、秸秆价格、政府激励措施和技术进步等不确定性因素对生物质发电项目最佳投资时机的影响。Zhang 等（2016b）则考虑了电价、碳价和秸秆价格对生物质电厂投资的影响，并指出政府应增加补贴并完善国家碳交易市场的建立，以改善投资环境来吸引更多投资。

关于 CCUS 的投资评估，一些学者主要聚焦于 CCUS 改造的成本和影响其投资决策的临界碳价。CCUS 改造成本很高，安装 CCUS 设备将使欧盟和中国的燃煤电厂的投资成本分别增加 70% 和 60%（Renner，2014）。考虑到 CCUS 应用的持续扩张和技术进步带来的成本降低，Wu 等（2016）使用学习曲线确定了从典型的传统 2×600MW 电厂改造后的富氧燃烧捕集电厂的单位投资成本变化，当其总装机容量达到 100GW 时，其单位投资成本将从 4926.30 元/kW 降至 2977.02～3981.20 元/kW。值得注意的是，技术锁定风险也对 CCUS 改造成本有重要影响（Fan et al.，2018a）。碳价是促进 CCUS 投资的重要补充。在欧盟碳排放交易计划的背景下，当 CO_2 价格为建议价格 20 欧元/t 时，能够刺激 CCUS 投资（Mo and Zhu，2014）。另外，一些学者注意到 CO_2 的利用可以带来额外收入，以抵消 CCUS 设备的安装成本。作为一项成熟的技术，CO_2 强化石油开采的方法能为企业带来更多收益（Zhang et al.，2014b）。CO_2 还可以用于驱替深部咸水，通过对深部咸水进行多级提取可以获得钾、溴和锂等矿产资源并用于出售，从而为 CCUS 项目投资者创造可观的利润（Li et al.，2015b）。

与可再生能源发电项目相比，关于 CCUS 补贴的研究还较少，主要原因是缺乏明确的补贴政策。尽管如此，一些学者已经证明，如果政府补贴能够覆盖全部 CCUS 投资成本，并且碳价处于较高水平，CCUS 改造就有可能获利（Zhang et al.，2014b；Wang and Du，2016）。

对于具有高投资风险和高沉没成本的大规模投资，如可再生能源发电项目和 CCUS 改造，一些学者使用 NPV 方法进行投资评估（Wu et al.，2013；Renner，2014）。但是，这种方法忽略了投资的不确定性的潜在价值，因此无法全面反映投资项目的价值（Kim et al.，2017；Rohlfs and Madlener，2013；Santos et al.，2014）。实物期权方法在灵活的投资决策中具有重要应用，因为它考虑并量化了影响投资的不确定因素的战略价值（Rohlfs and Madlener，2014；Narita and Klepper，2016）。例如，Wang 和 Du（2016）使用实物期权四叉树定价模型[①]评估了 CCUS 在现有超临界煤粉（SCPC）电厂中的投资，证明了实物期权方法在处理不确定因素时较传统 NPV 方法具有优势。Chen 等（2016）使用实物期权方

---

① 这一方法由二叉树定价模型拓展而来。

法分析了补贴对发电企业 CCUS 投资的影响，结果表明，当补贴从 0.01 美元/（kW·h）增加到 0.05 美元/（kW·h）时，CCUS 投资时间缩短了 0.39~1.95 年，并进一步产生了 0.10~1.89Gt 的 CO_2 减排潜力。作为降低成本的初步投资，研发投资被证明在风力发电投资中具有巨大的经济价值（Kim et al.，2014）。实物期权方法还被用来研究在不确定的电价和受学习效应导致的发电成本降低的情景下，风能和光伏发电的多元化投资策略，结果表明最佳的投资策略是仅投资一项技术（Gazheli and van den Bergh，2018）。

基于现有研究，对燃煤电厂进行 CCUS 技术改造（简称燃煤电厂 CCUS 或燃煤电厂 CCUS 改造）和可再生能源发电项目投资收益具有重大影响的关键因素也被纳入了本章的评估模型之中。此外，作为刺激 CCUS 改造的一种可能方法，将可再生能源发电项目的固定上网电价视为 CCUS 改造后电厂的一种补贴方式，并进行政策模拟。通过这种方式，本章对这两种发电技术在中国不同地区的投资机会进行了分析。

5.3 中国燃煤电厂 CCUS 改造和可再生能源发电项目的区域投资效益比较[①]

5.3.1 方法和数据

在燃煤电厂 CCUS 改造和可再生能源发电项目的投资评估中，考虑了由技术进步引起的 CCUS 资本成本降低和可再生能源发电项目的发电成本降低，以及两种发电技术的共性因素——碳价波动。这些不确定性是潜在投资机会的主要来源。投资收益是决定两种技术在区域水平上是否能够被优先投资的主要标准。对于具有相似投资收益的不同技术，将根据资源和现有市场条件决定的发电技术的发展前景进行定性分析，从而作为判断何种技术具有投资优势的补充评判标准。

1. 实物期权与基本假设

本节采用实物期权方法进行计算，具体参见第 2.2 节。中国 2016 年燃煤电

① 本节部分核心内容已于 2020 年发表在 SCI 检索期刊 International Journal of Greenhouse Gas Control 第 92 卷（Fan et al.，2020）。

厂的装机容量为946GW，占火力发电厂总装机容量的89.43%（CEC，2017），由燃煤电厂产生的碳排放量为3.58Gt，占火力发电厂 CO_2 总排放量的97.63%（NBS，2017）。因此，本章选择燃煤电厂作为CCUS改造的研究对象。根据国际能源署（IEA）对中国燃煤电厂CCUS改造潜力的评估，250km是 CO_2 从燃煤电厂到合适封存地的运输距离的下限，以反映政治和社会偏好（IEA，2016b）。基于此阈值，青海、广东、广西、福建和海南没有适合CCUS改造的燃煤电厂。此外，北京已经淘汰了燃煤发电机组。因此，以上地区不在讨论之列。

就可再生能源电力而言，到2016年底，CPV占光伏发电总装机容量的85%（NEA，2017b），WF的装机容量占风能总装机容量的99%（CWEA，2017），BPP占生物质发电累计装机容量的50%（NEA，2018b）。同时，这三种类型的发电项目都有固定上网电价补贴这一明确的支持政策。因此，CPV、WF和BPP被选做可再生能源发电项目的主要代表进行研究。应当指出的是，水力发电由于其发电成本很低所以不在研究范围内。

为了使燃煤电厂CCUS改造和可再生能源发电项目具有可比性并且便于计算，我们做出以下假设：

（1）为了保证不同的发电方式都能够满足一定的社会电力需求，将可再生能源发电项目的发电量设置为与CCUS改造后的燃煤电厂的发电量相同。

（2）燃煤电厂CCUS和可再生能源发电项目都能通过参与中国碳交易市场获得核证减排量收益。

（3）为了简化计算，不考虑发电投资项目的税收。

（4）投资者可以在允许的投资决策期限内的任何一年决定对现有燃煤电厂进行CCUS改造投资或是新建可再生能源发电项目。二者均适用于美式期权，即只有在投资能够带来收益的情况下才进行投资（Zhang et al.，2014b）。

（5）燃煤电厂仅负责碳捕集过程，而不负责包括运输和存储在内的CCUS全流程运营。

2. 燃煤电厂CCUS改造的净现值和总价值

进行CCUS改造后的燃煤电厂的收入包括通过核证 CO_2 减排量（CER）产生的碳效益和电力销售收入，成本包括CCUS改造产生的初始投资成本、运维成本以及额外的能源消耗成本。

$$TNB_{ccs} = CER_{ccs} \times P_c + (P_e - P_u) \times Q_e + P'_e \times Q_e - P_e \times Q_c - I_{ccs} - C^{ccs}_{O\&M} \quad (5-1)$$

式中：TNB_{ccs} 为燃煤电厂CCUS改造的总净收益；CER_{ccs} 为核证 CO_2 减排量；P_c 为碳价；P_e 为煤电价格；P_u 为煤电成本；Q_e 为年度脱碳发电量；P'_e 是脱碳电力

补贴；Q_e 是由于额外的能源消耗而导致的电力损失；I_{ccs} 表示 CCUS 改造的初始投资成本，会随着时间而降低（参见 2.2.1 节）；$C_{O\&M}^{ccs}$ 是捕获设备的年度运维成本，并且与已有研究相似（Zhang et al.，2014b；Višković et al.，2014；张正泽，2010），年度运维成本并不随时间变化。

假设燃煤电厂的寿命期为 τ_2，CCUS 改造投资在延迟投资期内的 τ_1 进行；捕集系统的建设时间为 1 年，捕集系统将在 $t = \tau_1 + 1$ 及时投入使用，直到电厂寿命终止；折现率为 r_0；捕集系统设备的残值为 0。因此，燃煤电厂 CCUS 改造的 NPV 如式（5-2）所示：

$$\text{NPV}_{\tau_1}^{ccs} = \sum_{t=\tau_1+2}^{\tau_2} (\text{CER}_{ccs} \times P_c + (P_e - P_u) \times Q_e + P_e' \times Q_e - P_e \tag{5-2}$$
$$\times Q_c - C_{O\&M}^{ccs})(1 + r_0)^{\tau_1 - t} - (1 + r_0)^{\tau_1} I_{ccs}^0 e^{-\alpha \tau_1}$$

根据泰勒公式，式（5-2）可转换为：

$$\text{NPV}_{\tau_1}^{ccs} = (\text{CER}_{ccs} \times P_c + (P_e - P_u) \times Q_e + P_e' Q_e - P_e \times Q_c - C_{O\&M}^{ccs}) \frac{e^{-r_0} - e^{r_0(\tau_1 - \tau_2)}}{e^{r_0} - 1} - I_{ccs}^0 e^{(r_0 - \alpha)\tau_1}$$
$$\tag{5-3}$$

与碳价的变化一致，每一节点的 NPV 由式（5-3）计算所得；由于 CCUS 改造项目可以进行延迟投资，其在每一节点的投资价值（IV）由式（5-4）所示（Zhang et al.，2014b）：

$$\text{IV}_{(i,j)}^{ccs} = \max\{0, \text{NPV}_{(i,j)}^{ccs}\} \tag{5-4}$$

式中：$\text{IV}_{(i,j)}^{ccs}$ 和 $\text{NPV}_{(i,j)}^{ccs}$ 分别为在每一节点的 CCUS 改造投资的总价值和净现值。如果在节点 (i, j) 的净现值 $\text{NPV}_{(i,j)} < 0$，这一节点的投资价值为 0，那么投资者在这一时间节点将停止投资。如果 $\text{NPV}_{(i,j)} > 0$，以为在这一时间节点上投资环境是积极的，这一节点的投资价值将等于净现值。以每一节点的投资价值为基础，从延迟投资期限的最后一个节点向前倒推，即得到每一时间节点下的包含延迟实物期权的总价值。计算公式如下：

$$\text{TIV}_{(i,j)}^{ccs} = \max\{\text{IV}_{(i,j)}^{ccs}, [P_u \times \text{IV}_{(i+1,j)}^{ccs} + P_m \times \text{IV}_{(i+1,j+1)}^{ccs} + P_d \times \text{IV}_{(i+1,j+2)}^{ccs}]e^{-r\Delta t}\} \tag{5-5}$$

式中：$\text{TIV}_{(i,j)}^{ccs}$ 表示不同时间节点的总投资价值。

3. 可再生能源发电项目的净现值和总价值

可再生能源发电项目的收入包括碳交易收入和售电收入，支出为发电成本，其净收益如式（5-6）所示：

$$\text{TNB}_r = \text{CER}_r \times P_c + P_{re} \times Q_r - P_{ru} \times Q_r \tag{5-6}$$

可再生能源发电项目的核证减排量由式（5-7）所示：

$$CER_r = \eta \times Q_r \qquad (5\text{-}7)$$

式中：TNB_r 为可再生能源发电项目的总净收益；CER_r 为可再生能源发电项目的核证减排量；P_{re} 为可再生能源电力的固定上网电价；Q_r 为可再生能源发电项目的年度发电量；P_{ru} 为可再生电力的单位成本，随着技术进步而降低；η 为单位可再生能源电力的核证减排量系数 $[0.8615kg\ CO_2/(kW\cdot h)$（Gong and Li，2017）$]$。

可再生能源发电项目的寿命期为 τ_2'，其建设期 1 年。发电项目在 $t = \tau_1' + 1$ 开始运营直到寿命期末。可再生能源发电项目的残值为 0。可再生能源发电项目投资收益的净现值由式（5-8）计算：

$$NPV_{\tau_1'}^r = \sum_{t=\tau_1'+2}^{\tau_2'+t} (CER_r \times P_c + (P_{re} - P_{ru}^0 \times e^{-\beta\tau_1'}) \times Q_r)(1 + r_0)^{\tau_1'-t} \qquad (5\text{-}8)$$

根据泰勒公式，式（5-8）可以转换成式（5-9）：

$$NPV_{\tau_1'}^r = (CER_r \times P_c + P_{re} \times Q_r)\frac{e^{-r_0} - e^{r_0(\tau_1'-\tau_2)}}{e^{r_0}-1} - P_{ru}^0 \times Q_r \times \frac{e^{-(\beta\tau_1'+r_0)} - e^{r_0(\tau_1'-\tau_2)-\beta\tau_1'}}{e^{r_0}-1} \qquad (5\text{-}9)$$

由于碳价变化的影响是相似的，可再生能源发电项目在各个节点的投资价值由式（5-10）计算所得：

$$IV_{(i,j)}^r = \max\{0, NPV_{(i,j)}^r\} \qquad (5\text{-}10)$$

式中：$IV_{(i,j)}^r$ 和 $NPV_{(i,j)}^r$ 分别为可再生能源发电项目在不同节点的投资价值和净现值。

总投资价值由式（5-11）计算所得：

$$TIV_{(i,j)}^r = \max\{IV_{(i,j)}^r, [P_u \times IV_{(i+1,j)}^r + P_m \times IV_{(i+1,j+1)}^r + P_d \times IV_{(i+1,j+2)}^r]e^{-r\Delta t}\} \qquad (5\text{-}11)$$

式中：$TIV_{(i,j)}^r$ 为可再生能源发电项目的总投资价值。

在已有文献中，碳价波动被认为是一个随机过程（Zhou et al.，2010；Fuss et al.，2008；Zhu and Fan，2013），因此，本章同样假设碳价遵循几何布朗运动，具体方法参见 2.2.2。通过将每年每个节点上的 NPV 或 TIV 与该节点的累积概率相乘得到的当年 NPV 或 TIV 的数学期望，将被来表示延迟期内每年的投资收益。

4. 学习曲线模型

学习曲线模型是一种被广泛应用的模型，它意味着边际或平均单位成本是累积产量或产能的函数，这种影响可以通过技术进步和干中学来产生（Zhou et al.，2010）。假设 CCUS 改造的投资成本会由于技术进步而逐年减少，如式（5-12）所示：

$$I_{ccs}^t = I_{ccs}^0 \times e^{-\alpha t} \qquad (5\text{-}12)$$

式中：I_{ccs}^0 和 I_{ccs}^t 分别为 CCUS 改造在初始时间和第 t 年的投资成本；α 为初始投资成本的年降低率。

根据现有文献（Lee and Shih，2010；Lin and He，2016；Williams et al.，2017；Sui，2012），假设可再生能源的电力成本变化也符合学习曲线模型，这意味着发电成本将随着累积装机容量的增加而降低，如式（5-13）所示：

$$P_{ru}^t = P_{ru}^0 N_t^{-\lambda} \tag{5-13}$$

式中：P_{ru}^t 为第 t 年的单位电力成本；P_{ru}^0 是初始时间的单位电力成本；N_t 为第 t 年可再生能源发电项目的累积装机容量。其中，电力成本将根据从 2016 年（现有）到 2020 年（《可再生能源发展"十三五"计划》中预测数据）的累计装机容量的年平均增量为基础来进行预测；λ 是实践学习率。单位电力成本由式（5-16）表示：

$$P_{ru}^t = P_{ru}^0 \times e^{-\beta t} \tag{5-14}$$

式中：β 是可再生能源发电项目单位电力成本的年度降低率。

5. 情景设置

为了探索具有与可再生能源发电项目相同政策优势的燃煤电厂 CCUS 改造项目的投资收益，设置了四个政策情景以反映对脱碳电力系统的补贴。具体情景设置如下（表 5-1）：

（1）在第一种情景下，不对燃煤电厂 CCUS 项目进行电力补贴，燃煤电厂 CCUS 生产的脱碳电力价格与全国平均煤电上网电价相同，为 0.364 元/(kW·h)。这一情景称为参考情景（RES）。

（2）在第二种情景下，脱碳电价为全国平均煤电上网电价的 0.364 元/(kW·h)加上脱碳补贴的 0.015 元/(kW·h)[1]。这一情景称为脱硫情景（DES）。

（3）在第三种情景下，脱碳电价为中国四类风能资源区[2]的上网电价的平均值。这一情景称为风电情景（WPS）。

---

[1] 作为一种空气污染物，二氧化硫（SO_2）会被从煤电厂烟气中被移除。为了鼓励 SO_2 减排，中国对脱硫电力给予了 0.015 元/(kW·h) 的补贴。这一补贴形式可以为中国减少作为温室气体的主要成分 CO_2 排放提供参考。

[2] 根据有效风能密度和年度有效利用小时数（风速为 3~20m/s），中国划分了四个风能资源区：①>200W/m^2，>5000h；②150~200W/m^2，3000~5000h；③50~150W/m^2，2000~3000h；④<50W/m^2，<2000h（NDRC，2009）。

（4）在第四种情景下，脱碳电价为中国三类太阳能辐射资源区[①]的平均上网电价，同时也与 BPP 的上网电价相同。这一情景称为太阳能光伏电力情景（SPS）。

表 5-1　补贴政策情景设置

政策情景	脱碳电价［元/（kW·h）］	数据来源
RES	0.364	NDRC（2015b）
DES	0.379	NDRC（2007，2015b）
WPS	0.5275	NDRC（2015a）
SPS	0.75	NDRC（2016b）

6. 国家层面数据来源

初始碳价是中国北京环境交易所（CBEE）2014 年 1 月至 2016 年 12 月碳价的平均值，并根据上述历史数据计算出了碳价的波动率和漂移率。无风险利率是 1990~2016 年中国人民银行一年期整存整取利率的平均值，如表 5-2 所示。

表 5-2　燃煤电厂 CCUS 改造和可再生能源发电项目的共有参数

参数	数值	数据来源
P_c（元/t）	49	CBEE（2017）
σ	0.31	CBEE（2017）
μ	0.081	CBEE（2017）
r_0	5%	Zhang et al.（2014b）
r	4.32%	PBOC（2017）
投资延迟期（a）	10	张正泽（2010）；Wang and Du（2016）

CCUS 改造的数据来自中欧煤炭近零排放第二阶段合作项目（CN-NZEC II）示范项目（200MW 亚临界机组，燃烧后捕集方法），具体数值如表 5-3 所示。现有研究表明，在中国在进行 CCUS 改造时，额外资本成本及运行和维护成本的范围分别为 969~4524 元/kW（UCCC，2014；Viebahn et al.，2015）和 119~200 元/（kW·a）（Viebahn et al.，2015）。本节选取的示范项目中的对应的两个值分别为

---

① 其划分依据是年度等效利用小时数：①>1600h；②1400~1600h；③1200~1400h（NDRC，2013）。

2509 元/kW 和 187 元/（kW·a），进一步说明选取的成本数据是合理的。

表5-3 燃煤电厂 CCUS 的特有参数

参数	数值	数据来源
CER_{ccs}（万 t）	10	ACCA21（2014）
Q_c（GW·h）	0.333	ACCA21（2014）
Q_e（GW·h）	199.667	ACCA21（2014）
I_{ccs}^0（亿元）	5.0188	ACCA21（2014）
$C_{O\&M}^{ccs}$（亿元）	0.3745	ACCA21（2014）
P_e［元/（kW·h）］	0.364	NDRC（2015b）
P_u［元/（kW·h）］	0.289	ACCA21（2014）
τ_2（a）	40	张正泽（2010）

对于可再生能源发电项目，CPV 和 WF 的上网电价分别是中国三类太阳能辐射资源区和四类风能资源区的平均上网电价。对于 BPP，单位电力的秸秆[①]消耗量为 1.05kg/（kW·h）（Zhang et al.，2016a），全国秸秆平均价格为 300.34 元/t（Gao and Fan，2010）。由于农林生物质燃料占生物质发电成本的 60%~70%（Ouyang and Lin，2014），因此本章选取 65% 的系数来计算 BPP 的发电成本，其结果如表5-4 所示。

表5-4 可再生能源发电项目的特有参数

参数	CPV		WF		BPP	
	数值	来源	数值	来源	数值	来源
Q_r（GW·h）	199.667	与 CCUS 改造相同	199.667	与 CCUS 改造相同	199.667	与 CCUS 改造相同
P_{ru}［元/（kW·h）］	0.60	REN21（2017）	0.43	REN21（2017）	0.49	REN21（2017）
P_{re}［元/（kW·h）］	0.75	NDRC（2016b）	0.5275	NDRC（2015a）	0.75	NEA（2010）
L	15%	Sui（2012）	9.8%	Williams et al.（2017）	9%	Lin and He（2016）
τ_2'（a）	25	Zhu et al.（2015）	20	Chen et al.（2011）	20	Zhang et al.（2016b）

---

① 在中国，秸秆是生物质直燃发电厂的主要燃料，由于生物质成型燃料成本较高，在生物质发电中应用还较少（CNC，2018）。

7. 省级数据来源

对于不同的地区，可再生能源发电项目的上网电价①也不同。燃煤电厂CCUS改造、CPV、WF和BPP的发电成本将分别随着电煤价格②、太阳辐射和风能资源（以年度等效满负荷利用小时（AEH）③反映）和秸秆价格的变化而变化。它们的投资收益也必然会产生地区差异。各省（自治区、直辖市）电煤价格是2014～2016年的平均值。各省（自治区、直辖市）的相关参数见表5-5。

表5-5　各省（自治区、直辖市）的有关参数

地区	电煤价格（元/t）	CPV的满负荷运行小时数（h）	WF的满负荷运行小时数（h）	秸秆价格（元/t）	CPV的固定上网电价 [元/(kW·h)]	WF的固定上网电价 [元/(kW·h)]
天津	395.80	1468	1971	367.20	0.75	0.60
河北	361.24	1509	2185	301.22	0.80	0.55
山西	271.05	1573	1971	296.16	0.80	0.60
山东	476.40	1284	1970	312.77	0.85	0.60
内蒙古	218.19	1658	2638	288.74	0.70	0.485
辽宁	419.27	1518	1970	310.27	0.75	0.60
吉林	379.32	1608	1970	299.61	0.75	0.57
黑龙江	371.12	1463	1970	295.22	0.75	0.57
上海	462.22	1121	1970	351.97	0.85	0.60
江苏	442.29	1187	1970	346.07	0.85	0.60
浙江	478.73	1082	1970	350.51	0.85	0.60
安徽	472.95	1214	1970	281.12	0.85	0.60
江西	534.14	1616	1970	295.36	0.85	0.60
河南	426.06	1328	1970	283.62	0.85	0.60
湖北	459.55	1056	1970	298.91	0.85	0.60

---

① 对于跨越不同风能和太阳能辐射资源区的省级地区，其固定上网电价由其所涉及的所有资源区的固定上网电价的均值表示。

② 随着电煤价格的变化，通过CN-NZEC II示范项目报告（ACCA21，2014）中的计算方法可以得到相应的煤电成本。

③ 由风能和光辐射资源导致的风、光发电成本变化由下式计算：全国平均电力成本/（各省（自治区、直辖市）AEH/全国平均AEH）。

地区	电煤价格 （元/t）	CPV 的满负荷 运行小时数（h）	WF 的满负荷 运行小时数（h）	秸秆价格 （元/t）	CPV 的固定 上网电价 ［元/（kW·h）］	WF 的固定 上网电价 ［元/（kW·h）］
湖南	465.45	955	1970	288.73	0.85	0.60
重庆	474.99	837	1970	278.88	0.85	0.60
四川	462.90	1235	1970	281.61	0.75	0.60
陕西	361.74	1406	1970	266.44	0.8	0.60
甘肃	334.57	1667	2301	258.59	0.70	0.52
宁夏	260.12	1590	2201	277.03	0.65	0.54
新疆	181.95	1704	2538	312.08	0.70	0.505
贵州	401.49	1043	1970	256.37	0.85	0.60
云南	432.35	1292	1970	262.99	0.75	0.60

资料来源：IMCEC（2017）；Gao and Fan（2010）；NDRC（2015a）；NDRC（2016b）

注：暂不包括北京、广东、广西、福建、海南、西藏、青海、香港、澳门、台湾数据，本章后同

5.3.2 结果与讨论

1. 全国层面投资效益比较

图 5-1 显示了四种情景下的燃煤电厂 CCUS 改造和可再生能源发电项目的投资收益。

目前，BPP 和 WF 可以立即进行投资。从理论上讲，CPV 在 2025 年具有最佳的投资机会，因为其 TIV 与 NPV 相等。在 BPP（TIV/NPV）和 CPV（TIV/NPV[①]）的线相交之后，CPV 的投资价值超过了 BPP 的投资价值，原因在于 CPV 的技术进步更为迅速。但是，考虑到当前对于 CPV 的补贴退坡政策以及对需要政府补贴的 CPV 项目的审批限制，其投资价值将不会非常理想。

在 RES、DES 和 WPS 中，燃煤电厂 CCUS 改造的 NPV 为负，表明在当前的投资环境中很难获利。但是，TIV 是大于 0 的，表明技术进步带来的成本降低和碳价上涨将在未来带来收益。因此，最好推迟投资以等待合适时机。同时，可以看出，随着上网电价补贴的增加，实物期权的价值逐渐减小，表明了补贴对于燃煤电厂快速进行 CCUS 改造的重要推动作用。

---

① 2025 年后，CPV 的 TIV 和 NPV 的两条线是重合的。

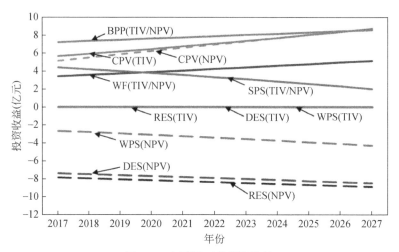

图 5-1　全国层面的投资收益

RES（TIV）、DES（TIV）和 WPS（TIV）均大于 0，但由于其值较小导致三者难以区分。

最后，在初始时间节点上，燃煤电厂 CCUS 改造的 NPV 和 TIV 均为 4.43 亿元，这意味着它可以在当前进行投资，并且其收益超过了 WF。在此情况下，投资应该尽早进行，因为燃煤电厂的寿命有限，投资越晚，能够盈利的时间就越短。如果投资是在燃煤电厂 CCUS（TIV/NPV）和 WF（TIV/NPV）两条线的交点之后进行，由于投资回收期有限，CCUS 改造的投资收益将低于 WF，这意味着燃煤电厂 CCUS 改造将较 WF 失去投资优势。

可以看出，在碳交易市场发展不完善导致的现有碳价水平下，政府补贴对促进燃煤电厂 CCUS 改造的商业投资是十分必要的。当然，为了减轻政府的财政压力，最好建立和完善国家碳交易市场的相关配套政策体系，以促进其稳定发展，从而使碳价能够处于较高水平。

2. 中国各省（自治区、直辖市）投资效益比较

在 SPS 情景下的燃煤电厂 CCUS 改造的投资收益要明显高于可再生能源发电项目，存在竞争的可能性。因此，需在 SPS 情景下进一步进行区域层面的投资效益比较。本节比较了不同地区燃煤电厂 CCUS 改造和可再生能源发电项目在投资

基准年（2017 年）的投资收益，如表 5-6 所示。发展潜力①和利用状况也是决定性因素，因此将其包括在对于投资策略的讨论之内。

表 5-6　各省（自治区、直辖市）燃煤电厂 CCUS 与可再生能源发电项目 TIV 比较

（单位：万元）

省份	CCUS	光伏	风力	生物质
天津	43 203	62 088	45 012	45 938
河北	47 016	78 964	43 568	68 656
山西	56 739	84 579	45 012	70 927
山东	36 912	67 476	44 987	64 112
内蒙古	60 997	65 555	44 407	73 199
辽宁	41 170	66 845	44 987	66 384
吉林	45 396	74 541	38 171	70 927
黑龙江	47 239	61 648	38 171	70 927
上海	39 009	43 777	44 987	50 482
江苏	38 755	54 185	44 987	52 753
浙江	38 501	37 030	44 987	50 482
安徽	36 404	58 045	44 987	77 743
江西	33 290	101 114	44 987	70 927
河南	40 471	72 895	44 987	75 471
湖北	37 325	32 161	44 987	70 927
湖南	35 450	11 124	44 987	73 199
重庆	38 882	−19 737	44 987	77 743
四川	39 041	35 169	44 987	77 743
陕西	50 448	68 777	44 987	82 286
甘肃	50 575	66 219	41 310	84 558
宁夏	58 073	47 218	41 926	77 743
新疆	66 080	68 990	45 981	66 384
贵州	46 317	29 681	44 987	86 830
云南	41 964	42 665	44 987	84 558

---

①　发展潜力是指技术可开发量，包括已建设，正在建设以及将来可能建设的项目数量。具体来说，风能的发展潜力是由风能资源确定的（不考虑由于风能技术的进步而导致的发展潜力的扩大；其预测截止日期是 2020 年）；CPV 的发展潜力取决于荒漠地区的面积占比，因此，在没有荒漠的省份中不考虑 CPV 的发展潜力；BPP 的发展潜力是通过可利用的秸秆资源量，人均耕地面积和相对湿度来计算的（Gao and Fan，2010）。

1）燃煤电厂 CCUS 改造和 CPV

从投资效率的角度来看，经过 CCUS 改造后燃煤电厂在重庆和宁夏较 CPV 具有优势。受太阳辐射资源的限制，重庆的光伏发电成本较高，重庆的 CPV 的 TIV 在所有地区中最低，表明该地区并不适合在现有技术和碳价格条件下发展 CPV。另外，如表 5-7 所示，重庆没有荒漠，难以满足需要大面积土地的 CPV 的建设要求，因此在重庆，CPV 的发展潜力和投资可能性并不理想。从而导致重庆在发展燃煤电厂 CCUS 改造方面具有绝对优势。

表 5-7 代表性地区集中式光伏发电发展潜力

地区	可开发资源潜力（MW）
河北	186
内蒙古	3734
辽宁	14
吉林	29
黑龙江	21
陕西	179
甘肃	1161
青海	1150
宁夏	178
新疆	2143

资料来源：Gao and Fan（2010）

宁夏太阳能辐射资源丰富，等效满负荷利用小时数为 1590 小时，所以其光伏发电成本相对较低。但是，宁夏的煤炭价格非常低廉，使得 CCUS 改造后燃煤电厂的发电成本极具竞争力。因此，在宁夏投资燃煤电厂 CCUS 改造项目比投资 CPV 更有利。实际上，如表 5-8 所示，2016 年宁夏的弃光率[①]是 7%，这意味着它对 CPV 的收入存在一定负面影响。由于 2016 年宁夏在光伏发电市场环境监测中被评为"红色"（较差的市场环境），导致其在 2017 年没有新的建设项目（NEA，2017a）。因此，在这种情况下，燃煤电厂 CCUS 改造在宁夏的投资潜力大于 CPV。

---

① 受电网的供电负荷和峰值负荷调节的影响，光电和风电的输出受到限制。弃光/风率 $=A/(A+B) \times 100\%$，其中 A 是由于电力调度运行管理而造成的电力损失；B 是上网的实际电量（CNREC，2015）。

表 5-8　2016 年弃光状况

地区	弃光率/%
内蒙古	4.5
河北	1
陕西	6
甘肃	30
宁夏	7
新疆	30

资料来源：NEA（2017b）

在 CPV 较燃煤电厂 CCUS 改造具有投资优势的地区中，CPV 的投资效率也受到弃光率的负面影响。甘肃和新疆的弃光率最高，意味着 CPV 产生的电力上网困难，从而会导致投资收益降低。此外，2016 年甘肃和新疆在光伏发电市场环境监测中也被评为"红色"（NEA，2017a）。尽管这两个地区的装机容量潜力较大，但由于市场环境的影响，2017 年的新建工程很少。因此，燃煤电厂 CCUS 改造可作为新疆和甘肃低碳发电技术的经济性选择。

需要强调的是，由于 CPV 的发展潜力有限，目前在许多地区并不考虑对 CPV 进行投资。因此，综合考虑投资优势和发展潜力，只有吉林、黑龙江和辽宁是最适合进行 CPV 投资的省份。

2）燃煤电厂 CCUS 改造和 WF

从 TIV 的单一角度来看，与 WF 相比，燃煤电厂 CCUS 改造在黑龙江、吉林、内蒙古、山西、河北、新疆、甘肃、宁夏和陕西具有投资优势。主要有两个原因：首先，这些地区煤炭资源丰富，电煤价格相对较低，从投资收益方面来说，燃煤电厂 CCUS 改造较 WF 具有优势。其次，如表 5-9 所示，这些地区的风能资源也很丰富，其风力发电成本很低，其上网电价不高，导致收入有限。

表 5-9　各省（自治区、直辖市）陆上风电发展潜力

地区	可开发资源潜力（MW）
天津	230
河北	25 452
山西	1002
山东	1300
内蒙古	50 033

地区	可开发资源潜力（MW）
辽宁	2919
吉林	20 157
黑龙江	4981
上海	1502
江苏	10 051
浙江	1245
安徽	200
江西	544
河南	99
湖北	254
湖南	398
重庆	149
四川	200
陕西	200
甘肃	25 196
宁夏	903
新疆	25 085
贵州	400
云南	379

数据来源：Gao 和 Fan（2010）

就中国风电的上网情况而言，东北、华北和西北部（不包括青海）的弃风率很高，如表5-10所示，这对当地的风电投资效益产生了负面影响。具体而言，甘肃、新疆Ⅲ类资源区和吉林Ⅲ类资源区的实际利用小时比最低保障收入年利用小时数少480小时（NEA，2016），这意味着WF在这些省份的投资收益难以得到保证，甚至会出现亏损。尽管其中一些地区拥有巨大的风电装机潜力，但目前因弃风产生的负面影响对风电的大规模发展产生了限制作用。在这种情况下，燃煤电厂CCUS改造是一个较好的投资选择。

表 5-10 2016 年弃风状况

省份	弃风率/%
河北	9
山西	9
内蒙古	21
辽宁	13
吉林	30
黑龙江	19
陕西	7
甘肃	43
宁夏	13
新疆	38
云南	4

数据来源：NEA（2017b）

在东南沿海地区，WF 较燃煤电厂 CCUS 改造具有投资优势。经济发达地区的电力需求较大，有利于风电的上网和利用，从而能够确保风电企业的利益。考虑到相对较大的发展潜力和较好的市场环境，江苏是投资风电的最佳地区。

3）燃煤电厂 CCUS 改造和 BPP

由于各地的秸秆价格存在差异，BPP 的发电成本也有所不同。由于 BPP 拥有较高的补贴，BPP 在理论上较燃煤电厂 CCUS 改造具有投资效益优势。

在一些 BPP 的投资收益高于燃煤电厂 CCUS 改造的地区，其秸秆资源相对稀缺，例如西北和西南地区。西南地区多山，原料难以收集和运输。此外，其高温和潮湿的气候也不利于原料存储（CNREC，2017b）；原料收集和储存困难造成的燃料短缺会降低 BPP 的收益，燃料质量将直接影响发电设备的效率（Zhao et al.，2015）。尽管 BPP 的上网电价很高 [0.75 元/（kW·h）]，并且自 2010 年实行以来一致没有进行过调整，但是由于秸秆收集存在困难，许多电厂仍处于亏损状态。因此，若要 BPP 实现盈利，最重要的是确保足够的秸秆供应。如表 5-11 所示，在上述区域中，BPP 的装机容量也相对较低。因此，BPP 在这些区域中并不是优先考虑的技术对象。

表 5-11　各省（自治区、直辖市）生物质直燃发电发展潜力

地区	可开发资源潜力（MW）
天津	60
河北	1800
山西	480
山东	2310
内蒙古	1140
辽宁	1080
吉林	1980
黑龙江	2430
上海	30
江苏	1440
浙江	210
安徽	1260
江西	660
河南	3000
湖北	990
湖南	1200
重庆	270
四川	1350
陕西	510
甘肃	330
宁夏	120
新疆	840
贵州	360
云南	600

数据来源：Gao 和 Fan（2010）

除了在秸秆供应方面存在问题的地区之外，在其余秸秆资源丰富且交通便利的地区中，BPP 较燃煤电厂 CCUS 改造具有投资吸引力。考虑到投资收益和发展潜力，河南具有对 BPP 最大的投资优势。

综上所述，考虑到区域资源条件，由于 CPV 在许多地区的发展潜力有限并且当前市场环境不利于 CPV 技术的发展，燃煤电厂 CCUS 改造比 CPV 更具投资

优势。此外，随着越来越多的利于光伏发电投资政策的退坡，燃煤电厂 CCUS 改造的投资优势在未来将进一步扩大。与 WF 相比，燃煤电厂 CCUS 改造在某些地区具有投资收益优势，并且由于这些地区弃风现象的存在，这些地区在燃煤电厂 CCUS 改造方面具有投资优势。与燃煤电厂不同，由于缺乏足够的燃料和成熟的运输网络，BPP 会受到秸秆供应的限制，使其只能在某些存在足够有利条件的地区进行开发。

在 SPS 情景下，燃煤电厂 CCUS 改造最适合在宁夏、甘肃和新疆进行投资。同时，这三个省是电力净调出地区（NBS，2017），意味着其自身的电力供应安全和稳定发展能够得到保证。此外，这些地区内也存在深部咸水和油田（IEA，2016b），有利于实现 CO_2 在本地的利用，从而能够为燃煤电厂 CCUS 改造带来额外的投资优势。

5.3.3 敏感性分析

作为区分不同地区 CPV、WF、BPP 和 CCUS 改造投资效益的主要变量，CPV 的 AEH 和 WF 的 AEH 随天气状况而变化，而秸秆价格和电煤价格随市场需求而波动。这些变化会不可避免地影响不同发电项目的预期投资收益。如图 5-2 所示，重庆的 CPV 的 TIV 对 AEH 的变化最为敏感，因为它的太阳能辐射

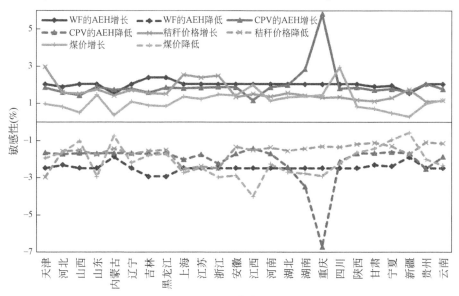

图 5-2　各地区不同低碳发电技术对 TIV 的敏感性

状况不佳，这对 CPV 的发电成本存在很大影响。当 CPV 的 AEH 增加 1% 时，CPV 的 TIV 会增加 5.8%。当 CPV 的 AEH 下降 1% 时，其 TIV 下降了 6.7%。不同地区的 WF 相对于 TIV 对 AEH 的变化则相对稳定，当 WF 的 AEH 变化 1% 时，TIV 的变化为 2%~3%。就 BPP 而言，天津 BPP 的 TIV 对秸秆价格变化最为明显，当秸秆价格变化 1% 时，TIV 变化 3.0%。值得注意的是，对大多数地区燃煤电厂 CCUS 改造而言，其项目投资的 TIV 对电煤价格下降的变化更为敏感，约为电煤价格上升的 2 倍。当电煤煤价增加或降低 1% 时，四川和江西燃煤电厂 CCUS 改造产生了最明显的 TIV 变化，分别增加了 3.0% 和降低了 4.0%。

5.4 基于实物期权的中国燃煤电厂 CCUS 全流程项目和光伏电站投资效益评价[①]

5.4.1 方法和数据

1. 前提假设

为使模型简洁化、科学化、合理化，本节首先提出以下基本假设：

（1）部署 CCUS 技术需要统筹考虑源汇的分布情况。根据 IEA 评估报告，广东、福建地区的燃煤电厂由于离适宜的封存地较远（大多数超过 800km），因此不考虑这两个省份。此外，海南、青海、西藏及北京地区，燃煤电厂较少，故也不考虑。由于数据的可获性问题，香港、澳门及台湾地区也不纳入考虑范围。因此，本节评估的地区为除上述地区外的其余 24 个省（自治区、直辖市）。

（2）选取的燃煤电厂为普通煤粉电厂，采用的 CO_2 捕集技术为燃烧后捕集技术，因为该技术具有较好的适用性且对原电厂改动较小（Yu，2018）。光伏电站选取的则为集中式地面光伏电站。

（3）不考虑各省（自治区、直辖市）燃煤机组年运行时间、煤价和燃煤电厂耗煤量后续的变化情况。此外，由于数据的可获性，本节以省级行政中心的水平面年均太阳能辐照量作为该省（自治区、直辖市）的平均值。

（4）考虑到光伏电站每年会投入相应的运维成本，假设光伏电站在寿命期

---

① 本节部分核心内容已于 2019 年发表在 SCI 检索期刊 Renewable and Sustainable Energy Reviews 第 115 卷（Fan et al.，2019b）。

内年发电量保持不变。此外，2018 年中国的平均弃光率仅为 3%（国家能源局，2019），故不考虑弃光问题。

（5）不考虑税收问题。

2. 燃煤电厂 CCUS 改造和光伏投资的净现值

假设燃煤电厂的寿命是 τ_2，CCUS 改造在 $t = \tau_1$ 时进行且项目建设期为 1 年。则燃煤电厂 CCUS 改造投资的净现值（$\mathrm{NPV}_{\tau_1}^{\mathrm{ccs}}$）如公式（5-15）所示：

$$\mathrm{NPV}_{\tau_1}^{\mathrm{ccs}} = \sum_{t=\tau_1+2}^{\tau_2} (Q_{\mathrm{CO}_2} \times P_{\mathrm{carbon}}^t + P_{\mathrm{s}} \times Q_{\mathrm{e}} - P_{\mathrm{coal}} \times Q_{\mathrm{coal}} - \mathrm{TC}_{\mathrm{CO}_2} - \mathrm{SC}_{\mathrm{CO}_2})(1 + r_0)^{\tau_1 - t}$$

$$- (1 + r_0)^{\tau_1} \times I_{\mathrm{ccs}}^0 \times \mathrm{e}^{-\alpha\tau_1} - \sum_{t=\tau_1+2}^{\tau_2} C_{\mathrm{ccs\text{-}O\&M}}^0 \times \mathrm{e}^{-\beta\tau_1}(1 + r_0)^{\tau_1 - t}$$

（5-15）

式中：Q_{CO_2} 为燃煤电厂年 CO_2 捕集量；P_{carbon}^t 为 t 年时的碳价；P_{s} 表示 CCUS 脱碳发电补贴；Q_{e} 为燃煤电厂年发电量；P_{coal} 为煤价；Q_{coal} 为由于捕集 CO_2 导致的额外能源消耗；$\mathrm{TC}_{\mathrm{CO}_2}$ 和 $\mathrm{SC}_{\mathrm{CO}_2}$ 分别为年 CO_2 运输和封存成本；r_0 为基准折现率；I_{ccs}^0 和 $C_{\mathrm{ccs\text{-}O\&M}}^0$ 分别为 CCUS 改造初始投资成本和 CCUS 年运维成本；α 和 β 分别为技术进步对 CCUS 初始投资成本运维成本的影响。

$$Q_{\mathrm{coal}} = \mathrm{IC}_{\mathrm{pc}} \times \mathrm{RT} \times \mathrm{PSCC} \times \gamma \tag{5-16}$$

$$Q_{\mathrm{CO}_2} = Q_{\mathrm{coal}} \times \mathrm{EF}_{\mathrm{tce}} \tag{5-17}$$

式中：$\mathrm{IC}_{\mathrm{pc}}$、$\mathrm{RT}$ 和 PSCC 分别为燃煤电厂装机容量、年运行时间和供电煤耗；γ 为 CO_2 捕集导致的额外煤炭消耗比例；$\mathrm{EF}_{\mathrm{tce}}$ 为标准煤碳排放因子。

$$\mathrm{TC}_{\mathrm{CO}_2} = Q_{\mathrm{CO}_2} \times \mathrm{UTC}_{\mathrm{CO}_2} \tag{5-18}$$

$$\mathrm{SC}_{\mathrm{CO}_2} = Q_{\mathrm{CO}_2} \times \mathrm{USC}_{\mathrm{CO}_2} \tag{5-19}$$

式中：$\mathrm{UTC}_{\mathrm{CO}_2}$ 和 $\mathrm{USC}_{\mathrm{CO}_2}$ 分别为单位 CO_2 运输和封存成本。

假设光伏电站的寿命为 τ_2'，光伏电站投资时间为 $t = \tau_1'$ 且建设时间为 1 年。不考虑光伏电站剩余价值，则光伏电站投资净现值（$\mathrm{NPV}_{\tau_1'}^{\mathrm{pv}}$）如公式（5-20）所示：

$$\mathrm{NPV}_{\tau_1'}^{\mathrm{pv}} = \sum_{t=\tau_1'+2}^{\tau_2'} (E_{\mathrm{p}} \times P_{\mathrm{v}} + \mathrm{ECER}_{\mathrm{pv}} \times E_{\mathrm{p}} \times P_{\mathrm{carbon}} - C_{\mathrm{pv\text{-}O\&M}})(1 + r_0)^{\tau_1' - t} - (1 + r_0)^{\tau_1'} \times I_{\mathrm{pv}}$$

（5-20）

式中：E_{p} 为光伏电站年发电量；P_{v} 为光伏上网电价；$\mathrm{ECER}_{\mathrm{pv}}$ 为光伏发电的等效

CO_2 减排量；I_{pv} 和 $C_{pv\text{-}O\&M}$ 分别为光伏电站的初始投资成本及运维成本。

光伏电站的年发电量计算方法参考《光伏电站设计规范 GB 50797–2012》，如式（5-23）所示：

$$E_p = HA \times IC_{pv}/E_s \times K \tag{5-21}$$

式中：HA 为水平面太阳能辐射量；IC_{pv} 为光伏电站装机容量；$E_s = 1 kW/m^2$，为常量；K 为综合效率系数。

$$I_{pv} = IC_{pv} \times UIC_{pv} \tag{5-22}$$

$$C_{pv\text{-}O\&M} = I_{pv} \times R_{O\&M} \tag{5-23}$$

式中：UIC_{pv} 为光伏电站单位装机投资成本；$R_{O\&M}$ 为运维成本占初始投资成本的比例。

3. 不确定因素

1）碳价

基于已有研究（Fan and Todorova，2017），假设碳价的波动服从几何布朗运动，即

$$dP_{carbon}^t = \mu_c P_{carbon}^t dt + \sigma_c P_{carbon}^t d\omega \tag{5-24}$$

式中：μ_c 和 σ_c 分别为碳价波动的漂移率和波动率；$d\omega$ 为独立标准维纳过程。

2）光伏电站初始投资成本

基于已有研究（Zhang et al.，2016c），假设光伏电站初始投资成本的波动服从几何布朗运动，即

$$dI_{pv} = \mu_p I_{pv} dt + \sigma_p I_{pv} d\omega \tag{5-25}$$

式中：μ_p 和 σ_p 分别为光伏电站初始投资成本波动的漂移率和波动率。

4. 基于实物期权的三叉树模型

$$IV_{(i,j)}^{ccs} = \max\{0, NPV_{(i,j)}^{ccs}\} \tag{5-26}$$

$$IV_{(i,j)}^{pv} = \max\{0, NPV_{(i,j)}^{pv}\} \tag{5-27}$$

式中：$NPV_{(i,j)}^{ccs}$ 和 $IV_{(i,j)}^{ccs}$ 分别为节点 (i,j) 时 CCUS 投资的净现值和投资价值；$NPV_{(i,j)}^{pv}$ 和 $IV_{(i,j)}^{pv}$ 分别为节点 (i,j) 时光伏投资的净现值和投资价值。

$$TIV_{(i,j)}^{ccs} = \max\left\{IV_{(i,j)}^{ccs}, \left[P_u^{ccs} \times IV_{(i+1,j)}^{ccs} + P_m^{ccs} \times IV_{(i+1,j+1)}^{ccs} + P_d^{ccs} \times IV_{(i+1,j+2)}^{ccs}\right] e^{-r\Delta t}\right\} \tag{5-28}$$

$$TIV_{(i,j)}^{pv} = \max\left\{IV_{(i,j)}^{pv}, \left[P_u^{pv} \times IV_{(i+1,j)}^{pv} + P_m^{pv} \times IV_{(i+1,j+1)}^{pv} + P_d^{pv} \times IV_{(i+1,j+2)}^{pv}\right] e^{-r\Delta t}\right\} \tag{5-29}$$

式中：$TIV_{(i,j)}^{ccs}$ 和 $TIV_{(i,j)}^{pv}$ 分别为节点 (i, j) 时 CCUS 和光伏投资的投资总价值；P_u^{ccs}、P_m^{ccs} 和 P_d^{ccs} 分别表示碳价上升、保持不变和下降的概率；P_u^{pv}、P_m^{pv} 和 P_d^{pv} 分别表示光伏电站初始投资成本上升、保持不变和下降的概率；r 表示无风险利率。

由于燃煤电厂的装机容量一般大于光伏电站，且具有相同装机容量时前者的发电量高于后者。为使二者具有可比性，将其投资收益进行平准化处理，即

$$UNPV_{ccs} = NPV_{ccs} / \left\{ \sum_{t = \tau_1 + 2}^{\tau_2} IC \times RT / (1 + r_0)^t \right\} \times 1000 \quad (5\text{-}30)$$

$$UTIV_{ccs} = TIV_{ccs} / \left\{ \sum_{t = \tau_1 + 2}^{\tau_2} IC \times RT / (1 + r_0)^t \right\} \times 1000 \quad (5\text{-}31)$$

$$UNPV_{pv} = NPV_{pv} / \left\{ \sum_{t = \tau_1' + 2}^{\tau_2'} E_p / (1 + r_0)^t \right\} \times 1000 \quad (5\text{-}32)$$

$$UTIV_{pv} = TIV_{pv} / \left\{ \sum_{t = \tau_1' + 2}^{\tau_2'} E_p / (1 + r_0)^t \right\} \times 1000 \quad (5\text{-}33)$$

式中：$UNPV_{ccs}$ 和 $UTIV_{ccs}$ 分别为每兆瓦时 CCUS 脱碳电力的投资净现值和总价值；$UNPV_{pv}$ 和 $UTIV_{pv}$ 分别表示每兆瓦时光伏电力的投资净现值和总价值。

5. 数据处理

我国幅员辽阔，各地区的太阳能资源分布不均，进而导致不同地区的光伏上网电价也具有差异。全国各地区的光伏上网电价见表 5-12。各省级行政中心的水平年均太阳能辐射量见表 5-13。处理后的各省（自治区、直辖市）的燃煤发电光伏上网电价、煤价、燃煤电厂年运行时间及供电煤耗见图 5-3 和图 5-4。

表 5-12　全国光伏上网电价表

资源区划分	上网电价 [元/(kW·h)]	所含地区
Ⅰ类	0.55	宁夏；青海海西；甘肃嘉峪关、武威、张掖、酒泉、敦煌、金昌；新疆哈密、塔城、阿勒泰、克拉玛依；内蒙古（除赤峰、通辽、兴安盟、呼伦贝尔以外）
Ⅱ类	0.65	北京；天津；黑龙江；吉林；辽宁；四川；云南；内蒙古赤峰、通辽、兴安盟、呼伦贝尔；河北承德、张家口、唐山、秦皇岛；山西大同、朔州、忻州、阳泉；陕西榆林、延安；青海、甘肃、新疆除Ⅰ类外其他地区
Ⅲ类	0.75	除Ⅰ类、Ⅱ类资源区以外的其他地方

注：西藏的光伏上网电价为 1.05 元/(kW·h)

表 5-13　各省级行政中心水平面年均太阳能辐射量

城市	水平面年均太阳能辐照量 [MJ/(m² · a)]	城市	水平面年均太阳能辐照量 [MJ/(m² · a)]	城市	水平面年均太阳能辐照量 [MJ/(m² · a)]
乌鲁木齐	5518.8	济南	5042.6	长沙	4036.6
太原	5862.5	郑州	5077.3	重庆	4024.0
银川	5758.5	昆明	5247.6	武汉	4001.9
天津	5682.8	沈阳	4651.6	兰州	5089.9
石家庄	5635.5	上海	5011.1	贵阳	3440.6
呼和浩特	5364.3	合肥	4497.0	成都	3216.7
长春	5055.2	西安	4389.8	南昌	4585.3
哈尔滨	4774.6	杭州	4497.0	南京	4147.0

数据来源：孙艳伟等（2011）

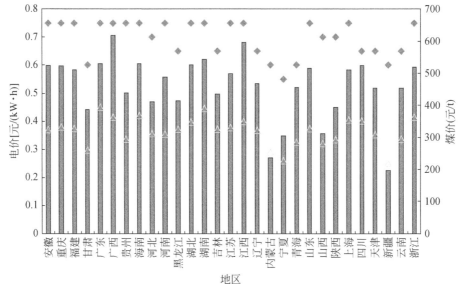

图 5-3　各省（自治区、直辖市）燃煤发电、光伏发电上网电价及平均煤价
（2014 年 1 月 ~ 2018 年 10 月）

注：同一地区包含不同资源区时取所辖资源区上网电价的算术平均值。

数据来源：燃煤发电及光伏发电上网电价来自国家发展改革委

（2015，2017）；煤价来自内蒙古煤价交易中心（2018）

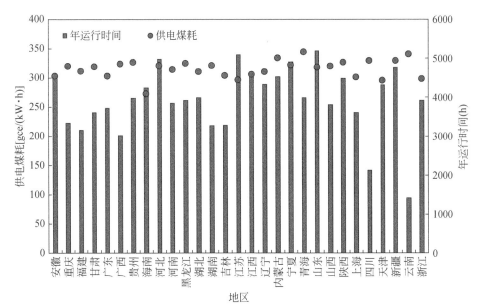

图 5-4　各省（自治区、直辖市）燃煤电厂年运行时间及供电煤耗

数据来源：中国电力企业联合会（2017）

其余相关参数的设置见表 5-14。

表 5-14　CCUS 和光伏投资相关参数

参数	含义	数值	数据来源
τ_2	燃煤电厂寿命	40 年	Seto et al.（2016）
τ_2'	光伏电厂寿命	25 年	Li et al.（2018）
IC_{pc}	燃煤电厂装机容量	600	作者设定
IC_{pv}	光伏电站装机容量	100	作者设定
r_0	基准折现率	0.05%	参考 NZEC 项目前端工程设计报告
r	无风险利率	0.044%	取中国人民银行 1990 年 4 月 ~ 2015 年 3 月一年期定期存款平均基准利率算术平均值
n	期权年限	10 年	Wang and Du（2016）
P_{carbon}	碳价	50 元/t	北京环境交易所（2018）
σ_c	碳价波动率	0.308	基于历史数据计算得到
σ_{pv}	光伏初始投资成本漂移率	0.04	Zhang et al.（2016c）
I_{ccs}^0	CCUS 初始投资成本	12.08 亿元	参考 NZEC 项目前端工程设计报告并做出相关调整

参数	含义	数值	数据来源
$C_{ccs\text{-}O\&M}^{0}$	CCUS 年运维成本	3745 万元	参考 NZEC 项目前端工程设计报告并做出相关调整
UIC_{pv}	光伏电站单位投资成本	6570 元/kW	中国电力企业联合会（2017）
$R_{O\&M}$	光伏电站年运维成本占初始投资成本比例	0.02%	史珺（2012）
UTC_{CO_2}	单位 CO_2 运输成本（运输距离100km）	100 元/t	Zhang et al.（2014b）
USC_{CO_2}	单位 CO_2 封存成本	50 元/t	Zhang et al.（2014b）
α	反映技术进步对 CCUS 初始投资成本影响的参数	0.0202	Rubin et al.（2007）
β	反映技术进步对 CCUS 运维成本影响的参数	0.057	Rubin et al.（2007）
K	光伏电站综合效率系数	0.8	一般为 $0.75 \sim 0.85$
γ	CO_2 捕集能耗比例	12%	Supekar and Skerlos（2015）
η	CO_2 捕集率	90%	IPCC（2005）
EF_{tce}	标准煤碳排放因子	2.64t CO_2/tce	Fan et al.（2017）

中国区域电网基准线排放因子如表 5-15 所示。

表 5-15　2017 年中国区域电网基准线排放因子

区域电网	所辖省（自治区、直辖市）	基准线 CO_2 排放因子 $[\text{t } CO_2/(\text{MW}\cdot\text{h})]$
华北	北京、天津、河北、山西、山东、内蒙古	0.9680
东北	辽宁、吉林、黑龙江	1.082
华东	上海、江苏、浙江、安徽、福建	0.8046
华中	河南、湖北、湖南、江西、四川、重庆	0.9014
西北	陕西、甘肃、青海、宁夏、新疆	0.9155
南方	广东、广西、云南、贵州、海南	0.8367

数据来源：生态环境部（2018）

6. 情景设定

考虑到上网电价的差异及碳市场的激励作用，设定 4 种政策情景（表 5-16）：
情景 1：燃煤电厂 CCUS 改造发电和光伏发电均执行现有上网电价政策，二

中国燃煤电厂CCUS项目投资决策与发展潜力研究

者均不纳入碳市场。

情景 2：燃煤电厂 CCUS 改造发电和光伏发电均执行现有上网电价政策，在此基础上将前者纳入碳市场。

情景 3：燃煤电厂 CCUS 改造发电和光伏发电均执行光伏上网电价政策，二者均不纳入碳市场。光伏上网电价与燃煤发电上网电价的差值可以视作 CCUS 脱碳发电补贴。

情景 4：燃煤电厂 CCUS 改造发电和光伏发电均执行燃煤发电上网电价政策，二者均纳入碳市场。

表 5-16　政策情景设置

情景		燃煤发电上网电价	光伏发电上网电价	是否纳入碳市场
情景 1	CCUS	√		×
	PV		√	×
情景 2	CCUS	√		√
	PV		√	×
情景 3	CCUS		√	×
	PV		√	×
情景 4	CCUS	√		√
	PV	√		√

5.4.2　结果讨论

1. 情景 1

情景 1 中燃煤电厂 CCUS 改造和光伏电厂的 NPV 和 TIV 如图 5-5 所示。可以看出中国 24 个省（自治区、直辖市）燃煤电厂 CCUS 改造投资的 NPV 是负值，TIV 是零，其中云南省收益最低，为 -229 元/（MW·h），江苏省收益最高，为 -151 元/（MW·h）。主要原因是云南省燃煤机组的年运行时间（1418h/a）较短（在 24 个地区中最低）。换而言之，云南燃煤机组的负荷率仅为 16.2%，这意味着装机容量相同时云南省燃煤电厂的电力输出远远低于其他地区的燃煤电厂，且其度电供电煤耗和煤价也不占据明显优势。在这种情况下，云南省度电分摊的 CCUS 成本要高得多。江苏省的煤价（499 元/t）高于全国平均水平（459 元/t），但其度电供电煤耗却［296gce/（kW·h）］低于全国平均水平［315gce/（kW·h）］。此外，江苏省燃煤电厂的年运行时间超过 5000 小时，位居中国前三。因此江苏省燃煤电厂的度电 CCUS 成本较低。尽管中国不同地区燃煤电厂的 CCUS 应用成本不同，但均不具备投资可能，即如果没有政府补贴，燃煤电厂目前几乎不可能投资 CCUS 项目（仅考虑投资收益）。

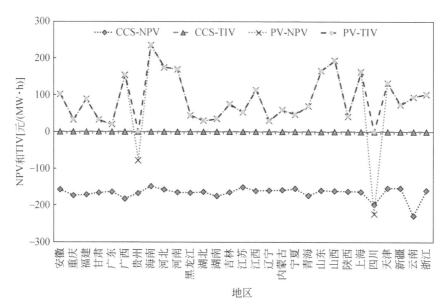

图 5-5　情景 1 中各省（自治区、直辖市）燃煤电厂 CCUS 投资和光伏投资收益情况

至于光伏投资，除四川和贵州外，其他地区的投资收益均为正。即根据当前的光伏电价政策，可以在 22 个地区投资光伏发电项目。尤其是海南、山西、河北、河南、山东和上海等地，其收益超过 160 元/(MW·h)。四川和贵州的光伏项目收益为负，因为与其他地区相比，其太阳能资源相对稀缺。以上结果表明，光伏发电项目在中国现阶段对投资者具有吸引力，而 CCUS 技术与 PV 相比缺乏竞争力，并且在没有政府补贴或未实施强力减排政策的情况下，燃煤电厂基本不会采用 CCUS 技术。

2. 情景 2

在情景 2 中，PV 投资的补贴政策与情景 1 相比没有调整，因此情景 1 和情景 2 中的 PV 投资评估结果相同，本节中不再赘述。碳交易可以改善 CCUS 投资的收益，但无法改变燃煤电厂的投资决策。图 5-6 所示，碳交易可以降低 CCUS 的应用成本，降幅为 30（浙江省）～38（安徽省）元/(MW·h)。总的来说，碳交易可以在一定程度上降低 CCUS 的应用成本，但由于目前我国的碳价太低，远低于 CCUS 的应用成本，因此其激励效果有限。根据先前碳交易试点的经验，不同地区的碳价可能会有所不同，这种变化可能会对 CCUS 的区域部署产生影响，但本节未考虑这种影响，因为当前中国的碳价普遍较低，且碳排放交易市场仅覆盖部分重点行业。

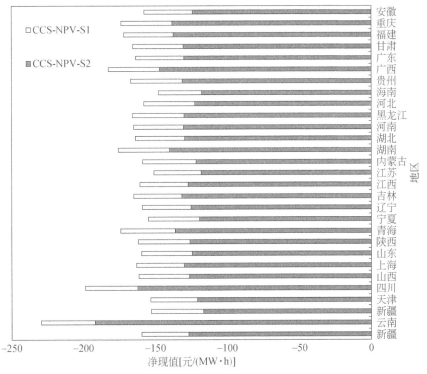

图 5-6 情景 1 和情景 2 中各省（自治区、直辖市）燃煤电厂 CCUS 投资收益对比

3. 情景 3

在情景 3 中，将燃煤电厂 CCUS 改造发电的上网电价提高到了光伏发电水平，光伏上网电价与燃煤上网电价之间的差距可以看作是针对 CCUS 的清洁电力补贴，对比结果如图 5-7 所示。可以看出，在云南、天津、河北和上海等地 CCUS 脱碳发电的投资收益低于光伏发电［云南差距最大，为 32 元/(MW·h)；山西差距最小，为 3 元/(MW·h)］。其主要原因在于这些地区的年平均太阳辐射水平较高，而燃煤电厂的负荷率基本低于 50%（河北约为 57%）。

其他地区的情况则相反，燃煤电厂 CCUS 改造发电的投资收益高于光伏发电，尤其是在贵州省，差距为 294 元/(MW·h)。上述结果表明，如果政府为燃煤电厂

CCUS改造提供与光伏上网电价持平的补贴，CCUS投资在中国大多数地区将变得可行。此外，增加燃煤机组的负荷系数也是降低CCUS应用成本的有效方法。

需特别指出的是，模型中CO_2运输和封存（T&S）的总成本假定为150元/t。然而在中国，实际的运输封存成本存在很大程度的不确定性，最高可达30美元/t（约合200元/t）（Cui et al.，2018）。这些成本取决于燃煤电厂与CO_2封存地点之间的距离，以及CO_2封存地点的地质条件。为了从更客观的角度比较CCUS和PV的投资收益，本章提出"临界T&S成本"这一概念，即当CCUS投资收益等于光伏投资收益时燃煤电厂可以承受的最高T&S成本。情景3中不同省（自治区、直辖市）燃煤电厂的临界T&S成本如图5-7所示。

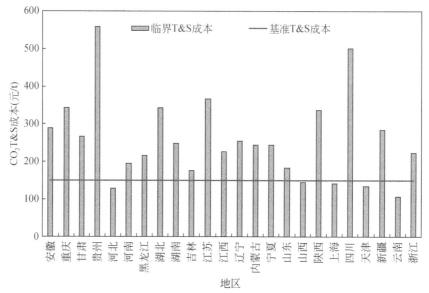

图5-7　情景3中各省（自治区、直辖市）燃煤电厂的临界T&S成本

可以看出，中国大多数地区的临界T&S成本都超过了基准T&S成本（150元/t），尤其是在重庆、贵州、四川、湖北、江苏和陕西等地，其T&S成本均高于300元/t，表明上述地区的燃煤电厂可以承受更长的运输距离。相反，对于河北、山西、上海、天津和云南等地而言，其临界T&S成本低于150元/t，寻找地质条件较好、运输距离较短的封存地对这些地区的燃煤电厂而言至关重要。

4. 情景4

在情景4中，将光伏电力的上网电价下调到与燃煤发电相同水平，并将其和

CCUS 脱碳发电纳入碳市场。在这种情况下，所评估地区的燃煤电厂 CCUS 改造和光伏投资的 TIV 均为零，这表明如果目前的光伏电价补贴政策被碳交易政策取代，光伏项目将不再具备投资可行性。情景 4 中 CCUS 的投资评估结果与情景 2 中相同，情景 4 中燃煤电厂 CCUS 改造和 PV 的投资收益均为负。

情景 4 中，在云南、天津、河北、山西、上海和吉林等地，光伏发电的成本要低于燃煤+CCUS 脱碳发电，其中云南差距最大［36 元/（MW·h）］，吉林差距最小［2 元/（MW·h）］。在其他地区，采用 CCUS 的燃煤发电比光伏发电具有成本优势，尤其是在湖北、江苏、重庆、陕西、四川和贵州等地，成本差距超过 100 元/（MW·h）。与传统的燃煤发电相比，CCUS 改造发电和光伏发电都面临着较大的成本挑战。但是，现行的电价政策使光伏发电比 CCUS 更具吸引力。实际上，如果将光伏发电的电价降低到燃煤发电的水平，那么采用 CCUS 的燃煤发电在大多数地区都较光伏发电具有成本优势，这一结果为 CCUS 和 PV 未来的协同发展提供了参考。

在除上述 24 个省（自治区、直辖市）外的其他省（自治区、直辖市）中，CCUS 技术的应用潜力可能会受到地质条件或燃煤机组装机容量的限制，但是这些地区在发展光伏方面可能具备明显优势。例如，西藏、海南和广西的光伏投资收益为 621 元/（MW·h）（西藏的光伏电价为 1.05 元/（kW·h），远高于全国平均水平）、236 元/（MW·h）和 155 元/（MW·h）。根据目前的情况，在这些地区部署 CCUS 的可能性很小。上述结果同时表明，在中国发展 CCUS 和 PV 技术时，必须考虑区域因素的差异。

5.5　主要结论与政策启示

5.5.1　燃煤电厂 CCUS 改造与可再生能源发电项目投资效益比较

为了探究在相同政策条件下可再生能源发电项目和 CCUS 改造的投资潜力并确定在中国具有成本效益的技术投资组合，本章对可再生能源发电项目和 CCUS 改造在中国不同地区的投资效率进行了定量和定性分析。主要结论如下：

（1）在现有政策条件下，对可再生能源发电项目进行投资在全国范围内都是可盈利的，其中 BPP 的效益最高。在投资机会不减少的情况下，投资收益会随着技术进步导致的发电成本下降以及由于严格的 CO_2 排放限制而导致的碳价上涨而增加。受这些不确定因素的影响，CPV 的最佳投资时间是 2025 年。考虑到对于未来建设的 CPV 的补贴可能会受到限制和 BPP 的秸秆供应不稳定，为了满足非水可再生能源电力配额的要求，在电力需求大的地区开发 WF 更为有利。CPV、WF 和 BPP 分别在吉林、江苏和河南具有最大的投资潜力。

（2）如果燃煤电厂的脱碳电力能够享有与可再生电力相似的固定上网电价，其经济效益将发生明显变化。当采用与 CPV 和 BPP 相同的上网电价时，CCUS 改造项目可以立即进行投资，并且收益巨大。实际上，自 2010 年实施以来，BPP 的上网电价为 0.75 元/(kW·h)，而 CPV 的上网电价也是由于发电成本的下降才开始逐步降低。补贴政策的实施确保了可再生能源的大规模发展，但也表明了政策转移对 CCUS 大规模应用的重要性。如果以煤为主的能源结构短期内不能改变，燃煤电厂 CCUS 改造应当得到足够重视，例如参照 BPP 和 CPV 的上网电价政策 [0.75 元/(kW·h)] 给与其补贴。

（3）当燃煤电厂 CCUS 改造能够得到 0.75 元/(kW·h) 的上网电价政策时，可进行商业化投资，由于区域资源条件的不同，在不同地区对于燃煤电厂 CCUS 改造和可再生能源发电项目的投资选择也会有所不同。燃煤电厂 CCUS 改造在宁夏、新疆和甘肃较可再生能源发电项目具有投资优势。此外，由于地区资源条件的差异，CCUS 改造的投资优势并不总是十分明显。在许多以燃煤发电为主的地区，可再生能源发电项目的投资效率更高。因此，有必要对燃煤电厂 CCUS 改造实施类似于可再生能源发电项目享有的政策。在现有政策下，燃煤电厂 CCUS 技术仍处于项目级示范阶段。为了促进燃煤电厂 CCUS 改造的大规模应用，应考虑在甘肃、新疆和宁夏建立试点，以促进燃煤电厂 CCUS 改造的商业化，以显示其较可再生能源发电方面的优势，从而进一步实现 CCUS 技术的成本降低，最终为在全国范围内大规模实施燃煤电厂 CCUS 改造奠定基础。

为了促进具有成本效益的燃煤电厂 CCUS 改造和可再生能源发电项目的减排技术组合的协同发展，政府政策和市场推广应在推动 CCUS 技术在中国的发展中发挥作用，从而以有限的资金实现较高的投资价值。具体的，本章提出了以下政策建议：

（1）为了实现燃煤电厂 CCUS 改造与可再生能源发电项目的协同效应，政府应制定补贴政策，以支持电力供应过剩且无法有效利用可再生能源的省（自治区、直辖市）建设 CCUS 改造项目，从而在节省资源的同时能够减少排放。

（2）随着全国碳交易市场的建立，实施燃煤电厂 CCUS 改造项目的燃煤电厂应被允许出售其排放配额以获得减排收益，从而抵消部分成本。碳交易市场需保持稳定发展，以确保碳价能够逐步上升。

（3）作为 CCUS 全流程中最大成本的承担者，捕集部分由于其提供了清洁电力和初始投资资金，所以应该得到补贴。此外，美国 45Q 法案规定，负责将捕集到的 CO_2 封存在深部盐水层中的公司能够获得 50 美元/t 的免税额度，中国也应借鉴相关经验或相似形式为承担 CO_2 运输和封存责任的企业提供补贴。

5.5.2　燃煤电厂 CCUS 全流程项目与光伏发电项目投资效益比较

燃煤发电在中国的电力供应结构中占据主导地位，但近年来，可再生能源发电发展迅速，尤其是光伏发电。未来应从应用成本的角度分析燃煤电厂 CCUS 改造与光伏发电之间的竞争。主要结论如下：

（1）在中国现行的政策框架下，燃煤电厂 CCUS 改造投资相对于光伏发电投资处于劣势，这是因为 CCUS 技术的成本较高，并且目前缺乏针对燃煤电厂应用 CCUS 技术的激励政策。相反，光伏发电项目备受投资者的青睐，因为其能够得到中央政府的电价补贴，且某些省（自治区、直辖市）的地方政府也为光伏项目提供财政支持。

（2）当光伏的上网电价降低到燃煤发电上网电价的水平时，CCUS 和光伏的投资收益均为负，在中国大多数地区光伏发电投资的成本优势将消失。将 CCUS 纳入碳市场有助于降低其应用成本，但是碳市场的激励作用并不明显，因为目前中国的碳价较低。此外，增加燃煤发电机组的运营小时数也是降低燃煤电厂 CCUS 应用成本的重要途径。

（3）当燃煤电厂 CCUS 改造发电的电价提高到光伏的上网电价水平时，燃煤电厂 CCUS 投资收益在所评估省份中均为正。但分地区来看，云南、天津、河北、上海和山西等地的光伏发电投资仍然较燃煤电厂 CCUS 改造发电具有成本优势，在其他 19 个地区情况则相反，尤其是贵州省。到 2018 年底，太阳能发电的装机容量超过 174GW，这远远超出了《"十三五"电力发展规划》的预期，该计划要求到 2020 年达到 110GW。因此，未来中国政府可以通过调整电价政策来控制光伏发电的发展速度，同时推动 CCUS 技术的发展，为实现中国的长期减排目标储备技术。此外，碳市场是促进低碳技术发展的重要手段。但由于目前中国的碳价较低，其激励效果有限。未来应出台更多措施提高碳价，以促进包括 CCUS 在内的低碳技术的应用。

5.6　本 章 小 结

本章首先构建了燃煤电厂 CCUS 改造和可再生能源发电项目考虑技术进步的实物三叉树投资决策模型，通过参考可再生能源享有的上网电价政策，为燃煤电厂 CCUS 设置了不同的上网电价情景，对比了燃煤电厂 CCUS 改造和可再生能源在延迟投资期（2017～2027 年）内的投资效益，并在此基础上进一步对比了燃煤电厂 CCUS 与 CPV、WF 和 BPP 在不同地区的投资效益水平，识别出了燃煤电厂 CCUS 改造具有投资优势的区域。紧接着将投资效益评价模型拓展到了 CCUS 全流程项目，以光伏上网电价政策为依据进行情景设置，对燃煤电厂 CCUS 和光伏发电项目的区域投资效益进行了比较，最后提出了相关的政策建议。

第6章

技术锁定和成本优化视角下的
中国燃煤电厂 CCUS 改造潜力

6.1 燃煤电厂 CCUS 改造的技术锁定风险
及风险规避的必要性

作为化石燃料的主要消耗部门,电力行业的 CO_2 减排引起了各国的关注 (Viebahn et al.,2012),中国作为世界第一大碳排放国(IEA,2017a),对这一问题尤为重视。中国能源相关 CO_2 排放量在 2014 年达到 86 亿 t,其中 50% 来自燃煤电厂(IEA,2016b)。这是因为中国的电力需求较大,而且电力需求还在快速增长;同时,燃煤发电在中国电力供应结构中占据主导地位。中国的发电量从 2000 年的 1347TW·h 增加到 2017 年的 6495TW·h,其中大部分是燃煤发电,2017 年煤电占总发电量的 71.8%(国家统计局能源统计司,2019)。此外,由于中国富煤贫油少气的资源禀赋特点,在可预见的未来煤炭仍将在能源供给结构中占据主导地位(Ou et al.,2011)。因此,燃煤电厂仍将是中国 CO_2 排放的重要来源,限制其 CO_2 排放是实现中国碳减排目标的关键举措。

CCUS 技术可以在继续使用化石燃料的同时大幅减少 CO_2 排放(Li et al.,2012a),因此被认为是未来应对气候变化最重要的技术手段之一(Chen and Xu,2010)。国际能源署(IEA)指出,在 2℃ 温升情景下,到 2060 年 CCUS 技术的累积减排贡献将达到 14%;在 1.75℃ 温升情景下,该占比为 32%(IEA,2017b)。政府间气候变化专门委员会(IPCC)强调,如果不采用 CCUS 技术,实现本世纪末将 CO_2 浓度控制在 450ppm[①] 的平均成本将上升约 138%(IPCC,2014)。对于中国而言,若 185GW 的燃煤电厂能够在 2035 年前加装 CCUS 设备,则有 50% 的把握实现 2℃ 温升目标(IEA,2016b)。在应对气候变化层面,CCUS 技术对于中国乃至全球来说都至关重要。

---

① 1ppm $= 1 \times 10^{-6}$

因此，许多学者开始从不同层面开展针对 CCUS 技术的相关研究。Zhu 和 Fan（2011）利用实物期权模型评估了中国电力部门 CCUS 投资的收益，结果表明目前 CCUS 技术的投资风险较高，且气候政策对于 CCUS 技术的发展具有很大影响。d'Amore 和 Bezzo（2017）指出，CO_2 封存潜力可能会受社会风险的影响。Yang 等（2016）探讨了中国影响 CCUS 技术公众接受度的因素，调查结果表明，公众认知、经济效益和环境保护主义对 CCUS 的公众接受度有积极影响，但技术潜在风险对 CCUS 有较强的负面影响。其他研究还涉及 CO_2 分离（Zhao et al.，2018）、CO_2 捕集潜力及成本（Rochedo et al.，2016）、CO_2 管道运输（Wetenhall et al.，2017）以及 CCUS 改造对于电厂效率的影响等（Cohen et al.，2012）。目前，提高 CCUS 技术的经济性是一个主要的研究方向，因为现阶段其成本过高难以进行商业化推广。

现阶段从整体优化的角度分析 CCUS 商业化推广所需成本的研究相对较少，且关注重点主要为第一代 CCUS 技术，在技术升级换代的过程中极有可能导致"技术锁定"风险的出现。CCUS 技术锁定将会降低燃煤电厂的 CO_2 减排效率（此处仅指 CCUS 技术的减排效率）并增加社会整体的减排成本。中国面临的情况可能更加严峻，因为其煤电产能占全球的 46.1%（ENDCOAL，2018）。亚洲开发银行预测 CCUS 技术将于 2040 年在中国商业化推广（ADB，2015）。事实上，在这种情况下中国大量的燃煤电厂面临 CCUS 技术锁定风险，尤其是在"十一五"期间投产的电厂。因此，在部署 CCUS 技术时，应统筹考虑现有 CCUS 技术和新一代 CCUS 技术，以规避技术锁定风险。

6.2　CCUS 技术锁定形成机理及成本最优化模型

6.2.1　CCUS 技术锁定

目前全球范围内的 CCUS 项目所采用的捕集技术均为第一代技术，第二代技术仍处在实验室研究阶段。第二代技术相较第一代技术，其技术原理并未改变，仅通过技术优化降低了成本和能耗。CCUS 技术代际划分如表 6-1 所示。

表 6-1　CCUS 技术代际划分依据

捕集方式	第一代捕集技术	可能的第二、第三代捕集技术
IGCC+燃烧前捕集	● 溶剂或固体吸附剂 ● 低温空气分离装置	● 氧气与合成气的膜分离 ● 富氢低 NO_x 气体涡轮机

捕集方式	第一代捕集技术	可能的第二、第三代捕集技术
富氧燃烧	• 低温空气分离装置 • 压缩前低温 CO_2 提纯装置 • 烟气循环	• 新的更加有效的空分装置 • 优化锅炉系统 • 氧燃烧涡轮机 • 化学链燃烧–反应系统和氧载体
燃烧后捕集	• 烟气 CO_2 分离 • CO_2 化学或物理吸附	• 新的吸附剂 • 二/三代胺剂（再生能耗更少） • 二/三代吸附处理设施和设计 • 物理吸附技术 • 膜吸附技术 • 水合物 • 低温技术

资料来源：CSLF（2013）

第二代 CCUS 技术的商业化推广时间具有不确定性，这可能导致燃煤电厂面临 CCUS 技术锁定风险，尤其是在中国。"技术锁定"（technology lock-in）这一概念最早由 David（1985）和 Arthur（1989b）提出，是指技术、社会实践、监管制度、标准、技能和管理系统等多种要素共同发展且随着时间的推移变得高度相互关联；在这种情况下，如果行为主体无法找到更好的替代方案打破现状，现状就将维持下去并导致出现技术锁定效应。技术锁定出现的原因包括路径依赖（Arthur，1989a）、历史事件（David，1985）及政府政策（Dolfsma and Leydesdorff，2009）等。

如果政府出台强制性的碳减排政策，由于第二代 CCUS 技术尚处于研究和示范阶段，燃煤电厂只能选择第一代 CCUS 技术。在这种情况下，当第二代 CCUS 技术成熟时其应用范围将会受限，即出现 CCUS 技术锁定的征兆。另外，燃煤电厂的寿命一般为 40 年（Seto et al.，2016），一旦其采用第一代技术后，受到 CCUS 投资成本、投资回收期、电厂剩余寿命等因素的影响，其一般不会在寿命期内对 CCUS 技术进行升级换代，届时第二代技术即使具有较低的成本和能耗也难以在燃煤电厂中推广。上述原因的叠加，极有可能导致我国煤电产业面临 CCUS 技术锁定风险。为了有效规避技术锁定风险，应当合理规划一、二代 CCUS 技术的研发、示范与部署，有序发展不同代际的 CCUS 技术。

6.2.2 学习曲线模型

对于第一代 CCUS 技术，我们仅考虑通过建立示范工程获取工程技术经验

（即"干中学"）降低成本，即

$$C_{\mathrm{I}}(t) = C_{\mathrm{I}} \cdot (\mathrm{CCC}_{\mathrm{I}}(t))^{-\beta_{\mathrm{I}}} \qquad (6\text{-}1)$$

式中：$C_{\mathrm{I}}(t)$ 和 C_{I} 分别为第一代 CCUS 技术在 t 年的捕集成本及初始捕集成本；β_{I} 为第一代 CCUS 技术"干中学"的学习率；$\mathrm{CCC}_{\mathrm{I}}(t)$ 为 t 年时采用第一代 CCUS 技术的累积 CO_2 捕集规模。

对于第二代 CCUS 技术，我们考虑通过建立示范工程和技术研发投资两种手段（即"干中学"和"研中学"）来降低成本，即

$$C_{\mathrm{II}}(t) = C_{\mathrm{II}} \cdot (\mathrm{CCC}_{\mathrm{II}}(t))^{-\beta_{\mathrm{II}}} \cdot (\mathrm{RDE}_{\mathrm{II}}(t))^{-\alpha_{\mathrm{II}}} \qquad (6\text{-}2)$$

式中：$C_{\mathrm{II}}(t)$ 和 C_{II} 分别为第二代 CCUS 技术在 t 年的捕集成本及初始捕集成本；α_{II} 为第二代 CCUS 技术"研中学"的学习率；β_{II} 为第二代 CCUS 技术"干中学"的学习率；$\mathrm{CCC}_{\mathrm{II}}(t)$ 为 t 年时采用第二代 CCUS 技术的累积 CO_2 捕集规模；$\mathrm{RDE}_{\mathrm{II}}(t)$ 表示到 t 年时 CCUS 研发示范活动积累的经验。

6.2.3 成本优化模型

1. 目标函数

$$\mathrm{TF} = \min\left\{ \sum_{t=2017}^{2050} C_{\mathrm{I}}^{\mathrm{actual}}(t) \cdot m_{\mathrm{I}}(t) + \sum_{t=2017}^{2050} C_{\mathrm{II}}^{\mathrm{actual}}(t) \cdot m_{\mathrm{II}}(t) + \sum_{t=2017}^{2050} \mathrm{ARD}(t) \right\}$$

$$(6\text{-}3)$$

式中：TF 为发展第一、二代 CCUS 技术的总成本；$C_{\mathrm{I}}^{\mathrm{actual}}(t)$ 和 $C_{\mathrm{II}}^{\mathrm{actual}}(t)$ 分别为第一、二代 CCUS 技术的实际捕集成本；$\mathrm{ARD}(t)$ 表示 t 年投入的研发示范资金；$m_{\mathrm{I}}(t)$ 和 $m_{\mathrm{II}}(t)$ 分别为 t 年时新增的第一、二代技术捕集产能。此外，为与 IEA 和 ADB 的 CCUS 路线图保持一致，本章将时间节点定在了 2050 年。

$$C_{\mathrm{I}}^{\mathrm{actual}}(t) = C_{\mathrm{I}} \cdot (\mathrm{CCC}_{\mathrm{I}}(t))^{-\beta_{\mathrm{I}}} - P_{\mathrm{carbon}} \qquad (6\text{-}4)$$

$$\mathrm{CCC}_{\mathrm{I}}(t) = (1-\theta_{\mathrm{I}}) \cdot \mathrm{CCC}_{\mathrm{I}}(t-1) + m_{\mathrm{I}}(t) \qquad (6\text{-}5)$$

式中：$P_{\mathrm{carbon}}(t)$ 为 t 年时的碳价，假设其服从几何布朗运动；θ_{I} 为第一代技术捕集产能衰减率。

$$C_{\mathrm{II}}^{\mathrm{actual}}(t) = C_{\mathrm{II}} \cdot (\mathrm{CCC}_{\mathrm{II}}(t))^{-\beta_{\mathrm{II}}} \cdot (\mathrm{RDE}_{\mathrm{II}}(t))^{-\alpha_{\mathrm{II}}} - P_{\mathrm{carbon}}(t) \qquad (6\text{-}6)$$

$$\mathrm{CCC}_{\mathrm{II}}(t) = (1-\theta_{\mathrm{II}}) \cdot \mathrm{CCC}_{\mathrm{II}}(t-1) + m_{\mathrm{II}} \qquad (6\text{-}7)$$

$$\mathrm{RDE}_{\mathrm{II}}(t) = \mathrm{RDE}_{\mathrm{II}}(t-1) + \eta \cdot (\mathrm{ARD}(t))^{\gamma_1} \cdot (\mathrm{RDE}_{\mathrm{II}}(t))^{\gamma_2} \qquad (6\text{-}8)$$

式中：θ_{II} 为第二代技术捕集产能衰减率；η 表示研发效率；$\mathrm{ARD}(t)$ 为 t 年时第二代技术的研发示范投入；γ_1 和 γ_2 为研发参数，反映规模回报率。

2. 约束条件

1）捕集成本约束

假设当第二代 CCUS 技术商业化推广后其捕集成本较第一代技术下降 30% 以上但不超过 30 美元/t（CSLF，2013），即

$$C_{\text{II}}(t_n) \leqslant (1-30\%) \cdot C_{\text{I}}(t_n) \tag{6-9}$$

$$C_{\text{II}}(t_n) \leqslant 30 \tag{6-10}$$

式中：$C_{\text{I}}(t_n)$ 和 $C_{\text{II}}(t_n)$ 分别为第一、二代 CCUS 技术的捕集成本；t_n 为第二代 CCUS 技术商业化推广时间。

2）CCUS 示范项目数量约束

国际社会对于中国部署 CCUS 的规模寄予厚望。然而，目前全球包括中国在内，CCUS 项目部署进度十分缓慢，低于预期。中国目前已开展了多个 CCUS 示范项目，但规模较小，未来应重点发展大型 CCUS 示范项目。参考科学技术部社会发展科技司和中国 21 世纪议程管理中心（2012）的《中国碳捕集利用与封存技术路线图》和碳收集与封存领导论坛发布的 CCUS 路线图（CSLF，2013），假设到 2030 年中国采用第一代 CCUS 技术的部署规模 $m_1(t)$ 不超过 4000 万 t/a。为便于计算，假设单个项目规模均为 100 万 t/a，则

$$10 \leqslant \sum_{t=2017}^{2030} m_1(t) \leqslant 40 \tag{6-11}$$

6.2.4 情景设置

考虑到 CCUS 商业化时间存在不确定性，且其对于中国燃煤电厂 CCUS 改造潜力具有较大影响。因此，根据 CCUS 技术商业化时间的不同共设置 3 个情景：①情景 1，第二代 CCUS 技术于 2040 年商业化推广（$t_n=2040$）；②情景 2，第二代 CCUS 技术于 2035 年商业化推广（$t_n=2035$）；③情景 3，第二代 CCUS 技术于 2030 年商业化推广（$t_n=2030$）。

此外，燃煤电厂进行 CCUS 改造时还需考虑其剩余寿命。一般来说，剩余寿命需长于投资回收期。参考已有研究（Zhang et al.，2014b），本章假定燃煤电厂 CCUS 技术的投资回收期为 10 年（IRP=10 年）或 15 年（IRP=15 年）。

6.3 燃煤电厂机组及成本的数据来源与处理

本章主要考虑中国电力企业联合会（CEC）成员单位中 2014 年 1 月底仍在运行的且装机容量在 200MW 以上的燃煤机组，共计 1236 台机组，装机总量为 560GW

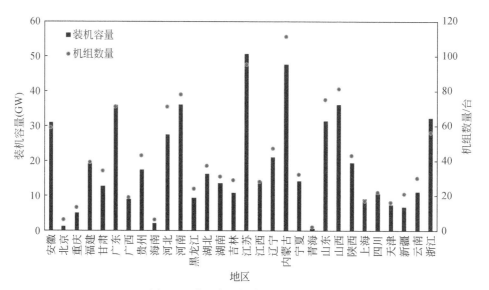

图 6-1 中国各省燃煤电厂分布情况

研究不包括香港、澳门、台湾和西藏数据，本章后同

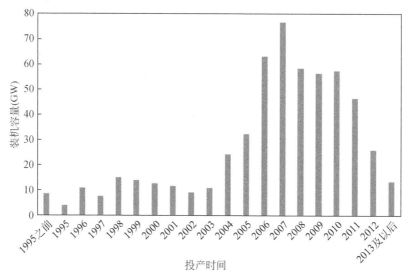

图 6-2 中国燃煤机组投产时间分布

（图 6-1）。这些机组虽不是中国全部的燃煤机组，但机组的相关参数与中国煤电行业的总体水平十分接近，因此，现有机组数据具有代表性。机组投产时间分布见图 6-2。

模型中的其余参数见表 6-2。

表 6-2　模型中相关参数

参数	含义	数值	来源
C_I	一代技术初始捕集成本（美元/t CO_2）	55	ADB（2015）
C_{II}	二代技术初始捕集成本（美元/t CO_2）	75	ADB（2015）
IC_I（2017）	一代技术初始捕集产能（Mt/a）	1	作者设定
IC_{II}（2017）	二代技术初始捕集产能（Mt/a）	1	作者设定
P_{carbon}（2017）	初始碳价（美元/t CO_2）	8	北京环境交易所（2018）
σ	碳价波动率	0.34	Wang and Du（2016）
β_I	一代技术"干中学"学习率	0.10	Gerlagh and Zwaan（2006）
α_{II}	二代技术"研中学"学习率	0.15	Li et al.（2012b）
β_{II}	二代技术"干中学"学习率	0.08	Li et al.（2012b）
γ_1	CCUS 研发示范的收益率	0.3	Grimaud et al.（2011）
γ_2	CCUS 创新的知识弹性	0.2	Grimaud et al.（2011）
η	CCUS 创新的规模化因素	0.5	Grimaud et al.（2011）
θ_I	第一代 CCUS 技术捕集能力的衰减率	0.03	中欧近零排放项目前端工程设计报告
θ_{II}	第二代 CCUS 技术捕集能力的衰减率	0.03	与一代技术保持一致

6.4　中国燃煤电厂 CCUS 改造潜力及窗口期分析

6.4.1　全国水平下 CCUS 改造潜力

1. 情景 1

情景 1 中第一、第二代 CCUS 技术的捕集成本变化趋势及中国燃煤电厂的改造潜力如图 6-3 所示。第一代和第二代 CCUS 技术捕集成本的平衡点出现在 2029 年左右，2029 年前第一代技术捕集成本较低，2029 年后则相反。此外，第一代技术将在 2029 年后进入发展瓶颈期，而此时第二代技术由于捕集成本的持续下降将更具吸引力。然而，由于第二代技术将于 2040 年商业化应用，届时其研发和示范投资将减少，因此 2040 年后第二代捕集技术成本的下降速度将放缓。

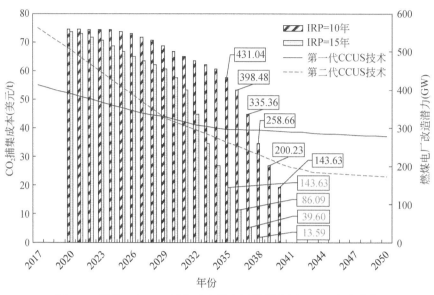

图 6-3　情景 1 中 CO_2 捕集成本及中国燃煤电厂 CCUS 改造潜力

所选取的燃煤机组中，98.5% 是在 1995 年以后投产。考虑到燃煤电厂 40 年的寿命周期及可能长达 15 年的 CCUS 投资回收期，我们将以 2020 年为起始时间点，以 2040 年为终止时间点，评估此时间段内的燃煤电厂 CCUS 改造潜力。

如果不考虑中国新建的燃煤机组，CCUS 改造潜力将随着时间的推移而下降，特别是 2030 年以后，下降速度将变得更快。之所以出现这种情况，是因为中国在"十一五"期间有超过 312GW 的燃煤机组投产，因此，当 CCUS 改造投资回收期为 15 年时，这些机组进行 CCUS 改造的最后机会是在 2030～2035 年，2040 年中国燃煤电厂的 CCUS 改造潜力接近于零。在这种情况下，我国的燃煤电厂将面临两种情况：一种情况是由于第二代 CCUS 技术商业化时间太晚，燃煤电厂失去了 CCUS 改造的机会；另一种情况是燃煤电厂大多采用第一代 CCUS 技术，这可能导致 CCUS 的技术锁定。当然，燃煤电厂是否选择 CCUS 技术将取决于我国未来的碳减排政策。

将 CCUS 改造投资回收期缩短至 10 年，有利于提高 CCUS 改造潜力，随着时间的推移，效果将逐渐显现。在情景 1 中，如果 CCUS 改造投资回收期从 15 年变为 10 年，CCUS 改造潜力可能从近零增加到 143.63GW，但与 IEA 提出的 185GW 改造目标仍有差距。此外，以这种方式增加 CCUS 改造潜力的成本将很高，因为如果燃煤电厂的 CCUS 投资回收期为 10 年，其需要的临界碳价将远远高于中国碳市场目前的碳价。

从资金投入情况来看，为促进 CCUS 技术在 2040 年商业化推广，需投入资金 133.9 亿美元。其中，89.1% 需用于建立第二代技术示范项目，3.2% 用于第二代技术的研发示范工作，其余的则用于建设第一代技术示范项目。

2. 情景 2

情景 2 中第一代和第二代 CCUS 技术捕集成本的平衡点出现在 2027 年左右，较情景 1 提前 2 年（图 6-4），这与 CCUS 技术商业化时间的提前有关。此外，由于 CCUS 商业化时间的提前，情景 2 中第二代技术捕集成本的下降速率明显高于情景 1。

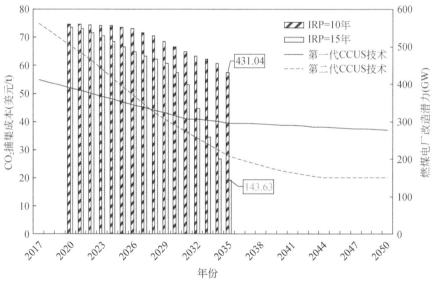

图 6-4　情景 2 中 CO_2 捕集成本及中国燃煤电厂 CCUS 改造潜力

同时，S2 中我国燃煤机组的 CCUS 改造潜力大大提高，即使 CCUS 改造投资回收期为 15 年，2035 年时改造潜力也可达到 143.63GW。此外，若投资回收期缩短至 10 年，2035 年时改造潜力可达到 431.04GW。这意味着，如果 CCUS 技术能够于 2035 年在中国商业化推广，实现 IEA 提出的 185GW 的改造目标的可能性将非常大，同时也有利于降低一代技术锁定风险。

商业化时间的提前必然要求加大资金的投入。情景 2 所需的总投入为 314.6 亿美元，是情景 1 的 2 倍以上。其中，92.7% 用于建设第二代技术示范项目，3.2% 用于第二代技术的研发示范工作，4.1% 用于建设第一代技术示范项目。

3. 情景 3

与情景 1 和情景 2 相比，情景 3 是一个十分激进的情景。情景 3 中燃煤电厂 CCUS 改造潜力为 431.04GW（投资回收期为 15 年时）～499.90GW（投资回收期为 10 年时），相应的总投入为 543 亿美元。其中，94.1% 用于建设第二代技术示范项目，4.1% 用于第二代技术的研发示范工作，1.8% 用于建设第一代技术示范项目。上述结果表明，在 2030 年推广第二代 CCUS 技术的商业化应用可大大提高我国燃煤电厂的 CCUS 改造潜力，同时能够避免 CCUS 技术锁定风险，但此举也会给政府和企业带来高昂的成本。三种方案各有利弊，相关总结见表 6-3。

表 6-3　三种情景结果的对比

项目	情景 1	情景 2	情景 3
CCUS 商业化时间	2040	2035	2030
总成本（10^9 美元）	13.39	31.46	54.30
改造潜力（GW）	0～143.63	143.63～431.04	431.01～499.90
平均 CCUS 改造潜力（GW）	71.81（<185）	287.33（>185）	465.47（>185）
CCUS 技术锁定风险	高	中	低
单位改造潜力所需成本（美元/kW）	180	100	110

如表 6-3 所示，从避免 CCUS 技术锁定和实现 IEA 提出的中国燃煤电厂 CCUS 改造目标两个角度来看，情景 1 不可行。情景 2 和情景 3 可以有效降低 CCUS 技术锁定风险，同时可以实现 185GW 的改造目标。二者的主要区别在于 CCUS 改造潜力和总成本。情景 3 的 CCUS 改造潜力和投入成本远高于情景 2，但后者的单位改造潜力成本低于前者。

情景 3 中 2017～2025 年年均融资需求为 16.5 亿美元，远超中国近 10 年来的平均投资水平（年均 4400 万美元）。此外，超过 400GW 的燃煤机组远高于改造需求，且短期内这些机组无法全部进行 CCUS 改造，提高改造潜力的巨大成本投入将被浪费。基于以上原因，认为情景 2 是最佳选择。即于 2035 年在中国实现第二代 CCUS 技术商业化应用是可行的、较为合适的。

6.4.2　主要地区的 CCUS 改造潜力

燃煤电厂装机容量是评价燃煤电厂 CCUS 改造潜力的一个因素。除此之外，还应考虑 CO_2 运输和封存对改造潜力的影响，其与我国燃煤电厂和 CO_2 封存场地的空间分布密切相关。综合考虑多种因素，例如燃煤电厂的装机容量、燃煤电厂的位置以及 CO_2 封存地点（仅考虑陆地封存），应当着重关注江苏、山西、河北、陕西以及内蒙古等地区。

广东省燃煤机组的装机容量约为 36GW，且 70% 以上的机组是在 2005 年后投产。仅从燃煤机组的剩余寿命来看，广东省的 CCUS 改造潜力巨大。然而，如果考虑封存，情况则相反。仅有很少的燃煤电厂能够在 800km 范围内寻找到合适的封存场地。如果增加运输距离，那么相关的成本将难以承受。总的来说，由于封存场地的限制，无论第二代 CCUS 技术何时实现商业化，广东省的燃煤电厂都无法大规模进行改造。除非有经济、安全的海洋封存措施，否则不宜在广东省建立大规模的 CCUS 示范工程。

江苏省的燃煤机组装机容量最高（基于本章的数据），理论上其 CCUS 改造潜力较大，但事实并非如此。这是因为大部分适合 CCUS 改造的燃煤电厂都位于江苏南部（苏南），而合适的封存地点则位于江苏北部（苏北）。换而言之，虽然江苏省大部分燃煤电厂在 250km 范围内能够匹配到合适的封存点，但运输管道必须跨过长江。鉴于其成本和风险，政府和电力企业可能很难接受这种 CO_2 运输方式。若采用其他运输方式，如罐车运输，则很难满足运输需求。因此，江苏燃煤电厂的 CCUS 改造潜力将受到 CO_2 运输的制约。山西的情况与江苏相似，其超过 90% 的燃煤电厂均能够在 250km 范围内寻找到合适的封存地，但运输管道需跨过吕梁山才能够到达位于鄂尔多斯盆地的封存地，这将面临经济和技术方面的双重挑战。

从 CO_2 运输和封存的角度来看，陕西、河北和内蒙古大多数的燃煤电厂都适合进行 CCUS 改造。三个地区的燃煤机组装机容量之和为 94.6GW，其中陕西为 19.4GW，河北为 27.6GW，内蒙古为 47.6GW。若第二代 CCUS 技术的商业化时间由 2030 年推迟到 2035 年，当投资回收期为 15 年时，三个地区的 CCUS 改造潜力将由 60.2GW 下降到 8.8GW，降幅高达 85.4%；当投资回收期为 10 年时，三个地区的 CCUS 改造潜力将由 81GW 下降到 60.2GW，降幅为 25.7%。

综上所述，广东、江苏和山西的许多燃煤电厂由于受 CO_2 运输和封存条件的限制，不适合进行 CCUS 改造。相比之下，陕西、河北、内蒙古等地燃煤电厂 CCUS 改造潜力较大，但其在很大程度上受到 CCUS 商业化时间和投资回收期的影响。

6.5 主要结论与政策启示

CCUS 技术将在未来的碳减排中发挥重要作用。本章从技术锁定和中国燃煤电厂CCUS改造潜力的角度，运用学习曲线模型和成本优化模型优化CCUS技术商业化推广的总成本投入，主要结论如下：

（1）从避免CCUS技术锁定风险的角度来看，第二代CCUS技术应在2035年商业化推广。如果商业化时间推迟到2040年，中国的燃煤电厂将面临较高的被第一代CCUS技术锁定的风险，或失去最佳的CCUS改造机会。

（2）从成本投入和CCUS改造潜力来看，第二代CCUS技术在2035年商业化推广极有可能实现IEA提出的185GW改造目标。相应的成本投入不低于314.6亿美元，其中95.9%需用于第二代CCUS技术的研发示范活动。

（3）中国燃煤电厂的CCUS改造潜力具有较高的不确定性（0～499.90GW）。随着第二代CCUS技术商业化时间的提前和CCUS改造投资回收期的缩短，CCUS改造潜力将会增加。

（4）考虑燃煤电厂的剩余寿命和与CO_2运输、封存相关的地理条件约束，应优先在内蒙古、陕西（第一批中国低碳试点省份）及河北等省份部署CCUS。

依据已有结论，提出如下政策启示：

（1）为了促进第一代CCUS技术的发展和第二代CCUS技术的商业化应用，中国政府和电力企业应该特别关注两个方面：一是CCUS商业化推广的总投入成本；二是第一、第二代CCUS技术之间的投资分配，其中第二代CCUS技术的投入资金占比应不低于92%。

（2）碳价作为促进CCUS发展的重要工具，对燃煤电厂CCUS技术的应用具有较大的影响。目前中国的碳价较低，因此政府可以适当提高碳价，逐步将CCUS技术纳入碳市场，发挥碳交易对CCUS技术发展的激励作用。

（3）为避免CCUS技术锁定风险，我国应有序部署第一、第二代CCUS技术。在2030年前，政府应鼓励企业发展第一代CCUS技术，加快第二代CCUS技术的研究和示范，以降低其捕集成本和能源消耗。同时，要适当限制第一代CCUS技术的应用范围，为第二代CCUS技术的发展留出空间。"十六五"（2031～2035年）应作为第二代CCUS技术部署的窗口期，为2035年大规模推广第二代CCUS技术奠定基础。

（4）建立CCUS示范项目（包括第一代和第二代CCUS技术）是推进CCUS商业化的重要环节。中国政府前期应在陕西、河北和内蒙古等地开展燃煤电厂CCUS示范项目，并向这些省份提供一些政策以支持其发展CCUS技术。

本章的结果可以为中国政府制定国家和省级层面的CCUS发展规划提供参考，这对CCUS技术在我国燃煤电厂中的部署和实现煤电行业的CO_2减排具有重要意义。

6.6 本 章 小 结

　　本章首先梳理了当前第一、第二代 CCUS 改造技术发展现状,接着从技术锁定的视角出发构建 CCUS 改造技术的成本优化模型,在对适宜改造的中国现有燃煤电厂进行筛选之后,利用优化模型评估了 2020~2050 年燃煤电厂分别应用第一、第二代 CCUS 技术的改造潜力和单位 CO_2 捕集成本,并在考虑区域 CCUS 改造条件的基础上,进一步分析了各地的燃煤电厂在第一、第二代 CCUS 技术下的改造潜力,最后对技术锁定风险下的第一、第二代 CCUS 技术的发展时机和区域提出了相关的政策建议。

第7章

中国燃煤电厂 CCUS 减排的
早期机会

7.1 中国燃煤电厂 CCUS 早期应用潜力分析的
必要性

2018 年全球碳预算报告显示，在使全球气温上升至工业化前水平 2℃ 和 1.5℃ 的可能性为 66% 的情况下，全球累计 CO_2 排放空间仅剩余 420 ~ 1200Gt （IPCC，2018）。而 2017 年全球 CO_2 排放量为 53.5Gt （UNEP，2018），以目前的排放水平来看，上述预算将在 8 ~ 30 年内用尽。CCUS 技术是唯一能通过使用化石燃料实现显著减排的技术 （Fan et al.，2019b）。

鉴于 CCUS 显著的减排效益，诸多学者从多个角度对 CCUS 展开研究，如 CO_2 捕集、运输和封存技术 （Budinis et al.，2018），CCUS 经济性 （Zhang et al.，2014c，Fan et al.，2019a），地质封存风险 （Kolster et al.，2017），地质勘探 （Wei et al.，2015b），公众接受度等 （Chen et al.，2015；Yang et al.，2016）。随着 CCUS 研究的不断深入以及大型 CCUS 项目的成功实践，人们对地质封存的基本物理过程和工程问题的认识越来越清晰 （Gale et al.，2015）。到 2019 年，全球商用大型 CCUS 设施共有 51 个，这表明技术可行性已不再是 CCUS 项目发展速度和发展规模的阻碍 （GCCSI，2020）。然而对 CCUS 全产业链的大规模发展来说，在技术可行的前提下，CCUS 的发展还面临着许多非经济、非主观的因素的制约，例如排放源的类型和位置、封存地的地理环境和地质条件等。在 CCUS 的大规模商业化中，难以避免的问题是如何在合适的距离内为排放源找到合适的 CO_2 封存地点。因为它不仅影响 CCUS 的部署潜力，而且还影响 CCUS 的部署成本以及产业集群的形成 （IEA，2016a）。

中国是世界上最大的 CO_2 排放国和煤炭消费国，在 CCUS 技术应用方面有着巨大的潜力。CCUS 技术是燃煤电厂大幅减少 CO_2 排放的重要技术选择之一，其可实现化石燃料利用的 "近零" 排放。到 2040 年和 2050 年，CCUS 在电力部门将分别贡献 2.38 亿 t/a 和 1428Mt/a 的 CO_2 减排量。预计到 2040 年将有

6%的燃煤电厂采用 CCUS 技术，到 2050 年将达到 56%（亚洲开发银行，2015）。在此背景下，明确燃煤电厂 CCUS 在不同区域尺度下的发展潜力对于 CCUS 的早期部署具有指导意义。

一方面，为了控制温室气体排放，中国开始推动建立低碳城市（NDRC，2017c）。而想要发展低碳城市，中国必须减少燃煤电厂的 CO_2 排放。因此，燃煤电厂必须具备捕集和封存 CO_2 的能力，以满足城市的低碳发展需求（Xu et al.，2015）。就 CCUS 项目的运营而言，对于 CO_2 封存如何穿越城市之间的边界，尚缺乏特别明确的规定。此外，CO_2 的长距离运输可能导致 CCUS 项目的成本较高（Fan et al.，2019a）。在同一城市内捕集和封存 CO_2 有利于 CCUS 的发展。

另一方面，CCUS 的应用潜力还需考虑封存场所适宜性的限制。虽然中国沉积盆地的封存潜力巨大，但沉积盆地的地质条件差异很大（Höller and Viebahn，2016）。注入能力是封存地可用性特征之一，指每年可在单口中注入的最大 CO_2 量（Baik et al.，2018；Xie et al.，2016）。由于地质条件的差异，每口井的封存潜力和注入能力变化范围很大（Michael et al.，2010）。一般来说，虽然 CCUS 的实施受 CO_2 封存潜力的影响较小（Selosse and Ricci，2017；Yu et al.，2019），但特定项目注入的 CO_2 量必须与特定区域的注入能力相匹配。

从中国现有的 CCUS 项目来看，其规模尚未达到百万吨的产能，远远低于本世纪末实现减缓气候变化目标所需的规模部署（Budinis et al.，2018）。结合中国 CCUS 发展的现状，迫切需要进行 CCUS 的近期部署，以降低成本和能耗，并为其大规模商业开发积累经验。那么，CCUS 技术在燃煤电厂中的近期应用潜力有多大？它能在多大程度上促进减排？中国不同类型封存场地的利用情况如何？为了更细致地探讨这些问题，我们考虑了咸水层和油气田的封存潜力、注入能力、相关地质条件以及不完善的法律、法规和跨行政项目的挑战，以进行城市级和县级 CCUS 部署，并分析燃煤电厂 CCUS 近期应用潜力。

7.2 CO_2 地质封存潜力及 CCUS 减排潜力研究现状

CCUS 技术在电力工业中的应用，对于中国节能减排具有重要意义。有学者分析了中国电力行业 CCUS 技术的应用情况。He 等（2016）提出了中国电力部门综合评估模型（IAM），用以评估中长期脱碳方案的经济和技术影响。结果表明，要实现联合国政府间气候变化专门委员会（IPCC）的目标（到 2050 年，碳强度降低 80%），优化的电力组合中各组成分别为：核能（14%）、风能

（23%）、太阳能（27%）、水力（6%）、天然气（1%）、煤炭（3%）及 CCUS（26%）。Viebahn 等（2015 年）使用 IAM 来评估 CCUS 技术在电力领域的潜力。结果表明从理论上讲，在排放源与封存地都能实现良好匹配的乐观假设情景下，CCUS 的 CO_2 减排潜力可达 192Gt。然而，受到技术、法律、经济和社会接受度等因素的影响，CCUS 减排潜力将下降到 29Gt。

CCUS 的减排潜力不仅与排放源有关，而且与封存地点的封存潜力和注入能力等地质条件有关。目前，CO_2 地质储量的研究开发工作主要是探索咸水层、油气藏和不可开采煤层，以寻找 CO_2 封存潜力，发现发展机遇。

CO_2 地质封存环节是 CCUS 整体技术链条中较为成熟的部分。在油气勘探和生产以及深层废物处置和地下水保护方面积累的数十年的经验（Yang et al.，2017），已将 CO_2 地质封存领域构建为可长时间减少 CO_2 排放的技术（Xiao et al.，2019）。确定 CO_2 的封存能力有助于判断 CCUS 的发展潜力和早期机会。Wei 等（2013）测量了中国陆上咸水层的封存潜力，总封存潜力为 1573 万 kW。随后，Wei 等（2015）计算了陆上咸水层和油气田的封存潜力。咸水层、油田和气田的储气潜力分别为 2420Gt、4.76Gt 和 4.02Gt。Sun 等（2018）评估了中国主要盆地的咸水层、油田和不可开采煤层的封存潜力，陆上咸水层（800~2500m）CO_2 封存潜力的评估结果为 1303.52Gt，油田（>450m）的 CO_2 封存潜力为 4.74Gt，不可开采煤层（300~1500m）的封存潜力为 10.82Gt。Fang 和 Li（2014）评估了中国 1000~2000m 不可开采煤层的 CO_2 封存潜力，结果表明煤层中 CO_2 的封存潜力为 9.88GtCO_2。这类研究已经大量存在，结果也有较大差异。主要是由于储层信息不完整、测量范围不一致和计算方法不同。通过开发新的测量方法或更新地质信息，上述研究重点研究了 CO_2 的理论地质封存潜力。现有研究主要集中于盆地和省级区域等尺度较大地区（Li et al.，2015a；Zhou et al.，2011）。虽然存在针对城市一级的 CO_2 封存能力，例如重庆市（Fang and Li，2011），但是，关于全国范围内的城市 CO_2 封存能力研究还有待进一步深入。与此同时，许多研究都集中在城市的 CO_2 排放上（Cui et al.，2019），并提供了一些政策建议，但这些建议大多数都是相对宏观的，例如调整能源结构（Tian et al.，2019）和提高能源效率（Zhang et al.，2019）。考虑到如何利用特定技术（尤其是 CCUS）来减少城市中的 CO_2 排放，还需要进一步研究。所以，有必要确定城市的燃煤电厂通过地质封存能够实现的减排潜力。

在研究 CO_2 地质封存潜力的基础上，学者们逐渐增加了对排放源分布的思考。随后出现了大量的源汇匹配相关研究工作。Li 等（2009）测量了中国盆地级 CO_2 的封存潜力，初步匹配了中国大型排放物和封存地点。结果表明，环海湾盆地、河淮盆地、苏北盆地和四川盆地最有潜力部署 CCUS。在早期研究中，考虑的因素相对简单，仅限于封存潜力和排放的分配。随着研究的深入，对封存站点封存特性的研究已不局限于封存潜力，对注入能力等其他封存特性的研究也逐步展开。

对注入能力的分析主要集中在特定的源和汇匹配，如 Meng 等（2007）为 9 个现代煤氨厂的排放源寻找以较低的成本部署 CCUS 的机会，并确定了 4 对有前途的源和汇。在此分析中，CO_2 封存潜力和注入能力被视为筛选合适封存站点的条件。注入能力影响注入井的数量。Zheng 等（2010）对 18 个煤化工/燃料设施进行了源汇匹配分析，在这项工作中，它有 3 个级别的注入能力（200 万 t/a、100 万 t/a、0.2 万 t/a）。对于封存地的适宜性评价，Wei 等（2013）对全国主要沉积盆地的适宜性进行了评价，该工作除封存潜力和注入能力外还考虑了其他一些因素。

随后，大量文章对 CCUS 在国家、地区、省级等不同规模上的减排潜力进行了测算。Li 等（2019）进行了全国主要排放源和封存地之间的源汇匹配。在这项工作中，通过 EWR 可封存 269 Mt CO_2。Wang 等（2018）将华北地区 108 个燃煤电厂与 6 个盆地的封存点进行了匹配，结果表明 30 年内可捕集的 CO_2 约为 22.8 Gt。Sun 和 Chen（2017）将京津冀地区的 218 座电厂与 12 个不可开采煤层、4 个油田和 7 个咸水层匹配，结果表明，2020～2050 年可封存的 CO_2 为 1620 Mt。根据上述文献资料可知，CO_2 地质封存潜力的研究结果差异很大。在以上源汇匹配分析中，注入能力是基于假设的，对于注入能力的测量范围，没有统一的结论。上述研究逐步提出了流域规模、亚盆地规模、国家规模和省级规模减排潜力的源汇匹配与评价，但此类研究均缺乏对近期项目审批的考虑。CCUS 项目更细级别如县级行政区的区域部署更符合 CCUS 在中国的发展现状。

7.3 封存潜力及燃煤电厂碳排放评估方法

目前，围绕 CO_2 地质封存的研发工作主要集中于可能的 CO_2 封存地的封存潜力，例如深部咸水层、油气藏、不可开采煤层（Fang and Li，2014）及深海（Heinze et al.，2015）。鉴于不可开采煤层 CO_2 封存技术还不成熟（Xie et al.，2014）以及将管道铺设到海洋深处的复杂性和高成本，再加上涉及这两种方法的数据有限，所以在本章中未作考虑。具有较大封存能力的陆上咸水层（Eccles et al.，2009）和具有基础设施并且只要稍作改动即可支持 CO_2 封存活动的油气储层，则被认为是封存 CO_2 的理想地点（Aminu et al.，2017）。所以，本章讨论的主要地质 CO_2 封存类型是驱油驱气（EOR/EGR）、枯竭油气藏（DOR/DGR）和深层咸水层

（DSA）封存。

7.3.1 对于 CO_2 封存能力评估方法的选择

虽然 CO_2 封存能力评估方法的假设和内在机制可能有所不同，但它们并没有导致研究结果的明显差异（Bachu et al., 2007）。地质参数才是决定性因素（Goodman et al., 2013）。全球 CO_2 封存能力评估主要基于 CSLF（碳封存领导人论坛）或 US-DOE 方法（Goodman et al., 2013）。考虑到应用的方便性，本章采用 US-DOE 方法。

2007 年 3 月的 CSLF 为了提升评估结果的准确性定义了四类 CO_2 封存能力：理论封存能力、有效封存能力、实践封存能力和匹配封存能力（Bachu, 2007）。理论封存能力是封存潜力的最大上限。它假定系统能够在地层流体的最大饱和度下将 CO_2 封存在孔隙中。换句话说，就是可以充分利用系统的容量。有效封存能力类似于理论封存能力，但前者具有许多地质和工程限制。在实践中，有效封存能力是理论封存能力乘以封存效率因子，以反映与 CO_2 实际接触的孔隙体积百分比（Goodman et al., 2011）。在这项研究中，评估的是有效的 CO_2 地质封存能力。

7.3.2 油藏的封存能力

1. DOR 的封存能力

DOR 是地质 CO_2 封存的主要方法之一（Yang et al., 2017）。石油在油层中长期存在且不会泄漏的事实证明了 DOR 储存 CO_2 的完整性和安全性，因为它具有与油相似的特性。此外，我们已经拥有的丰富的有关地质构造、现有基础设施和井的数据对于 CO_2 的封存运营很有帮助。DOR 的 CO_2 封存能力如式（7-1）所示。

$$G_{CO_2\text{-}DOR} = OOIP/\rho_{oil} \times B_{oil} \times \rho_{CO_2} \times E_{oil} \tag{7-1}$$

式中：G_{CO_2} 为 DOR 的 CO_2 地质封存能力；OOIP 为原油在地表的资源量；ρ_{oil} 为原油密度；B_{oil} 表示原油在标况下和地层条件下的体积系数，取值为 1.18；ρ_{CO_2} 是地层条件下 CO_2 的密度；E_{oil} 是封存系数，取值为 75%（Li et al., 2009）。

2. EOR 的封存能力

CO_2-EOR 可以通过增加原油产量带来额外收入，并且还可以延长油田的生产期限，从而可以促进 CO_2 地质存储的大规模部署（Welkenhuysen et al., 2018）。实际上，CO_2-EOR 起源于石油生产技术（Zaluski et al., 2016）。将 CCUS 与 EOR 结合是实现 CCUS 大规模部署最具商业可行性的方式（Tapia et al., 2016）。CO_2-EOR 是 CCUS 在电力和工业领域中最初的主流应用方式，在 2018 年运营的 18 个大型商业 CCUS 项目中有 14 个是以此方式运营的（GCCSI, 2018b）。EOR 的 CO_2 封存量可以通过式（7-2）计算。

$$G_{CO_2\text{-}EOR} = OOIP/\rho_{oil} \times B_{oil} \times E_{oil} \times EXTRA \times (P_{LCO_2} \times R_{LCO_2} + P_{HCO_2} \times R_{HCO_2}) \quad (7\text{-}2)$$

式中：$G_{CO_2\text{-}EOR}$ 为 EOR 的 CO_2 地质封存潜力；EXTRA 为驱替系数并式（7-3）计算；P_{LCO_2} 和 P_{HCO_2} 为驱替系数的最低和最高概率，随着深度和石油重度（API）变化，具体数值由表 7-1 所示；R_{LCO_2} 和 R_{HCO_2} 的值分别为 2.113t/m³ 和 3.522t/m³。

$$EXTRA = \begin{cases} 5.3\% & API \leqslant 31 \\ (1.3 \times API - 35)\% & 31 < API < 41 \\ 18.3\% & API \geqslant 41 \end{cases} \quad (7\text{-}3)$$

表 7-1　P_{LCO_2} 和 P_{HCO_2} 的数值

地层深度（m）	API	P_{LCO_2}（t/m³）	P_{HCO_2}（t/m³）
<2000	>35	1	0
	≤35	0.66	0.33
>2000	>35	0.33	0.66
	≤35	0	1

数据来源：Li et al.（2009）

7.3.3　天然气藏的封存能力

1. DGR 的封存能力

DGR 具有与 DOR 相似的特性，也可用于 CO_2 封存。中国的天然气资源相对于世界其他地区开发得较晚，因此 DGR 在中国的兴起还需要很长时间。DGR 的 CO_2 封存量的计算方法见式（7-4）。

$$G_{CO_2\text{-}DGR} = OGIP \times B_{gas} \times \rho_{CO_2} \times E_{gas} \quad (7\text{-}4)$$

式中：$G_{CO_2\text{-}DGR}$ 是 DGR 的 CO_2 封存潜力；OGIP 为天然气在标况下的体积；B_{gas} 为天然气从标况下到地层中的体积系数，由 CO_2 和 CH_4 在相同体积下的摩尔质量比 V_{CO_2/CH_4} 表示，如式（7-5）所示；ρ_{CO_2} 是地层条件下的 CO_2 密度；E_{gas} 是封存系数，取值为 75%（Li et al., 2009）。

$$V_{CO_2/CH_4} = 2 \times 10^{-7} \times h^2 - 0.0015h + 4.1707 \qquad (7\text{-}5)$$

式中: h 为气藏的深度。

2. EGR 的封存能力

与 EOR 一样, 当将 CO_2 注入气藏时, 天然气会从其原始位置被驱替, 由此产生的天然气产量增加可以为 CO_2 地质封存项目创造额外收入 (Xie et al., 2014)。EGR 的 CO_2 存储量的计算方法如式 (7-6) 所示。

$$G_{CO_2\text{-}EGR} = OGIP \times B_{gas} \times \rho_{CO_2} \times E_{gas} \times C \qquad (7\text{-}6)$$

式中: $G_{CO_2\text{-}EGR}$ 是 EGR 的 CO_2 地质封存潜力; C 是 CO_2 和天然气的置换系数, 这一置换系数的值在不同地区也不相同, 如表 7-2 所示。

表 7-2   中国不同地区的 CO_2 和天然气的置换系数 (C)

地区	盆地	C
东部	西北部地区、华北盆地、南襄盆地、江汉盆地、苏北盆地	0.42
中部	鄂尔多斯盆地、四川盆地、楚雄盆地	0.63
西北	新疆、青海和甘肃	0.55
东南	三水盆地、十万大山盆地	0.66

数据来源: Li et al. (2009)

7.3.4   深部咸水层的封存能力

除深埋在旧熔岩流之间的含水层外 (Bachu, 2000), 世界上所有深部咸水层均位于沉积盆地中 (Aminu et al., 2017)。在 US-DOE 方法中, 咸水层被视为开放系统 (Goodman et al., 2011), 这意味着通过注入的 CO_2 可将原位咸水压缩到其他含水层系统中。CO_2 封存过程具有与 CO_2 驱替咸水 (EWR) 相同的效果。咸水层中 CO_2 的封存量计算见式 (7-7)。

$$G_{CO_2\text{-}DSA} = A \times h \times \phi_e \times \rho \times E_{saline} \qquad (7\text{-}7)$$

式中: A 为咸水层的面积; h 为咸水层厚度; ϕ_e 为咸水层的孔隙度; E_{saline} 是封存系数, 取值为 2.4% (Goodman et al., 2011)。

7.3.5   燃煤电厂碳排放

燃煤电厂碳排放计算见式 (7-8)。

$$\mathrm{CE}_i = \mathrm{IC}_i \times \mathrm{RT}_i \times (1 - \gamma_i) \times \mathrm{PSCC}_i \times \mathrm{EF}_{\mathrm{tce}} \tag{7-8}$$

式中：CE_i、IC_i、RT_i、γ_i 和 PSCC_i 分别为第 i 个燃煤电厂的年 CO_2 排放量、装机容量、年运行时间、厂用电率和供电煤耗。$\mathrm{EF}_{\mathrm{tce}}$ 表示标准煤碳排放因子，计算方法如下。

$$\mathrm{EF}_{\mathrm{tce}} = \mathrm{LHV}_{\mathrm{coal}} \times \mathrm{CC}_{\mathrm{coal}} \times \mathrm{OR}_{\mathrm{coal}} / \omega \times 44/12 \tag{7-9}$$

式中：$\mathrm{LHV}_{\mathrm{coal}}$ 表示原煤的低位热值（LHV）；$\mathrm{CC}_{\mathrm{coal}}$ 表示原煤的碳含量；$\mathrm{OR}_{\mathrm{coal}}$ 表示原煤的氧化率；ω 表示原煤和标准煤的折算系数。

7.4　城市级煤电厂 CCUS 早期减排潜力评估

7.4.1　城市 CO_2 地质封存潜力核算方法

城市中不同方式的 CO_2 地质封存能力是该城市边界内存在的所有封存能力之和，如式（7-10）~（7-14）所示。

$$G_{\mathrm{City}}^{\mathrm{DOR}} = \sum_{i=1}^{n} G_{CO_2} - \mathrm{DOR}_i \tag{7-10}$$

$$G_{\mathrm{City}}^{\mathrm{EOR}} = \sum_{j=1}^{n} G_{CO_2} - \mathrm{EOR}_j \tag{7-11}$$

$$G_{\mathrm{City}}^{\mathrm{DGR}} = \sum_{k=1}^{m} G_{CO_2 - \mathrm{DGR}_k} \tag{7-12}$$

$$G_{\mathrm{City}}^{\mathrm{EGR}} = \sum_{l=1}^{m} G_{CO_2 - \mathrm{EGR}_l} \tag{7-13}$$

$$G_{\mathrm{City}}^{\mathrm{DSA}} = \sum_{p=1}^{q} G_{CO_2 - \mathrm{DSA}_{\mathrm{grid}\text{-}p}} \tag{7-14}$$

式中：$G_{\mathrm{City}}^{\mathrm{DOR}}$、$G_{\mathrm{City}}^{\mathrm{EOR}}$、$G_{\mathrm{City}}^{\mathrm{DGR}}$、$G_{\mathrm{City}}^{\mathrm{EGR}}$ 和 $G_{\mathrm{City}}^{\mathrm{DSA}}$ 分别为某一城市通过 DOR、EOR、DGR、EGR 和 DSA 实现的 CO_2 封存能力；$G_{CO_2 - \mathrm{DSA}_{\mathrm{grid}\text{-}p}}$ 为 5km×5km 网格内的 CO_2 封存能力；m 和 n 为油气田的数量；q 为该城市内的网格数量。

一个城市的燃煤电厂的 CO_2 排放量（$E_{CO_2 - r}$）是该城市所有燃煤电厂的 CO_2 排放量的总和，如式（7-15）所示。

$$E_{\mathrm{City}} = \sum_{r=1}^{s} E_{CO_2 - r} \tag{7-15}$$

式中：E_{City} 是某一城市的燃煤电厂 CO_2 排放量；s 是这一城市中的燃煤电厂数量。

7.4.2　数据来源和处理

1. CO_2 地质封存能力

考虑到注入 CO_2 的安全性，选择 800m 作为确保 CO_2 处于超临界状态并防止气态 CO_2 可能泄漏所需的最小深度。从经济可行性的角度来看，选择 3000m 作为最大深度。由于咸水层主要位于沉积盆地中，因此综合已有研究和专家意见选择了 17 个大型盆地作为本研究的评估对象。研究的油气田则分布在全国各地。

有关油气资源、API 以及油气田的深度和位置的数据来自中国石油天然气总公司，而咸水层的深度、厚度和孔隙率的数据来自中国地质调查局。有关 CO_2 封存能力的数据由 ArcGIS 计算所得。

2. 燃煤电厂 CO_2 排放

考虑到适合 CCUS 改造的燃煤机组的装机容量和剩余寿命（IEA，2016b），选择装机容量大于 300MW 的燃煤机组作为 CO_2 排放评估对象，共有 607 个燃煤电厂，总装机容量为 678GW，占中国所有燃煤电厂总装机容量的 82.8%。有关燃煤电厂的数据来自国家能源局。捕集率为 90%。有关排放因子的数据来自 2006 年 IPCC 国家温室气体清单指南（IPCC，2006）。

7.4.3　结果和讨论

1. CO_2 地质封存能力

1）油藏封存能力

在地下 800～3000m 的 705 个陆上油田中，DOR 的 CO_2 封存能力为 21 287Mt，EOR 的 CO_2 封存能力为 5191Mt。这些油田主要集中在松辽盆地、渤海湾盆地、鄂尔多斯盆地和准噶尔盆地。就单个油田而言，属于大庆油田的萨尔图油田是第一个超大型油田，并且拥有最大的 CO_2 封存能力，达 2676.14Mt。杏树岗、拉马甸、克拉玛依和济源油田通过 DOR 的 CO_2 封存能力分别为 925.03Mt、673.36Mt、628.87Mt 和 569.93Mt。就 EOR 而言，萨尔图、克拉玛依、济源、杏树岗和华清油田的 CO_2 封存能力分别为 612.26Mt、267.20Mt、221.56Mt、211.63Mt 和

107.91Mt。根据现有项目的经验，进行 EOR 的油田应具有 1Mt 以上的 CO_2 封存能力（Núñez-López et al.，2008）。CO_2 封存能力大于 1Mt 和小于 1Mt 的油田数量没有明显差距，分别为 397 个和 308 个。但是，它们的总 CO_2 封存能力却存在很大差异。通过 EOR 能够封存大于 1Mt CO_2 的油田的总封存能力为 5088.99Mt，占 EOR 全部封存量的 98%。

城市层面，总共有 95 个城市拥有通过 DOR 和 EOR 进行 CO_2 封存的机会。表 7-3 展示了 DOR 和 EOR 的 CO_2 封存能力前十的城市。榆林、重庆、海西蒙古族藏族自治州、延安和资阳拥有较大的 DOR 封存能力，分别为 2889.24Mt、1151.40Mt、568.02Mt、566.87Mt 和 538.07Mt。大庆、克拉玛依、东营、庆阳和榆林等城市的 EOR 封存能力相对较大，分别为 1350.94Mt、368.05Mt、360.16Mt、351.21Mt 和 254.80Mt。受油田地理分布的限制，在中国东南部很难找到一个利用 DOR 或 EOR 的 CO_2 封存地，尽管其经济发达并且 CO_2 排放量很大。其实现减排目标可能的途径是通过罐车或管道将 CO_2 运输到具有适宜封存地的其他地区，但是相对于地质封存项目而言，成本较为高昂，特别是长距离运输时，这一问题会更加突出。

表 7-3　DOR 和 EOR 的 CO_2 封存能力前十的城市

DOR		EOR	
城市	封存潜力（Mt）	城市	封存潜力（Mt）
榆林	2889.24	大庆	1350.94
重庆	1151.40	克拉玛依	368.05
海西蒙古族藏族自治州	568.02	东营	360.16
延安	566.87	庆阳	351.21
资阳	538.07	榆林	254.80
濮阳	442.16	延安	240.30
广安	413.86	盘锦	201.33
盘锦	342.35	海西蒙古族藏族自治州	140.10
达州	270.69	吐鲁番	136.44
东营	265.62	松原	131.58

2）天然气藏封存能力

中国 754 个天然气田通过 DGR 和 EGR 产生的总 CO_2 封存能力分别为 15321Mt 和 9018Mt。气田不同于油田，主要分布在鄂尔多斯盆地、四川盆地、渤海湾盆地和塔里木盆地。由上述可知，鄂尔多斯盆地和渤海湾盆地既可以进行 EOR 又可以进行 EGR。就单一气田而言，苏里格气田是第一个超大型气田，它位于鄂尔多斯市，通过 DGR 具有最大的 CO_2 封存能力（3109.25Mt）。神木、大牛地、合川和安岳气田的 CO_2 封存能力分别为 884.62Mt、766.34Mt、727.39Mt 和 538.07Mt。对于 EGR 也存在相同的趋势，这 5 个气田的 CO_2 封存能力分别为 1958.83Mt、557.31Mt、482.80Mt、458.26Mt 和 338.98Mt。CO_2 封存能力大于 1Mt 和小于 1Mt 的气田分别有 348 个和 406 个，但是它们的总 CO_2 封存能力却存在巨大差异。EGR-CO_2 能够封存大于 1Mt 的气田的总 CO_2 封存能力为 8915.74Mt，占其全部储存能力的 99%。气田的总 CO_2 储存能力大于油田。考虑到商业利益和封存潜力，在通过 EOR 和 EGR 进行 CO_2 封存的实践中，应该优先考虑封存容量超过 1Mt 的油气田。同时，还可以节省不必要的基础设施建设成本。气田在中国东南部的分布也较少，相应封存地较为缺乏。

共有 106 个城市能够通过 DGR 和 EGR 进行 CO_2 封存。表 7-4 展示了 DGR 和 EGR 的 CO_2 封存能力前十的城市。就 DGR 而言，鄂尔多斯、榆林、重庆、海西蒙古族藏族自治州和延安的封存量较大，分别为 3159.44Mt、2889.24Mt、1151.40Mt、568.02Mt 和 566.87Mt。对 EGR 而言，鄂尔多斯、榆林、重庆、延安和资阳拥有相对较大的 CO_2 封存能力，分别为 1990.45Mt、1820.23Mt、854.19Mt、357.11Mt 和 338.98Mt。

表 7-4 DGR 和 EGR 的 CO_2 封存能力前十的城市

DGR		EGR	
城市	封存潜力（Mt）	城市	封存潜力（Mt）
鄂尔多斯	3159.44	鄂尔多斯	1990.45
榆林	2889.24	榆林	1820.23
重庆	1151.40	重庆	854.19
海西蒙古族藏族自治州	568.02	延安	357.11
延安	566.87	资阳	338.98
资阳	538.07	德阳	338.30
德阳	536.99	海西蒙古族藏族自治州	312.40
濮阳	442.16	广安	255.14
广安	413.86	达州	172.68
盘锦	342.35	濮阳	149.75

3）DSA 封存能力

在测算的 17 个盆地中，受地层的数量和厚度的影响，其 CO_2 封存能力也不尽相同。塔里木盆地、松辽盆地和华北南部盆地在中国陆上 CO_2 封存潜力中所占比例最大，约为 55.9%。尽管塔里木盆地的 CO_2 封存量巨大，但位于其上的新疆

各城市的 CO_2 排放源却较少。相比之下，浙江、福建和广东等发达省份和许多东南沿海城市没有合适的封存地。海拉尔盆地的 CO_2 封存能力最小（74Mt），仅占所有盆地总 CO_2 封存量的0.0074%。值得注意的是，华北南部盆地、苏北盆地和渤海湾盆地的 CO_2 封存能力相对较大，发达省份的一些城市位于这些盆地中，因此 CCUS 的发展潜力很大。

有 124 个城市可以在 DSA 中封存 CO_2，表 7-5 展示了 DSA 的 CO_2 封存能力排在前十的城市。巴音郭勒蒙古族自治州、阿克苏、和田、合肥和海西蒙古族藏族自治州在 DSA 中的 CO_2 封存方面具有优势，其相应的存储容量分别为 1330.64 亿 t、8988.69 亿 t、592.41 亿 t、435.80 亿 t 和 417.11 亿 t，这些城市大多数位于新疆。

表 7-5　DSA 的 CO_2 封存能力前十的城市

城市	封存潜力（亿 t）
巴音郭楞蒙古自治州	1330.64
阿克苏	898.69
和田	592.41
合肥	435.80
海西蒙古族藏族自治州	417.11
齐齐哈尔	410.00
盐城	392.73
锡林郭勒	364.23
六安	360.84
吐鲁番	293.97

2. 城市地质封存进行燃煤电厂减排的潜力

1）DOR 和 EOR 的 CO_2 减排潜力

58 个城市能够通过 DOR 和 EOR 原位封存燃煤电厂排放的 CO_2，表 7-6 列出了 DOR 和 EOR 封存时间分别排名前十的城市。除了找到最佳的源汇匹配之外，CO_2 封存活动的时间跨度也是决定能否将地质封存用于燃煤电厂排放可行性的决定性因素。例如，有 25 个城市可以使用 DOR 来存储 CO_2，但只能封存 1 年，这对实际项目的运行没有意义。因此，石家庄和南通等城市虽然其燃煤发电厂的

CO$_2$排放量大，但却无法开展地质封存活动。其他 33 个城市通过 CO$_2$ 地质封存减排的时间超过 1 年。盘锦的封存时间最长，根据现有的 CO$_2$ 排放量，盘锦的 CO$_2$ 地质封存活动能持续 146 年。榆林的燃煤电厂 CO$_2$ 排放量最大（28.33Mt），其 DOR 能力可支持 101 年的封存活动。对于 EOR，由于运行时间的限制，有 27 个城市不能通过 EOR 进行 CO$_2$ 封存。其他 31 个城市通过 EOR 封存燃煤电厂 CO$_2$ 的时间超过 1 年，可以开展 CO$_2$ 封存项目。大庆的 EOR 封存时间最长，如果其燃煤电厂的 CO$_2$ 排放保持不变，封存活动时间可长达 262 年。但是，哈密通过 EOR 只能支持大约 9 年的 CO$_2$ 封存活动。

表 7-6　DOR 和 EOR 的 CO$_2$ 封存时间前十的城市

DOR			EOR		
城市	封存能力（Mt）	年度煤电厂碳排放（Mt）	封存年限（年）	城市	封存能力（Mt）	年度煤电厂碳排放（Mt）	封存年限（年）
盘锦	342.35	2.34	146	大庆	1350.94	5.15	262
达州	270.69	2.08	130	松原	131.58	1.49	88
榆林	2889.24	28.33	101	盘锦	201.33	2.34	86
广安	413.86	4.17	99	东营	360.16	5.14	70
泸州	156.56	2.09	75	宾州	112.79	2.71	42
绵阳	159.25	2.19	73	白城	119.87	2.98	40
重庆	1151.40	17.41	66	塔城	89.59	3.71	24
东营	265.62	5.14	52	酒泉	42.69	1.89	23
巴音郭勒蒙古自治州	113.11	2.34	48	四平	39.35	3.73	11
宜宾	155.56	4.18	37	哈密	24.55	2.58	9

2）DGR 和 EGR 的 CO$_2$ 减排潜力

考虑到源汇匹配，有 59 个城市可以利用 DGR 和 EGR，表 7-7 列出了 DGR 和 EGR 封存潜力分别排名前十的城市。对于 DGR，受封存活动时间的限制，有 23 个城市难以利用地质封存来减少燃煤电厂的排放。CO$_2$ 排放量高的石家庄和南通无法通过 DGR 实现减排。封存时间超过 1 年的其他 36 个城市可以开展针对燃煤电厂排放的 CO$_2$ 封存项目。对于通过 DGR 隔离 CO$_2$ 排放，盘锦拥有最长的运行时间（146 年）。对于 EGR，有多达 28 个城市仅能封存 1 年的 CO$_2$ 排放。其他 31 个城市可封存 CO$_2$ 超过 1 年。达州的 EGR 封存时间跨度最长（83 年）。鄂尔多斯的燃煤电厂每年的 CO$_2$ 排放量为 52.13t，可通过 DGR（60 年）和 EGR（38 年）支持长期的 CO$_2$ 封存。

表 7-7　DGR 和 EGR 的 CO_2 封存时间前十的城市

DGR				EGR			
城市	封存能力（Mt）	年度煤电厂碳排放（Mt）	封存年限（年）	城市	封存能力（Mt）	年度煤电厂碳排放（Mt）	封存年限（年）
盘锦	342.35	2.34	146	达州	172.68	2.08	83
达州	270.69	2.08	130	广安	255.14	4.17	61
广安	413.86	4.17	99	盘锦	142.11	2.34	61
泸州	156.56	2.09	75	泸州	105.42	2.09	50
绵阳	159.25	2.19	73	重庆	854.19	17.41	49
成都	148.33	2.09	71	绵阳	100.32	2.19	46
重庆	1151.40	17.41	66	成都	93.45	2.09	45
鄂尔多斯	3159.44	52.13	61	鄂尔多斯	1990.45	52.13	38
东营	265.62	5.14	52	巴音郭勒蒙古自治州	62.21	2.34	27
巴音郭勒蒙古自治州	113.11	2.34	48	宜宾	98.02	4.18	23

3）DSA 的 CO_2 减排潜力

与石油和天然气储层相比，由于 DSA 的 CO_2 封存能力相对较大，因此使用 DSA 进行 CO_2 封存的运营时间限制较少。同时有源和汇的 82 个城市都可以封存 CO_2 多于 1 年。这些城市每年可以封存多达 774.87 吨的 CO_2。其中，12 个城市可以使用 DSA 实现 1~6 年的 CO_2 封存活动。在其他 70 个城市中，封存活动可以持续 20 多年，这表明在许多城市中可以通过 DSA 进行 CO_2 排放的长期地质封存。这 70 个城市的年减排潜力为 586.41Mt。表 7-8 列出了 DSA 封存时间排名前十的城市。新疆巴音郭勒蒙古族自治州可以通过 DSA 封存 CO_2 排放长达 56 865 年。燃煤电厂 CO_2 排放量最高的鄂尔多斯市可以通过 DSA 进行 CO_2 地质封存长达 84 年。

表 7-8　DSA 的 CO_2 封存时间前十的城市

城市	封存能力（Mt）	年度煤电厂碳排放（Mt）	封存年限（年）
巴音郭勒蒙古自治州	133 064.5	2.34	56 865
阿克苏	89 868.63	5.46	16 459
松原	17 975.37	1.49	12 064

城市	封存能力（Mt）	年度煤电厂碳排放（Mt）	封存年限（年）
六安	36 083.61	4.27	8 450
滁州	17 013.29	2.03	8 381
齐齐哈尔	41 000.45	5.7	7 193
合肥	43 579.99	6.53	6 674
哈密	15 337.75	2.58	5 945
大庆	27 591.87	5.15	5 358
盐城	39 272.85	7.43	5 286

3. 通过地质封存减少 CO_2 排放的城市级别的早期机会

使用 EOR、EGR 和 DSA 进行 CO_2 封存具有经济效益，是短期内的技术选项。同时考虑 EOR、EGR 和 DSA，有 153 个城市拥有自己的 CO_2 封存地。此外，如果考虑 CO_2 的来源，则有 93 个城市有能力对当地燃煤电厂的 CO_2 排放进行一年以上的地质封存。以 2016 年燃煤电厂碳排放为基础，年度 CO_2 减排总潜力为 847.76Mt，占当年燃煤电厂 CO_2 排放总量的 23.68%。有 76 个城市的 CO_2 封存能力超过 10 年，这对于现实中的项目实施意义重大，相应的年度 CO_2 减排量为 634.43Mt，能使全国燃煤电厂的 CO_2 排放量减少 17.72%。

中国较高的 CO_2 排放对开发和扩大各种 CCUS 项目具有促进作用，从而推动了技术的进步和成本的降低。根据燃煤电厂的 CO_2 排放量和地质封存时间，选择了 10 个城市作为可能的城市进行早期示范，如表 7-9 所示。鄂尔多斯的燃煤电厂 CO_2 排放量在全国范围内最高。同时，通过 EGR 和 DSA，它拥有足够的封存能力，如果目前的燃煤发电装机容量保持不变，它可以支持其当地燃煤电厂开展长达 123 年的 CCUS 活动。重庆的 CO_2 封存也主要由 EGR 和 DSA 实现。榆林每年捕获的 CO_2 排放量为 28.33Mt，可以通过三种方式封存。呼伦贝尔也有类似情况，EOR 占 CO_2 封存总量的很大比例，高达 40%。石家庄、南通、锡林郭勒、昌吉回族自治州、长治和包头都主要依靠 DSA 进行 CO_2 封存。通过使用本地资源，城市可以避免跨越城市边界进行 CO_2 封存所需的复杂谈判，这简化了项目流程并能使其顺利发展。此外，与增加石油和天然气产量带来额外收入以促进 CCUS 项目发展的 EOR 和 EGR 封存方式相比，这些城市的 DSA 封存容量要大得多，考虑到未来更严格的减排目标对于大规模 CO_2 封存的需要，应研究和开发深部咸水的利用，以促进 DSA-CO$_2$ 封存的发展。

表 7-9　短期内城市级别的燃煤电厂地质封存早期机会

序号	城市	燃煤电厂碳排放（Mt）	EOR（Mt）	EGR（Mt）	DSA（Mt）	总封存能力（Mt）	封存时间（年）
1	鄂尔多斯	52.13		1 990.45	4 398.56	6 389.01	122
2	榆林	28.33	254.80	1 820.23	3 744.87	5 819.90	205
3	石家庄	27.36	7.45	1.60	6 726.54	6 735.59	2 468
4	南通	25.17	2.00	0.71	4 142.07	4 144.78	164
5	呼伦贝尔	21.85	98.86	8.52	142.99	250.37	11
6	锡林郭勒	20.8	62.68	4.71	36 422.93	36 490.32	1754
7	昌吉回族自治州	17.9	74.06	29.29	15 452.15	15 555.50	869
8	重庆	17.41	11.35	854.19	7 960.14	8 825.68	506
9	长治	16.53			5 032.61	5 032.61	304
10	包头	16.2			886.09	886.09	54

淮南、南京、铁岭、渭南和聊城的燃煤电厂的碳排放量也很高，但它们的 CO$_2$ 地质封存能力相对较低，无法支持长期的减排活动，只能持续 2~6 年。一些城市，如咸阳和菏泽，仅具有 1 年的 CO$_2$ 地质封存潜力。将捕集的 CO$_2$ 封存在具有额外 CO$_2$ 封存能力的邻近城市中，可以给城市的减排活动带来灵活性。但是，这种选择将取决于相关城市政府间谈判。输送大量 CO$_2$ 的管道建设也是一个巨大的挑战，特别是管道要跨越城市边界。

7.5　县级燃煤电厂 CCUS 早期减排潜力评估

7.5.1　方法和数据

本节在上一节基础上，从更加微观的角度评估了燃煤电厂 CCUS 改造的减排潜力，在封存潜力基础上，进一步考虑了注入能力对 CCUS 封存潜力的约束作用。

1. 研究范围

(1) 排放源。CO_2 排放源是中国正在运行的燃煤电厂。"十一五"以来，我国实施火电机组的"上大压小"政策，发展超临界、超超临界高功率机组，关停小火电机组。在采用此政策的背景下，本节选取了装机能力大于 300MW（IEA，2016b）的机组作为研究对象。

(2) 封存地。封存潜力和注入能力的测量深度为 800～3000m。结合我国石油资源与咸水层的分布情况及地层数据可用性，选取了 17 个主要沉积盆地作为研究对象。这 17 个盆地包括塔里木盆地、松辽盆地、河淮（南华北）盆地、苏北盆地、渤海湾盆地、准噶尔盆地、四川盆地、鄂尔多斯盆地、塔里木盆地、吐鲁番–哈密盆地、银根–额济纳盆地、鄂尔多斯盆地、三江盆地、南襄盆地、沁水盆地、江汉盆地和海拉尔盆地。目前，研究开发工作主要着眼于咸水层、油气藏和不可开采煤层等可能地点的封存潜力。在本节中，由于不可开采煤层 CCUS 和 EGR 的技术成熟度较低，我们只考虑了 EOR 和 EWR 的地质封存潜力（Xie et al.，2016，科学技术部社会发展科技司，2019）。

(3) 分析的单元。以县级行政单位为基础，对排放源和封存地点进行匹配。首先，中国 CCUS 交通基础设施建设仍然相对不足，EOR 示范项目和其他 CCUS 项目多通过卡车运输 CO_2（Yan and Zhang，2019；IEA，2018b）。其次，CCUS 产业链长，涉及多个环节和利益相关者（Yao et al.，2018）。从现有法律法规来看，我国尚未形成完整的 CCUS 立法和监管体系，涉及跨行政运输的项目也面临许多监督和许可挑战。在行政区域内部署 CCUS 可以有效避免立法和监管限制，这符合 CCUS 在中国的地位。在现有文献中，Baik 等（2018）同样以县级行政单位进行统计。

2. 主要假设

(1) 在工程实践中，特定区域内的注入井数量由注入的 CO_2 的数量和地层条件决定。然而现有研究并未形成确定最佳注入井数量的方法体系。Baik 等（2018）在每个封存单位（即美国的一个县）建造一口井，为实现县内的电厂和封存间的匹配，根据已有文献和 CCUS 在中国基础设施建设的现状，在考虑注入能力限制时，本节同样假设一个县只建一口 CO_2 注水井。

(2) 虽然中国 CCUS 示范项目的捕集规模较小，但捕集率可达 90% 以上（科学技术部社会发展科技司和中国 21 世纪议程管理中心，2019）。因此，本节假设 CCUS 捕集率可以达到 90% 以上。根据 IEA 报告，中国正在运行的 300～

600MW 机组的剩余寿命约为 30 年，600MW 或 600MW 以上的机组的运行寿命为 40 年（IEA，2016b）。本节假设燃煤电厂的寿命为 30 年。因中国燃煤电厂发电效率处于世界先进水平，假设机组能力和机组 CO_2 排放在未来 30 年不发生变化（Li et al.，2019）。

（3）迄今为止，由于 EOR 的经济和技术成熟度较高，在产量下降的油田（IEA，2016b）中，中国已部署了全流程 CCUS 项目（包括捕集、运输和封存）。因此本节假设电厂将首先与油田匹配，剩余电厂将与咸水层匹配。捕集的 CO_2 数量较大的电厂将优先匹配到封存地。

3. 县级燃煤电厂排放

对于单个燃煤电厂，其 CO_2 排放量（$E_{CO_2}^i$）受运行小时数、供电煤耗和标准煤的排放因子等因素的影响。

$$E_{CO_2}^i = IC^i \times RT^i \times (1-\gamma) \times PSCC^i \times EF_{tce}^i / 10^6 \tag{7-16}$$

式中：IC 为燃煤电厂的装机能力；RT 为电厂年运行小时数；γ 为厂自用率，取值为 6.01%；PSCC 为燃煤电厂供电煤耗（中国电力企业联合会，2017）；EF_{tce} 为标准煤的排放因子由原煤转化而成。

$$EF_{tce}^i = NCV \times CC \times O \times (44/12) / T \tag{7-17}$$

式中：NCV 为原煤的低位热值，取值为 20908kJ/kg；CC 为原煤的碳含量，取值为 25.8kg/GJ；O 为氧化率，取值为 92%；T 为从原煤到标煤的转换系数，取值为 0.7143。

不同燃煤电厂的运行时间一般不相同。因为数据统计有限，我们假设 RT 和 PSCC 对于一个省是相同的。也就是说，我们只考虑了不同省份之间的差异。

有 j（$j=1$，2，$\cdots n$）县与燃煤电厂并置，每个县都有 i（$i=1$，2，$\cdots m$）个燃煤电厂，一个县的燃煤电厂总排放量（E_{county}^j）计算如下：

$$E_{county}^j = \sum_{i=1}^{m} E_{CO_2}^i \tag{7-18}$$

4. 县级封存潜力

EOR 和 EWR 的 CO_2 封存潜力可以通过 7.3 节的方法进行计算。本节根据 5km×5km 的封存单元对地层的封存潜力进行了统计，县级行政区域的封存潜力等于其所辖全部封存单元封存潜力之和。

5. 县级注入能力

超过特定地层注入能力的 CO_2 注入速率将使地下压力增加到不可接受的高压力水平，并可能诱发岩层断裂，引发地震，或激活断层，使项目更容易泄漏，增加监测成本。考虑到基础设施建设的缺乏及建设的高成本，本节假设每个县建一口注入井。储层可能重叠在不同深度的地层结构中，整个地层的最大注入能力作为该县的注入能力。每口井的注入能力根据达西定律计算（Baik et al.，2018）。

$$Q_{max} = \frac{2\pi kh\Delta P_{max}}{\mu \ln(r_e/r_w)} \tag{7-19}$$

式中，Q_{max} 为 CO_2 的注入速率；k 是储层的渗透性；ΔP_{max} 为注入井处的最大压差；μ 为 CO_2 的动态粘度；r_w 是井筒半径；r_e 是压力影响半径。

$$r_e = \sqrt{\frac{2kt}{\phi_e \mu c}} \tag{7-20}$$

式中：t 为注入的时间范围，（30 年 $=9.5\times10^8$ s）；c 是岩石的可压缩性；ϕ_e 为储层孔隙度。

式（7-19）中的压差通过公式（7-21）计算：最大允许压差为静水压力的 50%。

$$\Delta P_{max} = \rho g d\alpha \tag{7-21}$$

式中：g 是重力加速度，取值为 $9.81 m/s^2$；d 地层中心的深度；α 为最大允许压差。

注入能力根据式（7-22）计算：

$$I = Q_{max} \times t \times \rho_{CO_2} \tag{7-22}$$

式中：I 为注入能力。

计算出的注入能力并不表示注入速度会达到该速率，而是封存地的最大注入速率的约束。为了描述注入能力对注入 CO_2 量的约束，定义了"降低率"这样一个变量，如式（7-23）所示。

$$R = (A_{CI} - A_{WCI})/A_{WCI} \tag{7-23}$$

式中：A_{WCI} 为不考虑注入能力时的 CO_2 注入量；A_{CI} 为考虑注入能力时的 CO_2 注入量。

与封存潜力计算单元相同，本节根据 5km×5km 的单元对注入能力进行测算，对于一个县，县内单元注入能力最大值作为该县注入能力。

6. 数据源和数据处理

1）数据源

燃煤电厂的装机容量和位置信息由能源局（NEA）提供。供电煤耗和年运行时间由中国电力企业联合会提供。油气田可采油气储量、API、深度、位置、孔隙度和可采性的数据，均来自中国石油盆地地图集和 IHSMarkit 网站，而咸水层的深度和厚度数据则从中国地质调查局获得，评估的区域面积可通过 ArcGIS 软件计算所得。盆地和储层的形状文件通过对原始信息进行矢量化获得。相关参数和数据源如表 7-10 所示。

表 7-10　相关参数和数据源

	参数	描述	数据源/注释
CO_2 源的数据源	IC	装机容量	由 NEA 提供
	RT	运行时间	中国电力企业联合会（2017）
	γ	厂自用率	中国电力企业联合会（2017）
	PSCC	供电煤耗	中国电力企业联合会（2017）
	NCV	原煤低位热值	国家统计局（2017）
	CC	原煤碳含量	IPCC（2006）
	O	氧化率	Liu et al.（2015）
	T	从原煤到标准煤的转换系数	根据原煤与标准煤的转化系数计算
CO_2 封存地的数据源	OOIP	地表下的原油体积	IHSMarkit（2019）
	ρ_{oil}	原油密度	固定值
	B_{oil}	原油体积系数	刁玉杰等（2017）
	E_{oil}	封存效率	Li et al.（2009）
	API	美国石油学会 API 度	Li et al.（2009）
	A	地理区域面积	在 ArcGIS 软件中计算
	h	总厚度	IHSMarkit（2019）地质调查局
	ϕ_e	评估地层的孔隙度	IHSMarkit（2019）
	E_{saline}	封存效率	Bachu（2015）
	k	地层渗透性	IHSMarkit（2019）地质调查局
	μ	CO_2 的动态粘度	Baik et al.（2018）
	r_w	井筒半径	中国工程经验
	c	岩石的可压缩性	Baik et al.（2018）
	d	地层中心的深度	IHSMarkit（2019）地质调查局

2）情景描述

本节计算了地层的注入能力。为了量化注入能力对燃煤电厂 CCUS 减排潜力的限制，我们设置了两种情景，方案设计如表 7-11 所示。

表 7-11　本节中设置的方案

情景设置	是否考虑注入能力
S1	×
S2	√

7.5.2　结果

1. 燃煤电厂及封存地

1）燃煤电厂排放

在统计的 30 个省（自治区、直辖市）[①] 中，燃煤电厂排放量、装机容量和电厂个数如图 7-1 所示。从排放量看，燃煤电厂排放量前十的省（自治区、直辖市）分别为江苏、内蒙古、山东、河南、广东、山西、河北、安徽、浙江和辽宁。这些地区燃煤电厂排放量为 1697.02Mt/a，占到全国总排放量的 66.75%。从装机容量来看，燃煤电厂装机前十的地区分别为江苏、内蒙古、河南、广东、山西、山东、安徽、河北、浙江和辽宁。这些地区总装机容量为 43.33GW，占全

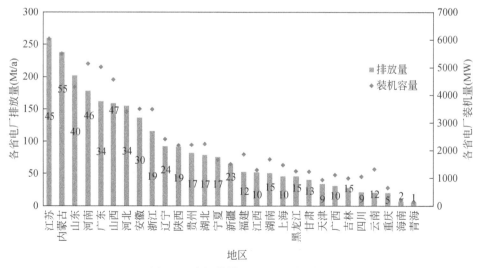

图 7-1　省级燃煤电厂及 CO_2 排放量

[①] 因北京无燃煤电厂，故不包括北京数据，暂不含香港、澳门、台湾数据，本章后同。

国总体装机容量的63.4%。从电厂数量看，电场数量分布前十的地区分别为内蒙古、山西、河南、江苏、山东、广东、河北、安徽、新疆和辽宁，这些地区的电厂个数为379个，占全国电厂总量的62.3%。黑龙江、甘肃、天津、广西、吉林、四川、云南、重庆、海南和青海的燃煤电厂碳排放量、装机容量和电厂数量都较少，占总量的比例分别为9.9%、13.03%和15.16%。中国燃煤电厂分布与人口分布、经济发展程度和能源需求量有关，东北、华北、东南沿海电厂分布较多，西南地区电厂分布较少。

  2）封存潜力

  根据测算，我国咸水层和油田 CO_2 的总封存潜力为1009.5Gt，其中咸水层和油田的封存潜力分别为1004.3Gt和5.2Gt。油田和咸水层的分省封存潜力如图7-2所示。对于咸水层，分布在22个省（自治区、直辖市），其中封存潜力前五的省（自治区、直辖市）分别为新疆、黑龙江、安徽、内蒙古和江苏，封存潜力分别为363.13Gt、145.97Gt、124.39Gt、75.26Gt和70.57Gt，封存总量为779.32Gt，占总封存潜力的68.4%。但是山东、辽宁、云南、贵州、北京、宁夏、甘肃、天津、陕西和湖北的咸水层封存潜力很小，CO_2 封存潜力总量为21.2Gt，仅占咸水层封存潜力的2.1%。咸水层 CO_2 封存潜力由于地质因素在各省（自治区、直辖市）间的分布有较大差异。

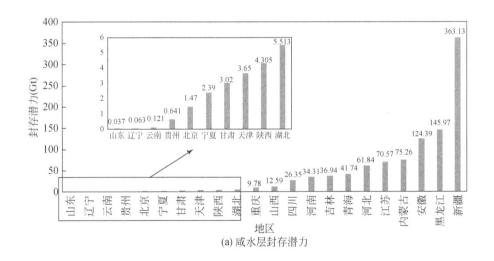

(a) 咸水层封存潜力

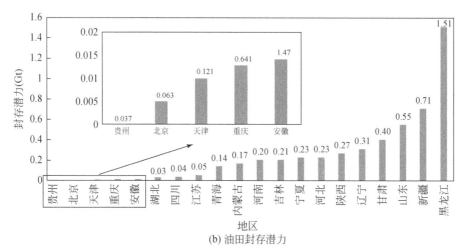

图 7-2 咸水层和油田的分省（自治区、直辖市）封存潜力

对于油储层，分布在 20 个省（自治区、直辖市），其中封存潜力前五的省（自治区、直辖市）分别为黑龙江、新疆、山东、甘肃和辽宁，封存潜力分别为 1.51Gt、0.71Gt、0.55Gt、0.40Gt 和 0.31Gt，封存总量为 34.80Gt，占总封存潜力的 76.1%，其中新疆的封存潜力占比就达到 35.5%。但是江苏、四川、湖北、安徽、重庆、天津、北京和贵州的油田封存潜力都在 0.1Gt 以下，封存潜力较小，其油田 CO_2 封存潜力总量为 0.16Gt，占咸水层封存潜力的 3.1%。油田 CO_2 封存潜力在各省（自治区、直辖市）间的分布也有较大差异。

根据电厂的分布和封存潜力的分布可知，黑龙江、安徽、江苏、内蒙古、河北、山东和辽宁等地燃煤电厂分布密集且咸水层或油田 CO_2 封存潜力较大，而东南沿海如广东、福建等地燃煤电厂数量较多，但却缺乏封存地。西北地区如新疆咸水层和油田的 CO_2 封存潜力巨大，但电厂分布较为稀疏。我国燃煤电厂和封存地在部分省（自治区、直辖市）间逆向分布。

划分封存潜力到县后，有 561 个县与咸水层共置，149 个县与油田共置。图 7-3 是咸水层和油田的分县封存潜力。基于县级视角，封存潜力分布不均的情况仍然存在。在咸水层中，23.6% 的县的封存潜力低于 1 亿 t，40.6% 的县的封存潜力大于 5 亿 t。油田的封存潜力相对较小，86.6% 的县油田 CO_2 封存潜力小于 5000 万 t，具有 1000 万 t 以上的 CO_2 油田封存潜力的县仅有 6.7%。

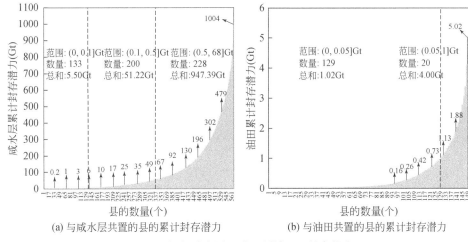

(a) 与咸水层共置的县的累计封存潜力   (b) 与油田共置的县的累计封存潜力

图 7-3　深部咸水层和油田累计 CO_2 封存能力

3）注入能力

根据测算，咸水层注入能力的范围为 0.003~54.14Mt/a。注入能力变化范围较大，其中油田的注入能力一般大于咸水层的注入能力。与咸水层共置的县中，有 62.37% 的县的注入能力低于 100 万 t/a，仅有 28.4% 的县的咸水层注入率大于 500 万 t/a。对于油田，注入能力的范围为 0.015~152.5Mt/a。仅有 28.9% 的油田的注入能力低于 1Mt/a，57% 的县的油田注入能力大于 5Mt/a。油田单井的注入能力一般大于咸水层。

油田和咸水层的分省注入能力如图 7-4 所示。对于咸水层，注入能力前五的地区分别为天津、北京、河北、江苏和河南，注入能力均值分别为 29.2Mt/a、17.4Mt/a、14.4Mt/a、8.7Mt/a 和 6.70Mt/a。山西、甘肃、辽宁、陕西、云南、四川、贵州和重庆的注入能力都小于 0.1Mt/a，CCUS 封存适宜性较低。天津、北京、河北、河南和黑龙江注入能力变化范围较大，注入能力变化差超过 40Mt/a。

对于油田，注入能力前五的地区分别为山东、北京、江苏、天津和辽宁，注入能力均值分别为 57.78Mt/a、53.3Mt/a、48.44Mt/a、43.42Mt/a 和 37.74Mt/a。四川、重庆和贵州的注入能力较小，小于 1Mt/a。山东、江苏和河北油田注入能力变化范围大，均超过 70Mt/a，辽宁、吉林、黑龙江和湖北变化范围也比较大，变化范围超过 50Mt/a。

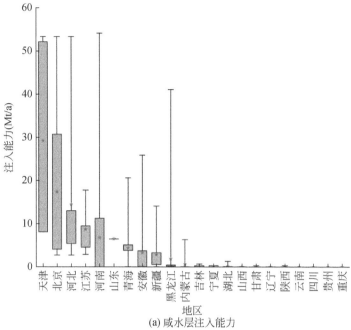

(a) 咸水层注入能力

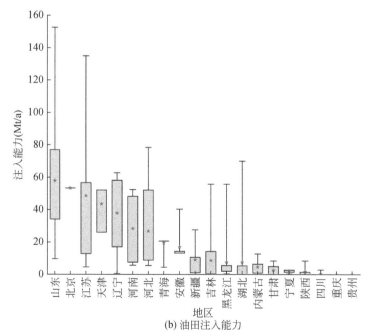

(b) 油田注入能力

图 7-4　咸水层和油田的分省注入能力

2. 县级燃煤电厂 CCUS 减排潜力

具有 CCUS 减排潜力的县主要分布在东北、华北、西北和华东地区。CCUS 的分布与咸水层和油藏的分布及注入能力大小有关。不考虑注入能力的情景下，有 77 个县具有 CO_2 封存潜力，年减排量为 224.67Mt/a，相当于 2018 年全国 CO_2 总排放量的 2.24%。但是，当考虑注入能力时，仅有 30 个县具有 CO_2 封存潜力，并且年减排量降低为 99.01Mt/a，接近全国总排放量的 1%。注入能力限制了 125.66Mt/a 的 CO_2 减排潜力，山西、四川、重庆、安徽、黑龙江、吉林、内蒙古、新疆等地的注入能力短期内对燃煤电厂的 CCUS 的 CO_2 封存潜力有较大限制。注入能力对各县的 CCUS 的减排潜力有较大的限制。47 个县和 55.93% 的 CO_2 注入量受注入能力的限制，如表 7-12 所示。如上所述，有 30 个县有 CO_2 封存潜力，其中依靠具有 EOR 封存潜力的县仅有 4 个。而靠 EOR 驱动的县的 CO_2 封存量为 7.73Mt/a，仅占总量的 7.8% 左右。

表 7-12　县级封存潜力的详细数据

具有封存潜力的县（个）				CO_2 封存量（Mt/a）				
不考虑 注入能力	考虑注入能力			考虑注入 能力	考虑注入能力			降低比
	油藏	咸水层	总量		油藏	咸水层	总量	
77	4	26	30	224.67	7.73	91.28	99.01	−55.93%

表 7-13 为考虑注入能力时，30 个县部署 CCUS 情况和封存的 CO_2 量以及封存类型。

表 7-13　县级 CCUS 减排潜力

具有 CCUS 封存潜力的县	电厂数量	CO_2 封存量（Mt/a）	储层类型	所处省份
颍泉区	1	3.75	咸水层	安徽
定远县	1	1.76	咸水层	安徽
定州市	1	8.67	咸水层	河北
黄骅市	1	8.67	咸水层	河北
桃城区	2	6.61	咸水层	河北
任丘市	1	2.41	咸水层	河北
运河区	1	2.27	咸水层	河北
栾城区	1	2.06	咸水层	河北

具有 CCUS 封存潜力的县	电厂数量	CO$_2$ 封存量（Mt/a）	储层类型	所处省份
藁城区	1	2.06	咸水层	河北
清苑区	1	2.06	咸水层	河北
召陵区	1	1.72	咸水层	河南
香坊区	2	3.29	咸水层	黑龙江
道里区	1	1.64	咸水层	黑龙江
前郭尔罗斯蒙古族自治县	1	1.29	咸水层	吉林
邗江区	4	12.02	咸水层	江苏
清浦区	1	2.14	咸水层	江苏
射阳县	1	2.14	咸水层	江苏
兴隆台区	1	2.11	油田	辽宁
锡林浩特市	1	1.96	咸水层	内蒙古
东营区	2	3.32	油田	山东
滨海新区	3	11.00	咸水层	天津
阿拉尔市	1	2.37	咸水层	新疆
库车县	1	2.37	咸水层	新疆
哈密市	1	2.23	咸水层	新疆
玛纳斯县	1	2.10	咸水层	新疆
轮台县	1	2.03	咸水层	新疆
呼图壁县	1	2.03	咸水层	新疆
和布克赛尔蒙古自治县	1	1.18	油田	新疆
阜康市	1	1.12	油田	新疆
五家渠市	1	0.62	咸水层	新疆

根据表 7-13，邗江区、滨海新区、定州市、黄骅市、桃城区、颖泉区、东营区、香坊区、仁丘市和阿拉尔市 CCUS 减排潜力在 30 个县中排名前十，这些县的 CCUS 减排潜力总和占近期 CCUS 减排潜力的 62.7%。部署 CCUS 电厂数量排名前 5 的县分别为邗江区、滨海新区、桃城区、东营区和香坊区，CCUS 数量共 13 个，占总数量的 34.2%。山东省和辽宁省仅有的 CCUS 项目是靠 EOR 驱动，新疆有两个 CCUS 项目靠 EOR 驱动，剩余示范项目全部由 EWR 驱动。EWR 和 EOR 项目的分布与储层分布有关。

3. 分省分析

30 个县的 CO_2 地质封存潜力为 107.86Gt，占中国地质封存总量的 10.68%。新疆的封存潜力约占总封存潜力的一半。安徽占 15% 以上。河北和江苏两省约占 10%。CCUS 减排潜力分布情况如图 7-5 所示。这 30 个县分布在 11 个省（自治区直辖市），其中新疆有 9 个县具有 CCUS 部署潜力，涉及 9 个电厂，河北有 8 个县具有 CCUS 部署潜力，涉及 9 个电厂，江苏有 3 个县具有 CCUS 部署潜力，涉及 6 个电厂。黑龙江有 2 个县具有 CCUS 部署潜力，涉及 3 个电厂，天津有 1 个县具有 CCUS 部署潜力，涉及 3 个电厂，山东有 1 个县具有 CCUS 部署潜力，涉及 2 个电厂，其他省份均只有 1 个县，涉及 1 个电厂。

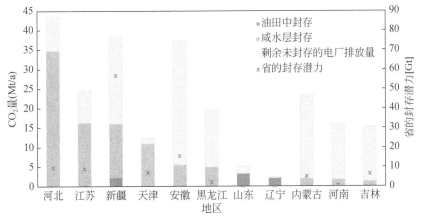

图 7-5　11 个省（自治区、直辖市）的 CCUS 减排潜力

如图 7-5 所示，山东、天津、吉林、河南、内蒙古 5 个省（自治区、直辖市）都只有 1 个县具有封存潜力。辽宁、黑龙江、安徽 3 个省份都只有 2 个县具有封存潜力。新疆有 9 个县具有封存潜力，其 CCUS 封存潜力最大，其次是河北，有 8 个县具有封存潜力。可以发现，EOR 主要分布在油田储量潜力较大的辽宁、山东、新疆 3 省（自治区），这 3 个省（自治区）可以成为 EOR 发展的重点示范省份。在这 11 个省（自治区、直辖市）中，CO_2 封存量前五的省（自治区、直辖市）分别是：河北 34.82Mt/a，江苏 16.31Mt/a，新疆 16.04Mt/a，天津 11.01Mt/a 和黑龙江 493Mt/a。这 5 个省（自治区、直辖市）捕集的 CO_2 占其省内燃煤电厂排放量的比例分别为 26.75%、7.46%、32.33%、38.25% 和 12.87%，这 5 个省（自治区、直辖市）可作为燃煤电厂 CCUS 早期示范地区。

7.5.3 讨论

（1）近期 CO_2 减排潜力为 99.01 万 t/a。从捕集的 CO_2 总量来看，约占 2018 年能源相关碳排放量的 1%。根据科技部发布的《中国碳捕集利用与封存技术发展路线图（2019）》相关内容，2025 年、2030 年、2035 年和 2040 年中国 CCUS 部署总目标分别为 500 万 t/a、2000 万 t/a、7000 万 t/a 和 20 000 万 t/a。根据本节的结果，当捕集率达到 90% 时，可以实现 2025 年、2030 年、2035 年和 2040 年半年的发展目标。换句话说，CCUS 早期部署的燃煤电厂至少可以在 15 年内达到发展目标。要实现更为长期的发展目标，排放源和封存地点的跨区域匹配是必然选择。

（2）为了探讨注入能力对咸水层和油田封存潜力的限制，分别设定了 20% 和 55% 的捕集率，并将其与 90% 的捕集率的结果进行了比较。捕集率为 20% 和 55% 时，分别有 45 个县（11 个油田，34 个咸水层）和 37 个县（8 个油田，29 个咸水层）具有封存潜力，总封存潜力分别为 30.61Mt/a（油田 6.47Mt/a，咸水层 24.14Mt/a）和 66.13Mt/a（油田 7.62Mt/a，咸水层 58.51Mt/a）。捕集率由 20% 提高到 90% 的过程中，由 EOR 驱动的县的数量减少了 63.64%，由 EWR 驱动的县的数量减少了 23.53%。注入能力对封存潜力的降低比率从 50.35% 提高到 55.93%。对于由 EOR 驱动的县来说，地层的封存潜力是主要的限制因素。然而，咸水层的封存潜力并不构成对 EWR 的限制。随着基础设施建设的完善和地质资源的开发，通过增加注入井的数量来减少注入能力的限制是有可能的。换言之，随着捕集率和规模的扩大，EOR 的长期减排潜力比 EWR 要小得多。

（3）县内匹配的燃煤电厂和封存地中，河北、新疆、天津、黑龙江具有较大的 CO_2 减排潜力，可作为 CCUS 早期示范的地区。在研究结果中，CCUS 在山东和辽宁的 CCUS 部署仅依靠 EOR，而河北和安徽仅受咸水层封存的驱动。其他地区主要是由 EWR 推动的。换言之，EWR 将是未来大规模 CCUS 部署的主要对象。单靠 EOR 并不能满足中国的 CCUS 部署要求。不过 EOR 可以为大规模 CCUS 的部署积累技术和管理经验。

（4）在本节中没有考虑能源结构的变化对燃煤电厂的影响，也没有考虑 CCUS 的成本，这些因素不是本节的重点。若考虑到山川河流、铁路公路和人口分布等因素的影响，本节中 CO_2 的减排量将减少。研究结果表明，有 38 个 CCUS 项目需要部署，但是其可实现性仍待估计。尽管存在上述不确定性因素，本节的结果对 CCUS 近期在中国的部署具有一定的探索和借鉴意义。

7.5.4　结论

（1）中国封存潜力巨大，根据分析结果，总封存潜力为 1009.5Gt，其中只有 EWR 的封存潜力超过 1000Gt。分别有 561 个县和 149 个县与咸水层和油田共置。从总量来看，可以封存燃煤电厂（装机容量大于 300MW）排放的 CO_2 超过 400 年。但是，封存地和燃煤电厂的分布并不完全一致。西北四大盆地、环海湾盆地、苏北盆地、松辽盆地和河淮盆地的封存潜力较大，电厂分布相反。油田的注入能力大于咸水层。每个县只建设一口注入井的情况下，燃煤电厂的 CO_2 捕集率越大，对 CCUS 减排潜力的限制作用就越大。

（2）30 个县具有 CCUS 近期减排潜力，捕集的 CO_2 量为 99.01Mt/a，约占 2018 年 CO_2 排放总量的 1.0%。与科技部发布的《中国碳捕集利用与封存技术发展路线图（2019）》中的部署目标相比，燃煤电厂 CCUS 的早期部署至少可以在 15 年内达到规定的发展目标。若这些 CCUS 项目运行 30 年，捕集的 CO_2 总量将达到 2970Mt。CO_2 封存量远远大于亚洲开发银行路线图 2030 年累计封存目标，但与 2050 年目标相比小得多。

（3）根据对各省（自治区、直辖市）分析，河北、江苏两省 CO_2 减排量较多，天津、新疆、黑龙江 CO_2 封存量较大。这 5 个地区 CCUS 的减排潜力占总减排潜力的 83.9%。因此，新疆、河北、天津、江苏、黑龙江可以作为早期示范省份。从匹配到的封存地类型来看，咸水层占绝大多数。随着捕集率的提高，油田的利用率明显下降。这意味着 CCUS 的商业运营可将 EOR 作为早期优先示范，为大规模 CCUS 运行和部署积累经验，而长期来看，EWR 将在 CCUS 总体部署占据重要地位。

7.6　本 章 小 结

本节首先论述了在城市以及更小行政区域尺度上探索 CCUS 项目发展潜力的必要性，接着梳理了燃煤电厂碳排放和 CO_2 地质封存潜力的系统评估方法，之后，又进一步构建了城市和县级燃煤电厂碳排放和 CO_2 地质封存潜力的评价方法，并分别评估了中国在城市级的燃煤电厂进行 CO_2 原位封存的减排潜力和考虑注入能力下中国县级的燃煤电厂 CCUS 在油田和咸水层封存的减排潜力，明确了城市和县级行政单位尺度下的中国燃煤电厂 CCUS 改造对 CO_2 减排的贡献，为中国燃煤电厂的近期部署提供了参考。

第 8 章

源汇匹配下中国燃煤电厂 CCUS 减排潜力评估

8.1 中国燃煤电厂 CCUS 源汇匹配研究的 必要性

经过近 30 年的气候变化谈判，全球 CO_2 排放量仍在上升（NOAA，2020）。因此需要加大 CO_2 减排力度，将全球温升限制在不高于工业化前 2℃ 以内，并继续努力将全球温升限制在 1.5℃ 以内，以减缓气候变化的影响。实现 2℃ 温升目标需要将全球碳排放稳定在"碳预算"内，2017 年后全球碳预算为 800Gt CO_2（Bai et al.，2018）。在这种情况下，CCUS 技术很有可能在应对气候变化方面发挥关键作用。为实现《巴黎协定》的目标，全球需加速部署 CCUS 技术，每年捕集、运输和封存 CO_2 的量需达到 1.8 ~ 6Gt，这一年捕集规模远远高于目前 37Mt/a 的捕集规模（GCCSI，2018a）。此外，CCUS 的大规模部署也是发展生物质能源碳捕集与封存（BECCS）技术的前提。BECCS 技术被认为是一种负排放技术，同时也是排放密集型产业脱碳且实现负排放的最佳解决方案（GCCSI，2019）。

2019 年，全球共有 51 个大型 CCUS 项目：19 个在运行中，4 个在建，10 个在高级开发阶段，18 个在早期开发阶段（GCCSI，2020）。高成本是 CCUS 商业化面临的挑战之一，因此目前众多研究侧重于 CCUS 特定环节的技术和经济评估，包括 CO_2 捕集技术及其成本（Rochedo et al.，2016）、CO_2 运输技术及其成本（Wetenhall et al.，2017）、CO_2 封存技术及其成本（Selosse and Ricci，2017）、CO_2 成本和收益（Durmaz，2018），以及 CCUS 与其他低碳技术的投资效益和投资决策的比较（Fan et al.，2019c）。技术进步可以降低上述技术环节的成本和能耗，并最终推动 CCUS 商业化应用。然而，在广泛推广 CCUS 技术时，除了成本因素外，还应考虑更多人为难以改变的客观因素，特别是封存潜力、注入能力和 CO_2 封存场地的空间分布，其对 CCUS 的部署具有重要影响。尽管全球 CO_2 封存潜力是足够的，但是能够在一定范围内匹配到合适的 CO_2 封存地是排放源部署 CCUS 技术不可或缺的要求（GCCSI，2018）。然而在一个国家或更微观的区域层面，由于地域差异碳源与碳汇的情况可能十分复杂，源汇匹配方案可能也具有多样性，故必须根据实际条件确定源汇匹配方案。因此，未来应从全流程的角度考虑 CCUS 的部署，并着重关注 CO_2 源汇的空间匹配。

中国燃煤电厂装机容量居世界首位，大量燃煤电厂为 CCUS 技术的应用奠定了基础。若不采用 CCUS 技术，实现中国长期气候目标的成本将增加 25%（ADB，2015）。此外，从全球应对气候变化的角度看，中国的燃煤电厂可能面临严重的运营挑战。IEA 指出，为将全球平均气温上升限制在 1.75℃ 提供 50% 的可能性，中国到 2045 年需关闭所有未装备 CCUS 的燃煤电厂，并且要求这些电厂到 2040 年就停止发电（IEA，2017）。可见，CCUS 技术在中国具有广阔的应用前景，其能否大规模部署将取决于中国政府的气候或能源政策。

8.2 基于源汇匹配的 CCUS 封存潜力研究现状

CCUS 技术作为解决气候变化的一种潜在选择在全球范围内受到了广泛关注，尤其是在 2005 年 IPCC 发布了《碳捕集与封存特别报告》之后。源汇匹配是 CCUS 领域的一个重要研究主题，CCUS 系统规划与 CCUS 成本密切相关，其对未来 CCUS 项目的部署具有重要的指导和借鉴意义。学者们从不同角度研究了 CCUS 源汇匹配问题，相关总结见表 8-1。

表 8-1 CCUS 源汇匹配研究综述

研究文献	空间范围	源汇情况	主要结论
Li et al. (2019)	中国	源：中国煤化工厂 汇：中国咸水层（EWR）	中国 CO_2-EWR 可减少工业分离过程中产生的 269Mt CO_2，成本为 12~30 美元/t。CO_2-EWR 可以提供低成本机会以加速中国大型 CCUS 项目的部署
Wang et al. (2018)	华北地区	源：108 个燃煤电厂 汇：华北地区 6 个盆地	30 年共捕集 CO_2 约 22.8Gt，全流程 CCUS 成本约为 78 美元/t CO_2，所需 CO_2 输送管网约 52876km
Sun and Chen (2017)	京津冀地区	源：218 个发电厂 汇：12 个煤层、4 个油田、7 个深部咸水层	2020~2050 年规划期可储存 1620Mt CO_2，相应的运输管道需求约为 2200km，需耗资 16 亿美元
Usman et al. (2014)	印度尼西亚苏门答腊岛南部	源：集气站 汇：3 个油田	集气站作为 CO_2 源的适宜性最高，每年可为 EOR 提供约 0.13Mt CO_2

研究文献	空间范围	源汇情况	主要结论
Jain et al.（2013）	印度东部	源：7个热电厂 汇：3个煤层、1个盆地	2012~2014年，7个电厂的CO_2排放全部被输送到最近的汇（3个煤层）。2014年以后，一旦煤层封存潜力枯竭，大部分CO_2（73Mt）将被输送到盆地封存
Dahowski et al.（2012）	中国	源：1623个大型CO_2排放源 汇：90个盆地	CCUS可作为中国大部分地区和工业部门重要的碳减排选择，这些CO_2源（2900Mt CO_2/a）80%以上的排放可以以低于70美元/t的成本封存一个多世纪
Chen et al.（2010）	中国河北省	源：42个电厂、9个钢铁厂、18个水泥厂、16个合成氨厂、3个炼油厂 汇：25个油气田和咸水层	如果假定碳汇需至少能容纳碳源15年的排放，那么只有15%~25%的碳源排放量（34.76~57.93Mt CO_2/a）能够封存
Middleton and Bielicki（2009）	美国加利福尼亚州	源：21个天然气发电厂、1个燃煤发电厂、10个炼油厂、5个水泥制造商 汇：14个枯竭油田	该研究通过分析CCUS基础设施的敏感性强调了CCUS基础设施系统规划的重要性
Zheng et al.（2010）	中国	源：27个煤化工厂 汇：陆上咸水层和油田	18个排放源距离汇10km以内，成本在9~13美元/t，所评估的全部项目的最高成本低于21美元/t。这些相对较低的CCUS成本表明，在中国开展CCUS示范项目的国际合作将具有重要的价值
Ambrose et al.（2008）	美国德克萨斯海湾	源：炼油厂、电厂、钢铁厂、乙烯、氨、水泥、氢厂和地下碳源（如褐煤矿、EOR油田） 汇：油田和咸水层	评估区域内的CO_2-EOR潜力为45亿桶原油。由于CO_2源靠近主要的地下咸水层，东得克萨斯和得克萨斯海湾可能具有更大的长期潜力来永久封存CO_2
Dahowski and Dooley（2008）	美国	源：现有的140个和计划建造的74个乙醇厂 汇：深层地质储层	50%的现有乙醇厂和64%的规划中的乙醇厂都位于候选封存地的上方，而70%的现有乙醇厂和97%的规划中的乙醇厂在100英里内都可至少匹配到一个候选封存地

研究文献	空间范围	源汇情况	主要结论
Bradshaw and Dance（2005）	全球	源：全球固定的大型能源点 汇：全球沉积盆地	中国具有 CCUS 早期机会集群，而欧洲和北美则较少。源汇存在错位匹配现象，因此有必要将新电厂建在靠近具有较高 CO_2 封存潜力的沉积盆地附近
Akimoto et al. (2004)	日本	源：各类电厂 汇：日本内陆 20 个地区，近海 20 个地区	在日本将 CO_2 封存在咸水层和海洋中是较为经济的选择。2000～2050 年，咸水层碳累计封存 379Mt，海洋碳累计封存量约为 1490Mt

与其他研究主题（例如 CCUS 成本和投资评估）相比，针对 CCUS 源汇匹配的相关研究相对较少，并且主要集中在中国和美国。此外，中国有关 CCUS 源汇匹配的大多数研究都集中在区域层面。Dahowski 等（2012）评估了中国全国范围内的 CCUS 减排潜力，结果表明，在中国有许多潜在且低成本的 CCUS 早期部署机会。然而，电力部门作为中国最大的 CO_2 贡献者，并未在该研究中予以特别考虑。

此外，以往的研究未对中国的咸水层和油田的 CO_2 注入能力（即 CO_2 注入井的最大注入速率）进行详细评估，其主要原因可能在于缺乏相关的地质数据。在 CCUS 源汇匹配系统中，CO_2 注入能力是一个重要的不确定因素（Tan et al., 2013）。Dahowski 等（2009）通过选取代表性参数（假设一个盆地内不同地点的注入能力相同）对中国 17 个主要陆上沉积盆地的注入能力进行了评估。事实上，不同盆地之间甚至同一盆地的不同区域，其注入能力都可能存在显著差异。还有一些研究忽略了注入能力对源汇匹配的影响（Wang et al., 2018；Zheng et al., 2010）。从理论上讲，可以通过建设更多的注入井来缓解注入能力这一约束的限制，但这会导致更高的封存成本。因此，CO_2 注入能力在一定程度上反映了 CO_2 封存地点的封存适宜性，在优化 CCUS 源汇匹配系统时应将其考虑在内。

本章对 CCUS 源汇匹配系统进行了优化，以弥补该领域研究的不足，主要贡献如下：

（1）首先，综合考虑中国现有燃煤电厂 CO_2 排放量、封存地 CO_2 封存潜力（高精度栅格数据）、封存地 CO_2 注入能力、CO_2 输送距离等约束建立 CCUS 源汇匹配模型，优化 CO_2 源汇点对点匹配，并利用中国的实际数据验证该模型的可靠性和科学性。

（2）其次，以 607 个燃煤电厂作为碳源，以油田和咸水层作为碳汇，评估 CCUS 技术在中国燃煤电厂中应用的中长期减排潜力，以期提供准确、现实的评价结果。

（3）分别从栅格精度层面评估油田（仅考虑 EOR）和咸水层的 CO_2 封存潜力。

（4）评价不同情景下的 CCUS 源汇匹配方案，确定中国燃煤电厂进行 CO_2-EOR 的早期机会。

8.3　燃煤电厂陆上封存的源汇匹配模型

8.3.1　研究边界

CCUS 源汇匹配系统中可能包含多种 CO_2 源，如发电厂、化工厂、水泥厂和钢铁厂。中国的燃煤电厂是本研究的重点，因其为中国主要的 CO_2 排放源。另外，为实现 2℃ 温升目标全球电力部门需要做出重大贡献，到 2050 年 CO_2 累计减排量超过 3000 亿 t，其中 CCUS 减排贡献超过 500 亿 t（IEA，2015）。

本章仅考虑 CO_2 咸水层封存和 EOR 两种封存方式。原因在于：①CO_2-EOR 目前较为成熟且应用最为广泛，其 CO_2 净减排效果优于其他利用技术（Mac Dowell et al.，2017）。②中国咸水层的 CO_2 封存潜力远远大于其他各种类型地质结构的 CO_2 封存潜力（Sun et al.，2018）。由于目前 CO_2 离岸封存技术在中国仍处于中试阶段（Zhou et al.，2018），因此本章仅考虑陆上咸水封存。参考已有研究（李小春等，2006）并考虑数据的可获性，本章共选取了 17 个主要的陆地沉积盆地作为封存地对象，分别为：准噶尔盆地、吐哈盆地、塔里木盆地、柴达木盆地、鄂尔多斯盆地、海拉尔盆地、松辽盆地、渤海湾盆地、苏北盆地、南华北盆地（河淮盆地）、南襄盆地、江汉盆地、四川盆地、沁水盆地、银根–额济纳盆地、二连盆地和三江盆地。

8.3.2　CCUS 源汇匹配建模

1. 基本假设

（1）中国目前尚未出台针对 CO_2 地质封存的相关法律法规。参考《矿产资源勘查区块登记管理办法》（国务院令〔1998〕第 240 号）中对地热、煤、水气矿产勘查项目允许登记的最大范围，本章假设 200 个基本单位区块为一个 CO_2 封存区块，即 $400km^2$（20km×20km）。

（2）CO_2注入地层后会在地质结构中迁移扩散。神华鄂尔多斯 CCS 示范项目的工程数据表明，注入的 CO_2 在 3 年内大约扩散了 450m（Li et al., 2016b）。因此，本章假设在一个 20km×20km 的栅格中仅建设一口注入井。

（3）参考已有研究（Baik et al., 2018），本章采用源的单向匹配原则，即一个排放源最多只能匹配一个封存地，而一个封存地可以根据其封存潜力和注入能力决定其可匹配到的源的数量。

（4）中国燃煤电厂的平均剩余寿命为 23 年（IEA, 2016a），因此本章假设封存地至少需要满足碳源 20 年的排放需求。此外，根据目前 CCUS 技术的发展水平，假定燃煤电厂的 CO_2 捕集率为 90%（ADB, 2015）。

（5）与咸水层 CO_2 封存相比，CO_2-EOR 可以抵消部分 CCUS 成本，在某些情况下甚至可能使 CCUS 项目盈利。因此，在选择 CO_2 封存地点时，本章假定匹配油田的优先级高于咸水层。

（6）近年来中国燃煤电厂的发电效率大幅提升，已超越美国（国家统计局能源统计司，2019）。因此，本章在模型中假设燃煤电厂的年 CO_2 排放量保持不变。

（7）假设 CO_2 排放量较大的 CFPP 在选择封存地点时具有优先权，以优化整体的 CO_2 运输和封存。换句话说，每个 CFPP 将按照顺序匹配 CO_2 封存地点，而 CFPP 的顺序由它们的 CO_2 排放量决定（从大到小）。

2. 源汇匹配优化模型

源汇匹配的 CO_2 源为燃电厂，汇包括油田及咸水层，关于源汇匹配模型的介绍如下。

i：CO_2 源，即燃煤电厂；$i \in \{1, 2, 3, \cdots, n\}$

j：CO_2 汇（包含油田的 20km×20km 栅格）；$j \in \{1, 2, 3, \cdots, m\}$

k：CO_2 汇（包含咸水层的 20km×20km 栅格）；$k \in \{1, 2, 3, \cdots, l\}$

其中，EOR 和咸水层封存潜力以及燃煤电厂碳排放计算方法参见 7.4.1。

目标函数是使 20 年内的总 CO_2 封存量最大化，如式（8-1）所示。在特定区域内，可能有很多 CO_2 封存地点可以满足给定的 CFPP 的封存需求，在这种情况下，我们假设 CFPP 会选择最近的 CO_2 封存地点减少 CO_2 运输当量（也就是说 CO_2 的运输量和运输距离），保证 CO_2 运输当量最小化式（8-2）所示。

$$F_1 = \max \sum_{i=1}^{n} \sum_{j=1}^{m} X_{ij} S_{ij} \qquad (8\text{-}1)$$

$$F_2 = \min \sum_{i=1}^{n} \sum_{j=1}^{m} X_{ij} D_{ij} S_{ij} \qquad (8\text{-}2)$$

式中：F_1 为通过 EOR 封存的 CO_2 总量；X_{ij} 为二维变量，当源 i 与汇 j 匹配成功时

$X_{ij}=1$，反之 $X_{ij}=0$；S_{ij} 为源 i 每年运往汇 j 的 CO_2 量；F_2 为与 EOR 封存对应的 CO_2 运输当量；D_{ij} 表示源 i 与汇 j 之间的距离。约束条件如式（8-3）所示。

$$\text{s.t.}\begin{cases} 20\sum_{i=1}^{n}X_{ij}S_{ij}\leq SP_j,\forall j\in[1,m] \\ \sum_{j=1}^{m}X_{ij}\leq 1 \text{ and } X_{ij}\in\{0,1\},\forall i\in[1,n] \\ 0\leq X_{ij}D_{ij}\leq D^*,\forall i\in[1,n],j\in[1,m] \\ \sum_{i=1}^{n}X_{ij}S_{ij}\leq I_j,\forall j\in[1,m] \\ X_{ij}S_{ij}\in\{0,CE_i\cdot 90\%\},\forall i\in[1,n],j\in[1,m] \end{cases} \tag{8-3}$$

式中：SP_j 为汇 j 的 CO_2 封存潜力；CE_i 为燃煤电厂 i 的碳排放；D^* 为最大 CO_2 运输距离；I_j 为汇 j 的 CO_2 注入能力（仅当考虑注入能力约束时使用该约束条件），注入能力计算方法参见 7.5.1。

假设已有 ζ 个燃煤电厂与油田匹配，则剩余的燃煤电厂将与咸水层进行匹配，此时 $i\in\{1,2,3,\cdots,n-\zeta\}$。目标函数如下：

$$F_3=\max\sum_{i=1}^{n-\zeta}\sum_{k=1}^{l}X_{ik}S_{ik} \tag{8-4}$$

$$F_4=\min\sum_{i=1}^{n-\zeta}\sum_{k=1}^{l}X_{ik}D_{ik}S_{ik} \tag{8-5}$$

式中：F_3 表示通过咸水层封存的 CO_2 总量；X_{ik} 为二维变量，当源 i 与汇 k 匹配成功时 $X_{ik}=1$，反之 $X_{ik}=0$；S_{ik} 为源 i 每年运往汇 k 的 CO_2 量；F_4 为与咸水层封存对应的 CO_2 运输当量；D_{ik} 为源 i 与汇 k 之间的距离。约束条件如下所示：

$$\text{s.t.}\begin{cases} 20\sum_{i=1}^{n-\zeta}X_{ik}S_{ik}\leq SP_k,\forall k\in[1,l] \\ \sum_{k=1}^{l}X_{ik}\leq 1 \text{ and } X_{ik}\in\{0,1\},\forall i\in[1,n-\zeta] \\ 0\leq X_{ik}D_{ik}\leq D^*,\forall i\in[1,n-\zeta],k\in[1,l] \\ \sum_{i=1}^{n-\zeta}X_{ik}S_{ik}\leq I_k,\forall k\in[1,l] \\ X_{ik}S_{ik}=\{0,CE_i\cdot 90\%\},\forall i\in[1,n-\zeta],k\in[1,l] \end{cases} \tag{8-6}$$

式中：SP_k 为汇 k 的 CO_2 封存潜力；I_k 为汇 k 的 CO_2 注入能力（仅当考虑注入能力约束时使用该约束条件）。综上，则有：

$$\text{总}CO_2\text{封存量}=F_1+F_3 \tag{8-7}$$

$$\text{总}CO_2\text{运输当量}=F_2+F_4 \tag{8-8}$$

需特别指出的是，F_1 和 F_3 的优先级为 1，F_2 和 F_4 的优先级为 0。

8.3.3 情景设置

燃煤电厂与封存地间的匹配受多种因素影响，若调整约束，则燃煤电厂和封存地间的匹配结果将有所不同。为了使结果更加接近现实，本节建立了 6 个情景，如表 8-2 所示，其中，主要考虑 CO_2 运输距离和 CO_2 年注入能力的约束。根据已有研究，设定了三个运输距离的阈值，分别为 100 km、250 km 和 800 km。目前中国现有 CCUS 示范项目的最大 CO_2 运输距离在 100km 内。考虑到 CO_2 运输的经济性，250km 可作为中国 CO_2 运输的距离上限（Dahowski et al.，2013）。进一步放宽约束，若只考虑中国的技术和政治约束，800km 可最为 CO_2 运输的最大距离（IEA，2016b；Dahowski et al.，2013）。

表 8-2　源汇匹配情景设置

情景	最大 CO_2 运输距离			是否考虑注入能力约束
	≤100 km	≤250 km	≤800 km	
情景 1	√			×
情景 2	√			√
情景 3		√		×
情景 4		√		√
情景 5			√	×
情景 6			√	√

8.4　基于源汇匹配结果的中国燃煤电厂 CCUS 减排潜力

1. 源和汇

本章研究选取的燃煤电厂（筛选后）的 CO_2 排放总量为 2130.57Mt/a，且大部分燃煤电厂位于中国北部和东部。碳汇的理论总封存潜力为 1009.49Gt，其中咸水层封存潜力为 1004.30Gt（图 8-1）。与美国情况相似，咸水层封存能力占中

国 CO_2 封存潜力的绝大部分（Dooley et al.，2005）。咸水层主要分布在中国的北部、西北部和东北部，包括渤海湾盆地，河淮盆地、塔里木盆地和松辽盆地。

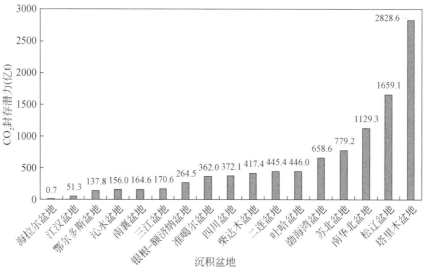

图 8-1　中国 17 个主要沉积盆地的 CO_2 封存潜力（CO_2 封存潜力为咸水层和油田的封存潜力之和）

就 CO_2 注入能力来看，油田的注入能力一般大于咸水层。准噶尔盆地、塔里木盆地、柴达木盆地、二连盆地、渤海湾盆地、江淮盆地和苏北盆地都具有良好的 CO_2 注入能力。相比之下，鄂尔多斯盆地、四川盆地、沁水盆地、江汉盆地、海拉尔盆地等区域的地质条件不够理想（图 8-2）。

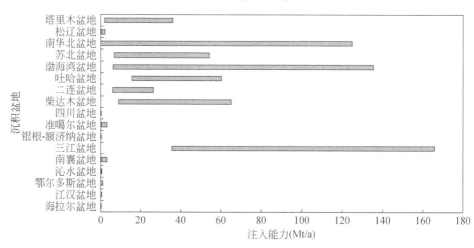

图 8-2　中国 17 个主要沉积盆地的 CO_2 注入能力

2.100km 范围内的源汇匹配结果

为便于统计分析，本章将中国（不包括港、澳、台）划分为八个区域（Su and Ang，2014），如表8-3所示。

表8-3 中国八大区域划分

区域	省（自治区、直辖市）
东北	黑龙江、吉林、辽宁
北部	北京、天津
北部沿海	河北、山东
中部沿海	江苏、浙江、上海
南部沿海	福建、广东、海南
中部	山西、河南、安徽、江西、湖北、湖南
西北	内蒙古、陕西、甘肃、宁夏、青海、新疆
西南	四川、重庆、云南、贵州、广西、西藏

在情景 1 和情景 2 中，最大运输距离为 100km，这是一个相对较短的距离。如果不考虑 CO_2 的注入能力约束（情景1），401 个燃煤电厂可与合适的 CO_2 封存地匹配，这些电厂的总装机容量为 415.21GW。显然，CO_2 注入能力限制了燃煤电厂的 CCUS 改造潜力，情景 2 中能够匹配到合适的 CO_2 封存地的燃煤电厂数量比情景 1 减少 39.7%（242），总装机容量降低 41.0%（244.94GW）。

如表 8-4 所示，情景 1 中燃煤电厂的 CO_2 排放量每年减少 1204.16Mt，接近 2016 年欧洲燃料燃烧 CO_2 排放量（2620Mt）的一半（IEA，2018a），68.90Mt CO_2 每年通过 EOR 封存。如果保守地假设 4t CO_2 可以回收 1t 原油，那么在这种情景下 EOR 在中国每年可以增采超过 17.2Mt 原油，约占 2017 年全国石油总产量的9%（国家统计局能源统计司，2019），对中国石油安全具有重要意义。情景 1 的 EOR 潜力主要分布在中国的新疆、山东、东北等地区，这些地区也是中国重要的石油生产区。在此情景下，CO_2 的总运输当量约为 61 341Mt·km。大部分燃煤电厂分布在江苏、安徽、山东、河南、河北、山西、内蒙古、黑龙江和新疆。但是，当考虑 CO_2 注入能力时，部分地区燃煤电厂可能将不适合部署 CCUS，尤其是内蒙古、山西、陕西、四川及湖南等地区，如表 8-5 所示。其原因是鄂尔多斯盆地和四川盆地的地质条件不理想，并且由于运输距离的限制，上述 5 省（自治区）的燃煤电厂难以匹配到合适的 CO_2 封存地。总体而言，情景 2 的年

CO$_2$封存量将从 1204.16Mt 降至 744.79Mt（EOR 为 49.66Mt CO$_2$/a），CO$_2$ 运输总当量将降至 40 011 Mt·km。

表 8-4　情景 1 源汇匹配结果

区域	CO$_2$封存总量（Mt）	EOR 封存量（Mt）	总运输当量（Mt·km）
东北	74.56	19.13	3 462
北部直辖市	25.77	0	466
北部沿海	179.11	15.61	10 497
中部沿海	201.74	0	9 238
南部沿海	0	0	0
中部	392.01	0.93	17 711
西北	273.58	33.22	17 533
西南	57.39	0	2 434

表 8-5　情景 2 源汇匹配结果

区域	CO$_2$封存总量（Mt）	EOR 封存量（Mt）	总运输当量（Mt·km）
东北	40.04	17.71	2 149
北部直辖市	25.77	0	466
北部沿海	166.17	14.55	9 610
中部沿海	176.60	0	7 125
南部沿海	0	0	0
中部	228.09	0.93	14 602
西北	108.12	17.09	6 059
西南	0	0	0

3. 250km 范围内的源汇匹配

情景 3 和情景 4 中的最大距离为 250km，这意味着有更多潜在的 CO$_2$ 封存地供燃煤电厂选择，燃煤电厂关于封存场地的竞争会减少。如表 8-6 所示，在情景 3 中，有 527 个燃煤电厂可与合适的 CO$_2$ 封存地匹配，其装机容量为 566.22GW。随着运输半径的扩大，甘肃、贵州两省的一些燃煤电厂可以与 CO$_2$ 封存地相匹配。在这种情况下，CO$_2$ 封存量达到 1620.74Mt/a（其中有 92% 封存在咸水层中），是 2016 年德国燃料燃烧 CO$_2$ 排放量的两倍多。在这种情景下，中国的燃煤电厂的 CCUS 改造潜力较大，这是中国应对气候变化的一个机遇，同时也是一个挑战。

表 8-6　情景 3 源汇匹配结果

区域	CO_2 封存总量（Mt）	EOR 封存量（Mt）	总运输当量（Mt·km）
东北	91.87	47.35	12 080
北部直辖市	25.77	6.73	1 630
北部沿海	262.09	17.71	23 475
中部沿海	298.60	1.95	24 615
南部沿海	1.46	0	327
中部	490.74	4.05	31 924
西北	352.34	49.05	31 341
西南	97.87	3.90	10 048

　　如表 8-7 所示，将运输距离限制由 100km 放宽至 250km 可在一定程度上缓解燃煤电厂之间关于封存场地的竞争，燃煤电厂能够通过增加运输距离以获得合适的封存地。当考虑 CO_2 注入能力约束时，能够匹配到封存地的燃煤电厂数量、装机容量及燃煤电厂 CO_2 封存量将分别减少约 21.3%、18.6% 和 20.7%。然而，CO_2 运输总当量将由 135 440Mt·km 增加到 137 418Mt·km，增加约 1.0%。平均运输距离的增加完全抵消了 CO_2 运输总量下降对总运输当量的影响，甚至导致运输总当量的增加。此外，如果考虑 CO_2 注入能力约束，即使运输距离上限为 250km，甘肃和贵州两省的燃煤电厂也难以匹配到合适的封存地。

表 8-7　情景 4 源汇匹配结果

区域	CO_2 封存总量（Mt）	EOR 封存量（Mt）	总运输当量（Mt·km）
东北	63.16	42.72	8 585
北部直辖市	25.77	6.73	1 630
北部沿海	262.09	17.71	24 025
中部沿海	298.60	0	25 969
南部沿海	0	0	0
中部	479.31	2.29	55 012
西北	188.35	29.25	21 873
西南	1.63	1.63	324

4. 800km 范围内的源汇匹配

现阶段，从技术、经济及政治层面上来看，800km 已是中国 CO_2 管道运输的极限距离。长距离的运输会导致 CO_2 的运输成本十分高昂，缺乏经济可行性，这里不作深入讨论。如表 8-8 所示，在情景 5 中，本研究中所选的全部燃煤电厂均可以匹配到适宜的 CO_2 封存地。换而言之，在这种情景下，CO_2 封存地不再是燃煤电厂进行 CCUS 改造的约束。在情景 5 中，每年封存的 CO_2 约为 1917.52Mt，其中 EOR 贡献量为 183.89Mt。此外，中国东南沿海地区（如福建省和广东省）的一些燃煤电厂也有可能在 800km 范围内匹配到陆上 CO_2 封存地。随着对海上 CO_2 封存研究的深入，东南沿海燃煤电厂的 CCUS 改造前景可能会有所改善。目前广东省正在开展工作，以量化评估中国近海的 CO_2 封存潜力（Zhou et al., 2018）。

表 8-8　情景 5 源汇匹配结果

区域	CO_2 封存总量（Mt）	EOR 封存量（Mt）	总运输当量（Mt·km）
东北	125.23	27.55	22 761
北部直辖市	25.77	4.63	2 087
北部沿海	269.20	34.44	38 982
中部沿海	317.58	10.63	33 827
南部沿海	166.73	1.27	61 011
中部	492.85	27.18	46 885
西北	388.87	67.68	57 598
西南	131.28	10.51	26 950

如表 8-9 所示，在情景 6 中考虑了注入能力的限制，然而此时该约束对燃煤电厂 CCUS 减排潜力的影响不大。与情景 5 相比，情景 6 中能够与适宜封存地匹配的燃煤电厂的数量和装机量分别下降 2.5% 和 3.0%，CO_2 年封存量降至 1877.54Mt（EOR 占 129.21Mt CO_2/a）。总运输当量从 290 101Mt·km 增加到 455 944Mt·km，增幅高达 57.2%。6 种情景的源汇匹配结果总结如表 8-10 所示。

表 8-9　情景 6 源汇匹配结果

区域	CO_2 封存总量（Mt）	EOR 封存量（Mt）	总运输当量（Mt·km）
东北	121.95	23.29	45 450
北部直辖市	25.77	4.63	2 087
北部沿海	269.20	18.15	30 878

区域	CO₂ 封存总量 （Mt）	EOR 封存量 （Mt）	总运输当量 （Mt·km）
中部沿海	317.58	10.63	35 294
南部沿海	166.73	1.27	74 116
中部	492.85	21.87	71 297
西北	388.87	44.30	137 924
西南	94.60	5.07	58 898

表 8-10　6 种情景下源汇匹配结果汇总

情景	源汇匹配结果				
	燃煤电厂数量	燃煤电厂装机容量 （GW）	CO₂ 封存总量 （Mt）	EOR 封存量 （Mt）	总运输当量 （Mt·km）
情景 1	401	415.21	1 204.16	68.90	61 341
情景 2	242	244.94	744.80	49.66	40 012
情景 3	527	566.22	1 620.75	130.73	135 441
情景 4	415	449.17	1 318.91	100.32	137 417
情景 5	607	683.39	1 917.52	183.89	290 101
情景 6	592	663.11	1 877.54	129.21	455 944

5. 运输距离

一般来说，燃煤电厂到适宜的封存地的距离分布不是均匀的，能够匹配到适宜的 CO₂ 封存地的燃煤电厂主要分布在中国中部、西北、中部沿海和北部沿海地区（占全部匹配的燃煤电厂的 73%~90%），这些地区化石资源丰富，且人口众多。除非运输距离增加到 800km 及以上，否则中国西南地区的燃煤电厂很难找到合适的陆上 CO₂ 封存场地。

在情景 1 中，大部分燃煤电厂的 CO₂ 运输距离在 0~40km 和 60~100km 范围内。如果考虑 CO₂ 注入能力约束（即情景 2），则在 40km 内能够匹配到合适的封存地的燃煤电厂将会减少。情景 1 和情景 2 的平均运输距离分别为 49km 和 54km，虽然情景 3 中的运输距离上限是 250km，但近 90% 的燃煤电厂可以在 175km 范围以内匹配到适宜的封存地。情景 3 中燃煤电厂的平均运输距离约为 85km，而情景 4 中则大于 108km，这是情景 4 中的总运输当量高于情景 3 的主要原因。情景 5 和情景 6 的情况正好相反，情景 5 和情景 6 的平均运输距离分别为

149km 和 258km。因此，即使前者的 CO_2 封存量少于后者，但后者的总运输当量却远高于前者。上述结果表明，增加运输距离可以降低燃煤电厂在封存地方面的竞争。

8.5 主要结论与政策启示

CCUS 技术是中国燃煤电厂大幅减少 CO_2 排放的潜在技术选择，也有助于降低中国实现预期气候变化目标的成本。本章开发了一种优化模型，从源汇匹配的角度评估中国燃煤电厂进行 CCUS 改造后的中长期 CO_2 减排潜力。主要结论如下：

（1）本章提出的优化模型适用于中国燃煤电厂与油田、咸水层的空间匹配。结果表明，燃煤电厂和 CO_2 封存场地呈现错位分布的特点，即封存潜力较大的封存地大部分位于中国的西北和东北，而燃煤电厂主要位于中国的北部、中部和东南地区，但 CO_2 封存地不是限制中国燃煤电厂进行 CCUS 改造的关键因素。

（2）中国陆上咸水层和 EOR 的 CO_2 封存潜力分别为 1004.30Gt 和 5.19Gt，可以满足中国现有燃煤电厂至少 250 年的排放需求。从匹配结果来看，燃煤电厂的 CO_2 减排潜力为 744.80～1917.52Mt CO_2/a，其中 EOR 贡献了 16.11～183.89Mt CO_2/a。能够匹配到合适的 CO_2 封存场地的燃煤电厂大部分（73%～90%）位于中国的中部、西北、中部沿海和北部沿海地区，而中国西南部的燃煤电厂目前无法匹配到合适的陆上 CO_2 封存场地。如果在中国大规模部署 CCUS，咸水层封存将占据主导地位。此外，准噶尔盆地、吐鲁番–哈密盆地、松辽盆地、渤海湾盆地和鄂尔多斯盆地可作为部署 CCUS 的优先区域，特别是 CO_2-EOR。然而，由于地质条件的原因，鄂尔多斯盆地的优先级低于其他四个盆地。

（3）CO_2 的平均运输距离为 49～258km（相应的最大运输距离分别为 100km 和 800km）。相应的 CO_2 运输当量为 40 012～455 944Mt·km。管道运输是 CO_2 大规模运输最经济的方法。然而陆上管道运输技术在中国仍处于示范阶段，车运和内陆船舶 CO_2 运输在中国已经成熟，但其主要用于规模较小的 CO_2 运输（小于100kt/a）（科学技术部社会发展科技司和中国 21 世纪议程管理中心，2019）。因此，中国政府和企业应注重陆上 CO_2 管道运输技术的研发与示范，同时研发低成本、低能耗的 CO_2 捕集技术。

8.6 本 章 小 结

本章首先梳理了我国燃煤电厂碳排放以及封存潜力的现状，然后构建了燃煤电厂 CCUS 的源汇匹配模型，以 EOR 和咸水层封存为重点对象，在将全国划分为八大区域的基础上，分析了不同 CO_2 运输距离以及是否存在注入能力约束情景下的全国燃煤电厂 CCUS 的减排潜力，进一步识别出可优先发展燃煤电厂 CCUS 的区域，最后提出了相关的政策建议。

CO₂ 利用技术减排效率评估[①]

9.1 CO₂ 利用技术评价方法概述

CO₂利用技术是通过利用 CO₂ 的物理、化学或生物特性，在减少 CO₂ 排放的同时实现能源增产增效、矿产资源增采、化学品转化合成、生物农产品增产利用和消费品生产等工农业过程，是具有附加经济效益的减排技术。CO₂ 利用技术正逐渐为国际社会所重视，其研发活动和产业工程逐渐活跃。国际上对 CO₂ 利用技术的评价主要包括两个方面：一是通过 CO₂ 利用技术的收益推动 CCUS 技术发展；二是为过渡到 CCUS 技术做准备，仍是以减排为唯一目标。

对中国而言，CO₂利用技术能够同时兼顾经济发展、能源保障和资源供给、控制 CO₂ 排放和保护环境等多方面的需求，是促进可持续发展的技术选择，具有重要的战略和现实意义。我国处于工业化和城镇化发展的重要阶段，鉴于现阶段产业结构和能源禀赋的特点，本章从 CO₂ 利用技术的工业价值出发，将其看作一类生产活动，在专家调查数据基础上应用超效率数据包络分析（DEA）模型定量评估我国 2020 年和 2030 年各种 CO₂ 利用技术的综合效率情况。评估结果将有助于科学地认识 CO₂ 利用技术在我国的发展潜力，为 CO₂ 利用技术的研发推广应用提供决策依据，进一步促进 CCUS 技术的发展。

对于 CO₂ 利用技术评价而言，相关方法有很多。如何科学合理地选择评价方法，从而使结果具有说服力，将是 CO₂ 利用技术评价的关键。现有的几种用于系统评价的方法都存在一些不足：层次分析法、指标加权评价方法需要主观构造判断矩阵或者主观赋予指标权重，缺乏客观性；主成分分析法和因子分析法没有考虑到不同样本之间的相互影响；Topsis 方法（根据有限个评价对象与理想化目标的接近程度进行排序的方法）需要事先确定一个理想方案和一个负理想方案，而方案的确定也具有很大难度和不确定性。

[①] 本章部分核心内容已于 2015 年发表在 SCI 检索期刊 Journal of CO₂ Utilization 第 11 卷（Fan et al. , 2015）。

因此，本章选择近年来使用较为广泛的 DEA 模型，DEA 模型在求解决策问题时，不是预先用某种方法确定各属性重要性的权值，而是以各决策单元输入、输出属性的权重为变量来内生确定。此外，模型假定每个输入都与一个或多个输出有关，但是，并不需要确定这种关系的显式表达式。同时，效率值的计算不受指标计量单位的影响。因此，对于 CO_2 利用技术这一多投入、多产出的复杂生产系统而言，采用该方法可以有效提高评价的客观性和合理性。

本章采用面向投入的超效率 CCR-DEA 模型来评价 CO_2 利用技术，原因如下：

（1） CO_2 的利用量在此类技术评价中起着关键作用，是重要的投入要素之一，因此，以投入为导向的形式较为合适。

（2）待评价的 CO_2 利用技术大多还处于研发阶段，成熟度较低，发展难度较大，基于专家调查数据的未来技术效率评价在一定程度上存在不确定性。因此，该评价的精度不高，可以采用规模收益不变（CRS）的 CCR 模型。

（3）之所以选择超效率模型，是因为它的独特之处在于它可以对一般 DEA 模型评价中效率得分为 1 的决策单元进行排序。此外，本章还展示了 CCR-DEA、BCC-DEA 模型的效率评分，并与超效率模型结果进行对比。

9.2 超效率数据包络分析方法

数据包络分析（DEA）方法是用数学规划模型来判断决策单元是否技术有效的一种非参数统计方法，可以用于评价具有多投入、多产出的同等类型决策单元的相对效率。在 Charnes 等（1978）提出第一个 CCR-DEA 模型之后，包括 Charnes、Cooper 在内的一系列研究人员为了处理各种类型的应用，提出并改进了原有的模型。DEA 被认为是一种广泛应用于各种领域的效率评估方法，如高等教育（Colbert et al.，2000）、研究与开发（R&D）活动（Zhong et al.，2011）、企业信息（Bendoly et al.，2009）、医院效率（Watcharasriroj and Tang，2004）、银行生产率或绩效（Grigorian，2002）。特别是，随着气候变化和环境问题在全球范围内变得更加突出，DEA 在环境领域（Nouri et al.，2013；Goto et al.，2014）、能源技术领域（Shakouri et al.，2014；Serra et al.，2014；Ramanathan，2001）的效率评估正变得越来越广泛。参照前人关于 DEA 模型的文献（Banker et al.，1984；Andersen and Petersen，1993；Charnes et al.，1978），本节将分别介绍 CCR-DEA 和 BCC-DEA 基本模型及经济特性，以及超效率模型。

9.2.1 CCR-DEA 模型和 BCC-DEA 模型

给定一个包含 n 个决策单元（DMUs）的系统，每个 DMU 都有多个输入 $(x_{1o}, \cdots, x_{mo})$ 和多个输出 $(y_{1o}, \cdots, y_{so})$，DEA 模型是通过确定虚拟输出和虚拟输入公式中的一组（未知）权值 v_i 和 u_r，使虚拟输出（Virtual output）和虚拟输入（Virtual input）的比例最大化：

$$\text{Virtual input} = v_1 x_{1o} + \cdots + v_m x_{mo}$$
$$\text{Virtual output} = u_1 y_{1o} + \cdots + u_s y_{so}. \tag{9-1}$$

最优权值可能（通常也会）随 DMU 的不同而变化。因此，DEA 中的"权值"不是预先给定的，而是根据数据内生确定的。以算法的形式描述的 CCR-DEA 的基本模型如下。

假设有 n 个 DMUs：DMU_1，DMU_2，$\cdots$，DMU_n。让 DMU_j 的输入输出数据分别为 x_{1j}，x_{2j}，$\cdots$，x_{mj} 和 y_{1j}，y_{2j}，$\cdots$，y_{sj}。在任何优化试验中，DMU_j 被看作 DMU_0。通过求解下面的分式规划问题（FP_0），来获得作为变量的输入"权"向量 $\boldsymbol{v}$ 和输出"权"向量 $\boldsymbol{u}$ 的值。

$$\text{FP}_0 \begin{cases} \max & \theta = \dfrac{\boldsymbol{u}^{\text{T}} \boldsymbol{y}_0}{\boldsymbol{v}^{\text{T}} \boldsymbol{x}_0} \\ \text{s. t.} & \dfrac{\boldsymbol{u}^{\text{T}} \boldsymbol{y}_j}{\boldsymbol{v}^{\text{T}} \boldsymbol{x}_j} \leqslant 1, j = 1, 2, \cdots, n \\ & u \geqslant 0, v \geqslant 0, u \neq 0, v \neq 0 \end{cases} \tag{9-2}$$

假设 $t = \dfrac{1}{\boldsymbol{v}^{\text{T}} \boldsymbol{x}_0}$，$\boldsymbol{\mu} = t\boldsymbol{u}$，$\boldsymbol{\omega} = t\boldsymbol{v}$，可以得到 $\boldsymbol{\omega}^{\text{T}} \boldsymbol{x}_0 = 1$。以上分式规划（$\text{FP}_0$）可以用下面的线性规划（$\text{LP}_0$）代替：

$$\text{LP}_0 \begin{cases} \min & \theta = \boldsymbol{\mu}^{\text{T}} \boldsymbol{y}_0 \\ \text{s. t.} & \boldsymbol{\omega}^{\text{T}} \boldsymbol{x}_0 = 1 \\ & \boldsymbol{\mu}^{\text{T}} \boldsymbol{y}_j \leqslant \boldsymbol{v}^{\text{T}} \boldsymbol{\omega}_j, j = 1, 2, \cdots, n \\ & \boldsymbol{\mu} \geqslant 0, \boldsymbol{\omega} \geqslant 0, \boldsymbol{\mu} \neq 0, \boldsymbol{\omega} \neq 0 \end{cases} \tag{9-3}$$

LP_0 的最优解用 $(\theta^*, \boldsymbol{\omega}^*, \boldsymbol{\mu}^*)$ 表示，如果 $\theta^* = 1$ 并且至少存在一个最优解 $(\boldsymbol{v}^*, \boldsymbol{\mu}^*)$ 满足 $\boldsymbol{\omega}^* > 0$，$\boldsymbol{\mu}^* > 0$，我们就确定了 DMU_0 是 CCR 有效的，否则 DMU_0 是非 CCR 有效的。然而，用这种方法判断是否 CCR 有效并不是很直接，因此，为了发现可能的输入过剩和输出不足，学者提出了一个含有非阿基米德无穷小（$\varepsilon > 0$）和松弛变量（$\boldsymbol{s}^+$，$\boldsymbol{s}^-$）的改进模型，用下面的对偶规划 $\text{DLP}(\varepsilon)$

表示：

$$\mathrm{DLP}(\varepsilon)\begin{cases} \min & \theta-\varepsilon\left(\mathbf{e}_m^{\mathrm{T}}\mathbf{s}^-+\mathbf{e}_s^{\mathrm{T}}\mathbf{s}^+\right) \\ \text{s. t.} & \theta\mathbf{x}_0-\mathbf{X}\boldsymbol{\lambda}-\mathbf{s}^-=0 \\ & \mathbf{Y}\boldsymbol{\lambda}-\mathbf{s}^+=\mathbf{y}_0 \\ & \boldsymbol{\lambda},\mathbf{s}^+,\mathbf{s}^-\geq0 \end{cases} \tag{9-4}$$

当 ε 大于 0 但无穷小且小于任何正值时，$\mathbf{e}^{\mathrm{T}}$ 为所有元素（$\mathbf{e}_m^{\mathrm{T}}=(1,1,\cdots,1)^{\mathrm{T}}\in R_m$，$\mathbf{e}_s^{\mathrm{T}}=(1,1,\cdots,1)^{\mathrm{T}}\in R_s$）的单位行向量，$s^-$ 和 s^+ 分别为输入向量的松弛变量和输出向量的松弛变量。

以上所讨论的 CCR 模型是建立在规模收益不变（CRS）的假设基础上的，未考虑现实中可能存在的具有其他不同假设的生产可能集。因此，这种局限性导致了 1984 年 CCR 模型的一个代表性扩展，即 BCC（Banker-Charnes-Cooper）-DEA 模型（Banker et al.，1984）。与 CCR 模型不同，BCC 模型的生产边界由现有 DMUs 的凸包所包络，这形成了可变规模收益（VRS）的特征。在公式表达方面，在 BBC 模型中给出了额外的凸性约束，如下面的非阿基米德无穷小形式的规划所示。

$$\mathrm{DLP}(\varepsilon)\begin{cases} \min & \theta-\varepsilon\left(\mathbf{e}_m^{\mathrm{T}}\mathbf{s}^-+\mathbf{e}_s^{\mathrm{T}}\mathbf{s}^+\right)^{\mathrm{T}} \\ \text{s. t.} & \theta\mathbf{x}_0-\mathbf{X}\lambda-\mathbf{s}^-=0 \\ & \mathbf{Y}\lambda-\mathbf{s}^+=\mathbf{y}_0 \\ & \mathbf{e}^{\mathrm{T}}\lambda=1 \\ & \lambda,\mathbf{s}^+,\mathbf{s}^-\geq0 \end{cases} \tag{9-5}$$

9.2.2　DEA 有效的经济特征

如果把不同的决策单元看作是特定的生产活动，当用 DEA 有效或非 DEA 有效来识别它们时，就会发现它们具有一定的经济意义。假设 $\mathrm{DLP}(\varepsilon)$ 的最优解为 $\boldsymbol{\lambda}^0$、s^{-0}、s^{+0}、θ^0，则无论在 CRS 模式还是 VRS 模式下，都可以得到以下经济特征：

（1）如果 $\theta^0<1$，DMU_0 是非 DEA 有效的，意味着其组织或经济结构不合理，应针对该生产活动采取改进措施。

（2）如果 $\theta^0=1$，$\mathbf{e}_m^{\mathrm{T}}s^-+\mathbf{e}_s^{\mathrm{T}}s^+>0$，$\mathrm{DMU}_0$ 是弱 DEA 有效，这意味着，对于 n 个 DMUs 的整个经济系统，保持 DMU_0 的输出不变的同时，输入 $\boldsymbol{x}_0$ 可以减少 s^-；或者输入不变的同时，DMU_0 的输出可以增加 s^+。

（3）如果 $\theta^0=1$，$\mathbf{e}_m^{\mathrm{T}}s^-+\mathbf{e}_s^{\mathrm{T}}s^+=0$，$\mathrm{DMU}_0$ 是 DEA 有效的，这意味着在整个经济系统中，DMU_0 的产出 $\boldsymbol{y}_0$ 在原始投入 $\boldsymbol{x}_0$ 的情况下达到最佳的状态。

9.2.3 超效率 DEA

超效率 DEA 模型是由 Andersen 和 Petersen（1993）提出，旨在对普通的 CCR-DEA、BCC-DEA 或其他 DEA 模型的效率得分为 1 的有效决策单元进行排序。超效率 DEA 模型的效率得分是通过将待评价的 DMU 排除在参考集之外获得的。对于输入模型，这可以得到 DMUs 被视为"超有效"状态的值。然后使用这些值对 DMUs 进行排序，从而消除一些（但不是全部）对于有效 DMUs 的影响（Cooper et al.，2007）。

面向输入的超效率 CCR-DEA 要求放宽 CCR 模型的约束，如下面的规划所示：

$$\text{SDLP}(\varepsilon) \begin{cases} \min & \theta - \varepsilon(\mathbf{e}_m^{\mathrm{T}}\mathbf{s}^- + \mathbf{e}_s^{\mathrm{T}}\mathbf{s}^+) \\ \text{s. t.} & \theta\boldsymbol{x}_0 = \sum_{j=1,\neq 0}^{n} \lambda_j x_j + \boldsymbol{s}^- \\ & y_0 = \sum_{j=1,\neq 0}^{n} \lambda_j y_j - \boldsymbol{s}^+ \\ & \lambda, \boldsymbol{s}^+, \boldsymbol{s}^- \geqslant 0 \end{cases} \tag{9-6}$$

9.3 评价指标体系构建和数据来源

9.3.1 决策单元（DMUs）的定义

本章在《中国二氧化碳利用技术评估报告》（中国 21 世纪议程管理中心，2014）中 25 种 CO_2 地质利用、化工利用和生物利用技术中选取了 20 种技术作为决策单元进行 DEA 效率评价（表 9-1）。未作为决策单元的利用技术主要包括地质利用中的 EGR、ESGR、EGS、EUL 和化工利用中的 CTF，因这些技术的减排效果为 0，故将其剔除。

表 9-1 使用的技术描述为 DMUs

CO_2 利用技术	缩写
CO_2 地质利用技术	
CO_2 强化石油开采技术	EOR
CO_2 强化煤层气开采技术	ECBM

CO₂利用技术	缩写
CO₂强化深部咸水开采技术	EWR
CO₂化工利用	
CO₂与甲烷重整制备合成气技术	CDR
CO₂裂解一氧化碳制备液体燃料技术	CTL
CO₂直接加氢合成甲醇技术	CTM
CO₂合成有机碳酸酯技术	CTD
CO₂合成可降解聚合物材料技术	CTP
CO₂间接非光气合成异氰酸酯/聚氨酯技术	CTU
CO₂间接制备聚碳酸酯/聚酯材料技术	CTPC
CO₂合成聚酯材料（对苯二甲酸乙二酯）	CTPET
CO₂合成聚酯材料（丁二酸乙二醇聚酯）	CTPES
钢渣矿化利用 CO₂技术	SCU
间接钢渣矿化利用 CO₂技术	ISCU
磷石膏矿化利用 CO₂技术	PCU
钾长石加工联合 CO₂矿化技术	PCM
CO₂生物利用	
微藻固定 CO₂转化为生物燃料和化学品技术	AB
微藻固定 CO₂转化为生物肥料技术	AF
微藻固定 CO₂转化为食品和饲料添加剂技术	AS
CO₂气肥利用技术	GF

注：更为详细的利用技术解释见《中国二氧化碳利用技术评估报告》

此外，由于大部分 CO_2 利用技术在我国尚处于研发阶段，目前并没有实现项目应用，故仅对预期的 2020 年和 2030 年的各利用技术进行评价。其中，CTL（热解）化工利用技术在 2020 年无法实现减排，因此，对 2020 年技术决策单元评价时将其剔除。此外，为保证决策单元数量，20 种技术在 DEA 评价时没有分类进行，但考虑到不同年份价格指数的差异，分别评估了 2020 年和 2030 年的技术效率情况。

9.3.2　投入产出指标体系建立

选取和构建合理的投入、产出指标体系是进行 DEA 模型评价的前提和要求。

本小节从 CO_2 利用技术的减排特点出发，并结合数据可获性，构建含三项投入要素和三项产出要素的 DEA 评价指标体系，其中投入指标越小越好，产出指标越大越好。如表 9-2 所示，从产出角度分为两类评价：考虑替代减排（产品或原料替代减排）和不考虑替代减排两种情况。

表 9-2　DEA 评价的投入产出指标体系

投入	产出（考虑替代减排）	产出（不考虑替代减排）
CO_2 直接利用	综合减排潜力	直接减排潜力
技术成熟度	产品的工业产值	产品的工业产值
技术应用的地理特点	环境及社会效益	环境及社会效益

1. 投入要素指标

投入指标由三类要素构成：

（1）CO_2 直接利用量。由于与同类型其他技术相比，CO_2 投入量构成 CO_2 利用技术实施的额外成本，这主要体现于 CCUS 技术的 CO_2 捕获成本上。

（2）技术成熟度（分值）。作为处于研发阶段的新技术，CO_2 利用技术的成熟度直接影响生产效率，技术成熟度越高，利用条件越稳定。

（3）地理局限（分值）。同样是考虑 CO_2 的利用成本，碳源匹配情况越好，CO_2 运输成本越低。

2. 产出要素指标

产出指标共包括三类要素：

（1）减排潜力。包括综合减排量或直接减排量两种指标。由于 CO_2 利用技术一方面消耗了 CO_2，另一方面利用过程中又会重新产生 CO_2，直接减排量综合反映了这一过程；而考虑到技术利用过程可能存在原料替代减排和产品替代减排，这构成了综合减排量指标；CO_2 减排量是衡量 CO_2 利用技术效果的重要方面。

（2）产品的工业产值。CO_2 推广的关键在于其经济效益，工业产值是生产收益的重要方面，在此采用工业产值而不是产品产量，主要是因为不同类型的利用技术（地质、化工、生物）的工业产品类型大多不同，DEA 评估要求决策单元具有同质可比性，故采用工业产值指标。

（3）环境和社会效益（分值）。CO_2 利用技术不仅具有工业利用价值，还具有减少工业用水、硫化物、氮化物及固体废弃物等污染物排放的环境效益，环境和社会效益指标也应作为重要的产出指标之一。

9.3.3 数据来源及说明

各投入产出指标数据来源于专家打分或专家估计，参考由中国 21 世纪议程管理中心（2014）组织开展的 CO_2 利用技术综合评估的专家调查结果，对其中的范围值指标进行平均合并，并对其中的定性描述指标（地理局限）进行量化调整，见表 9-3。

表 9-3　投入产出相关指标的定义及打分规则

指标		解释
输入指标	直接利用量	CO_2 直接利用量＝直接利用率×产量，其中直接利用率是指单位产品生产过程中直接消耗的 CO_2 量
	技术成熟度	技术成熟度可分为五个层次："基础研究"是指实验室小型实验已经完成（1 分）；"技术开发"是指已完成全流程中试试验（小于工业规模的 10%）（2 分）；"技术示范"指已完成全流程示范（行业规模的 10%～50%）（3 分）；"工业应用"是指至少有一套全流程工业规模设施在运行（工业规模的 50%～100%）（4 分）；"商业应用"是指多套工业规模的全流程设施投入使用（5 分）。可根据实际情况取小数
	技术难度	技术难度分为四个层次。"容易"意味着关键要素技术已经存在，但缺乏大规模运营经验（1 分）；"相对容易"是指仍有一项关键要素技术需要验证或突破（2 分）；"相对困难"是指需要验证或突破的关键要素技术不止一项（3 点）；"困难"意味着我们仍在探索技术原理和关键要素技术（4 点）。可取小数
	技术成熟度	目标年份的成熟度＝2012 年的成熟度＋（目标年份－2012）/（A×难度分数）。A 为开发阶段的耗时系数，地质利用阶段为 5 年，化学利用阶段为 3 年，生物利用阶段为 3 年
	CO_2 源的地理局限	CO_2 源的地理限制是指 CO_2 排放源与利用场地之间的地理匹配程度。可描述如下：无匹配局限、有匹配局限、有较大的匹配局限。在 DEA 评价中，根据不同情况，以 1～5 分进行评价
输出指标	直接减排率	直接减排率是指单位产品生产过程中 CO_2 使用量与新增 CO_2 排放量的差值。新增排放量以生产相同产品且不以 CO_2 作为原料的工艺为基础进行估算

指标		解释
输出指标	原料替代减排率	原料替代减排率是指利用技术单位产品所耗原料替代传统技术中使用的常规原料所实现的 CO_2 减排。原料替代减排率=单位原料热值/标准煤热值×原料消耗量×每吨标准煤的 CO_2 排放量
	产品替代减排量	产品替代减排量是指通过利用技术得到的产品替代传统的碳密集型产品而实现的 CO_2 减排。产品替代减排量=单位产品热值/标准煤热值×产量×每吨标准煤 CO_2 排放量−生产或燃烧过程中排放的 CO_2
	综合减排率	综合减排率=直接减排率+原料替代减排率+产品替代减排率
	综合减排潜力	综合减排潜力=综合减排率×产量
	产品工业产值	产品工业产值=预测单价×预测产量。预测单价以 2012 年不变价格为基础。不同技术的预测产量取决于各时点的发展水平、市场份额和资源或能源限制
	环境及社会效益	环境和社会效益是指利用技术与传统技术相比，在减少 CO_2 排放以外可能减少或增加的环境影响程度（三废、能源消耗、水消耗）及社会发展的贡献度（能源安全、资源保障、产业结构、区域经济发展、投资和就业等）。根据专家的意见，在−5 到 5 区间内选择分值，并对正在比较的技术和原因进行了说明

关于 2020 年和 2030 年各种 CO_2 利用技术的综合减排潜力来自《中国二氧化碳利用技术评估报告》（中国 21 世纪议程管理中心，2014），如表9-4 所示。

表9-4 2020 年和 2030 年 CO_2 利用技术减排潜力

CO_2 利用技术		2020 年综合减排潜力（万 t/a）	2030 年综合减排潜力（万 t/a）
CO_2 地质利用技术	EOR	316	2360
	ECBM	6.93～13.66	125～250
	EWR	60	3 400～3 700
CO_2 化工利用	CDR	1 500	5 000
	CTL	0	250
	CTM	2 000	5 000
	CTD	350	500
	CTP	10	50
	CTU	6～18	70
	CTPC	156	195
	CTPET	2	15

中国燃煤电厂 CCUS 项目投资 决策与发展潜力研究

CO₂ 利用技术		2020 年综合减排潜力（万 t/a）	2030 年综合减排潜力（万 t/a）
CO₂ 化工利用	CTPES	2	15
	SCU	500	1 500
	ISCU	10	240
	PCU	10	100
	PCM	10	200
CO₂ 生物利用	AB	2.56	5.12
	AF	9.8	116.4
	AS	0.2	0.7
	GF	0.36	14.4

9.4 CO_2 利用技术的效率评估结果

将专家调查数据作为 DMUs 的输入和输出，运用 CCR-DEA、BCC-DEA 和 SE-DEA 模型，分别在 2020 年和 2030 年 CO_2 利用技术的两种情景下进行了评估，其中每种情景为是否考虑替代性减排。模型求解工具为 DEA Solver 软件，评价结果如表 9-5 ~ 表 9-8 所示。

9.4.1 2020 年 CO_2 利用技术的 DEA 评价

（1）从表 9-5 中 CCR-DEA 和 BCC-DEA 的得分可以看出，有效与无效的 DMUs 之间的区别在于得分等于 1 还是小于 1。其中，CCR-DEA 结果显示，2020 年综合减排情况下，19 种 CO_2 利用技术中，有 10 种技术是有效的决策单元，占总量的 52.6%，分别是化工利用技术 CTM、CTD、CTPC、CTPET、CTPETS、SCU、ISCU 和生物利用技术 AS 和 GF。而几项地质利用技术却均处于 DEA 无效状态，且效率分值较低，这表明，CO_2 地质利用技术（EOR、ECBM、EWR）存在投入冗余或产出不足状况，其他非有效的技术也是如此。相比较而言，BCC-DEA 的效率值均大于或等于 CCR-DEA 的效率值，而且 BBC-DEA 的评估结果产生了更多的 DEA 有效的决策单元。这是因为，BBC-DEA 计算出来的结果为纯技术效率，而 CCR-DEA 是对纯技术效率和规模效率的综合考察。

（2）通过 SE-DEA 模型对 CCR-DEA 效率值为 1 的技术进行了进一步的评价排序，而非有效的技术的效率值与 CCR-DEA 的效率值完全一致。综合减排情景下 2020 年 CO_2 利用技术得分最高的是 AS 和 CTPET，分别达到 3.73 和 3.04，CTPC、CTPETS、GF、ISCU、CTM、SCU、PCM、CTD 的 SE 分值均在 1~2，分列第 3~10 位，这些技术同时达到技术有效和规模有效。各表还给出了有效决策单元在评价其他技术中被用来构成 DEA 有效前沿面的总次数，以及非有效决策单元对应的前沿面上的有效决策单元。一般而言，构成有效前沿面的各个 DMU 相对于那个被评价的 DMU 来说，是比较理想的。可见，最为理想的 CO_2 利用技术有 8 项（前沿面次数不为 0 的有效 DMU，见表 9-5）。

（3）对表 9-5 和表 9-6 进行比较发现，与综合减排情景相比，不考虑替代减排的直接减排情景下，大多数 CO_2 利用技术的 DEA 有效性（是否有效）没有发生变化。例外的是，地质利用技术 EOR 由原来的无效变为有效，化工利用技术 SCU 由原来的有效变得无效。产品替代减排和原料替代减排对于工业生产活动是隐性的，难以获得直接的经济收益，在直接减排情景下 CO_2 利用技术的有效性排序情况对于工业生产企业尤为重要。非有效技术对应的有效前沿面上的 DMUs 以及有效技术作为前沿面的次数也发生了变化，这表明是否考虑替代减排对于 CO_2 利用技术的有效性改进方向具有较大影响。有效值为 1 的两项生物利用技术因其作为前沿面次数为 0，并不在最为理想的 8 个决策单元之列。

表 9-5　基于替代减排情景下 2020 年不同 CO_2 利用技术的 DEA 效率得分预测

DMUs	CCR-DEA		BCC-DEA		SE-DEA		前沿面次数 *
	分数	排名	分数	排名	分数	排名	
EOR	0.53	18	0.54	18	0.53	18	CTM、CTPET、PCM
ECBM	0.68	16	0.82	16	0.68	16	SCU、ISCU、AS
EWR	0.57	17	0.60	17	0.57	17	CTM、PCM
CDR	0.95	12	1	1	0.95	12	CTM、PCM
CTM	1	1	1	1	1.47	7	5
CTD	1	1	1	1	1.25	10	0
CTP	0.80	15			0.80	15	CTPET、ISCU、PCM
CTU	0.88	13			0.88	13	CTPC、CTPET、PCM、CTPETS、ISCU
CTPC	1	1	1	1	1.71	3	1
CTPET	1	1	1	1	3.04	2	3
CTPETS	1	1	1	1	1.60	4	2

DMUs	CCR-DEA		BCC-DEA		SE-DEA		前沿面次数*
	分数	排名	分数	排名	分数	排名	
SCU	1	1	1	1	1.37	8	2
ISCU	1	1	1	1	1.48	6	3
PCU	0.98	11	1	1	0.98	11	CTM、PCM
PCM	1.00	1	1	1	1.30	9	8
AB	0.38	19	0.40	19	0.38	19	CTPETS、PCM
AF	0.87	14	1	1	0.87	14	CTM、SCU、PCM
AS	1	1	1	1	3.73	1	1
GF	1	1	1	1	1.51	5	0

*对于高效率的 DMUs，本栏显示了该 DMU 作为其他 DMUs 评估前沿的数量；对于低效率 DMUs，这一栏显示了由其边界组成的 DMUs。与表 9-6~表 9-8 相同

表 9-6　直接减排情景下 2020 年不同 CO_2 利用技术的 DEA 效率得分预测

DMUs	CCR-DEA		BCC-DEA		SE-DEA		前沿面次数*
	分数	排名	分数	排名	分数	排名	
EOR	1	1	1	1	1.10	10	1
ECBM	0.64	18	0.75	18	0.64	18	CTPC、CTPETS、PCM
EWR	0.93	14	1	1	0.93	14	EOR、CTPET、PCM
CDR	0.95	13	1	1	0.95	13	CTM、PCM
CTM	1	1	1	1	2.01	3	3
CTD	1	1	1	1	1.25	9	1
CTP	0.81	17	1	1	0.81	17	CTPC、CTPET、ISCU、PCM
CTU	0.88	16	1	1	0.88	16	CTPC、CTPET、CTPETS、PCM
CTPC	1	1	1	1	1.72	4	4
CTPET	1	1	1	1	3.04	2	4
CTPETS	1	1	1	1	1.60	5	3
SCU	0.97	12	1	1	0.97	12	CTM、CTD、PCM
ISCU	1	1	1	1	1.38	7	1
PCU	0.98	11	1	1	0.98	11	CTM、PCM

DMUs	CCR-DEA		BCC-DEA		SE-DEA		前沿面次数*
	分数	排名	分数	排名	分数	排名	
PCM	1	1	1	1	1.34	8	9
AB	0.38	19	0.40	19	0.38	19	CTPC、CTPET
AF	0.90	15	1	1	0.90	15	CTPC、CTPET
AS	1	1	1	1	3.73	1	0
GF	1	1	1	1	1.51	6	0

9.4.2　2030 年 CO_2 利用技术的 DEA 评价

（1）从 2030 年各项 CO_2 利用技术的评价结果看（表 9-7），在考虑综合减排效果情形下，20 项技术中 CCR 有效的决策单元有 11 个，分别是 CDR、CTM、CTD、CTP、CTU、CTPET、CTPETS、SCU、ISCU、PCM 和 AS，占决策单元总数的 55%，其中 10 项属于化工利用技术类型，1 项属于生物利用技术类。在仅考虑直接减排效果情形下（表 9-8），2030 年 20 项技术中 CCR 有效的决策单元有 13 个，占比 65%，也明显高于 2020 年同情景下的结果（52.6%，见表 9-5）。无论是否考虑替代减排，2030 年非有效的决策单元的效率得分相对 2020 年同情形也更高，都在 0.6 分以上。因此，总体来看，与 2020 年同种情形相比，2030 年各项利用技术的有效性范围和程度均有所提高。其中较为明显的表现包括 CDR、CTP、CTU 技术由原来的无效变为有效，且后两者改善程度更大。无论是否考虑替代减排，可变规模报酬（VRS）条件下的 BCC-DEA 2030 年各决策单元与 2020 年类似。

（2）SE-DEA 对有效决策单元的排序结果表明，AS 技术的超效率得分远高于其他技术，达 9.57，CTPET、CTPETS、SCU、CTM、PCM、ISCU、CTD、CTU、CDR、CTP 得分在 1～2，依次分别列于第 2～11 位。从前沿面次数来看，最为理想的 DMUs 共 8 个，且全部属于化工利用技术。超效率得分和前沿面情况均与 2020 年有所不同。

（3）对比表 9-7 和表 9-8 发现，综合减排指标情形下，2030 年四个非有效的决策单元在直接减排指标下变为有效单元，分别是 EOR、EWR、CTPC 和 AF，其中两种地质利用技术 EWR 和 EOR 的效率改善明显，超效率得分分别为 2.89 和 1.25，位居第 2 位和第 8 位。另有 2 种技术 CDR 和 SCU 由有效 DMU 变成无效，效率值略小于 1。总体来看，CO_2 利用技术在直接减排指标体系下的效率更高，这可能与直接经济效益的主流需求有关。

表 9-7　基于替代减排情景下 2030 年不同 CO_2 利用技术的 DEA 效率得分预测

DMUs	CCR-DEA		BCC-DEA		SE-DEA		前沿面次数[*]
	分数	排名	分数	排名	分数	排名	
EOR	0.97	14	0.98	17	0.97	14	CTM、CTD、CTPET
ECBM	0.59	20	0.71	19	0.59	20	ISCU
EWR	0.81	18	0.89	18	0.81	18	CTM、PCM
CDR	1	1	1	1	1.04	10	0
CTL	0.92	16	1	1	0.92	16	CTPETS、SCU、PCM
CTM	1	1	1	1	1.35	5	2
CTD	1	1	1	1	1.26	8	1
CTP	1	1	1	1	1.02	11	1
CTU	1	1	1	1	1.08	9	0
CTPC	1.00	12	1	1	1	12	CTP、CTPETS
CTPET	1	1	1	1	1.76	2	1
CTPETS	1	1	1	1	1.54	3	4
SCU	1	1	1	1	1.39	4	1
ISCU	1	1	1	1	1.28	7	3
PCU	0.98	13	1	1	0.98	13	ISCU、PCM
PCM	1	1	1	1	1.35	6	6
AB	0.60	19	0.60	20	0.60	19	CTPETS、PCM
AF	0.88	17	1	1	0.88	17	ISCU、PCM
AS	1	1	1	1	9.57	1	0
GF	0.97	15	1	1	0.97	15	CTPETS、PCM

表 9-8　基于直接减排情景下 2030 年不同 CO_2 利用技术的 DEA 效率得分预测

DMUs	CCR-DEA		BCC-DEA		SE-DEA		前沿面次数[*]
	分数	排名	分数	排名	分数	排名	
EOR	1	1	1	1	1.25	8	0
ECBM	0.79	19	0.81	19	0.79	19	CTPC、AF

DMUs	CCR-DEA		BCC-DEA		SE-DEA		前沿面次数*
	分数	排名	分数	排名	分数	排名	
EWR	1	1	1	1	2.89	2	1
CDR	0.94	18	1	1	0.94	18	CTM、PCM
CTL	0.98	15	1	1	0.98	15	EWR、PCM、AF
CTM	1	1	1	1	1.21	9	2
CTD	1	1	1	1	1.26	7	0
CTP	1	1	1	1	1.09	12	0
CTU	1	1	1	1	1.08	13	0
CTPC	1	1	1	1	1.31	6	1
CTPET	1	1	1	1	1.83	3	0
CTPETS	1	1	1	1	1.54	4	2
SCU	0.97	16	1	1	0.97	16	CTM、PCM
ISCU	1	1	1	1	1.21	10	1
PCU	0.98	14	1	1	0.98	14	ISCU、PCM
PCM	1	1	1	1	1.37	5	6
AB	0.60	20	0.60	20	0.60	20	CTPETS、PCM
AF	1	1	1	1	1.18	11	2
AS	1	1	1	1	9.57	1	0
GF	0.97	17	1	1	0.97	17	CTPETS、PCM

9.5 主要结论与政策启示

（1）本章构建了完整的 CO_2 利用技术评价指标体系，为评估 CO_2 利用技术的有效性提供了科学依据。基于 CO_2 利用技术的生产活动特点，构建了综合效率评价的 DEA 投入产出指标体系，分别囊括了 CO_2 利用量、技术成熟度和地理局限性三项投入型指标，以及减排潜力、工业产值和环境社会影响三项产出型指标。此外，考虑到企业利益和全局利益的区别，产出指标中减排潜力区分了包括替代减排在内的综合减排潜力和直接减排潜力，从而形成两套 DEA 评估模型。进一步，利用专家打分法得到各指标的定量预估结果，对 20 项主要的 CO_2 利用技术进行超效率 DEA 评价。

（2）以化工利用为主的 10 多项 CO_2 利用技术具有较大的推广价值。效率评价结果表明，各项 CO_2 利用技术的综合效率存在差异，各阶段情形的技术中分别有 10 ~ 13 种技术处于有效状态，绝大多数属于化工利用技术。然而，还有较多的 CO_2 利用技术尚处于无效状态，从 2020 年预估情形来看，将近一半的技术存在效率改进空间。

（3）不同减排潜力指标下 CO_2 地质利用技术有效性不同。在综合减排指标体系下，2020 年和 2030 年的 CO_2 地质利用技术均处于无效状态，然而，在直接减排指标体系下，地质利用技术 EOR 和 EWR 分别由无效变为有效，这反映了在不考虑替代减排时，该技术同样值得推广，这为不同决策主体（政府或企业）提供了科学的决策依据。

（4）各种 CO_2 生物利用技术的 DEA 效率评价结果差异显著。生物利用技术中 AS 的超效率得分值在各情形下均居首位，显著高于其他技术，体现了将固态与高附加值产品结合起来的独特优势。GF 技术在 2020 年两种减排指标衡量下处于有效状态，2030 年效率得分略低于 1，AF 技术在 2030 年直接减排指标评价中也处于有效状态，这些生物技术推广难度不大。然而 AB 技术在各情形下均 DEA 无效，在各技术效率排序中处于首位，该技术的推广宜综合考虑配套措施。

（5）无论是考虑综合减排指标还是仅考虑直接减排指标，2030 年 CO_2 利用技术的有效范围和整体效率水平较 2020 年均有所改善。例如，直接减排作为产出指标情形下，2030 年技术有效比例达 65%，非有效的技术得分最低 0.6，而相同情形下 2020 年这两项数值分别是 52.6% 和 0.38。在一定程度上证明了专家对未来技术的预估打分及本评估研究的合理性。

由于以下几个方面的原因，本研究结果还比较初步，排序结果不等同于未来发展前景预估：①DEA 评价的投入要素仅考虑了 CO_2 相关的成本指标，其他原材料、产品、设备投入因数据缺乏没有作为投入指标，因此，评价结果仅仅从 CO_2 利用效率视角来开展，并非各项技术的整体经济效益的效率评价；②考虑到三种类型 CO_2 利用技术的可比性问题，我们在产出指标选取时采用的产值而非产量，但是由于不同 CO_2 利用技术的应用机理及产品生产过程差异较大，不可避免地导致评价结果的初步性；③由于目前条件下，中国大部分 CO_2 利用技术没有实际的减排效果，本章仅对 2020 年和 2030 年的预估情形分别进行了效率评价，一方面可能无法反映各项技术当前情况下的前发展水平（相对成熟的 EOR 等技术），另一方面，预估数据来源于专家打分，不可避免地会存在一定的主观性。

9.6　本章小结

　　本章首先梳理了CO_2在地质、化学和生物三个方面的具体利用途径，利用超效率数据包络分析模型构建了CO_2利用技术的减排效率的评价指标体系，对不同的CO_2利用技术进行了打分和估计，并对 2020 年和 2030 年CO_2利用技术的减排效率进行了 DEA 评价和结果对比，研究结果为我国科学部署和规划CO_2利用技术提供了理论基础，最后依据研究结论提出了相应的政策建议。

参考文献

北京环境交易所 . 2018. https：//www. bjets. com. cn/article/jyxx/.

蔡博峰，李琦，林千果，等 . 2020. 中国二氧化碳捕集、利用与封存（CCUS）报告 . 北京：生态环境部环境规划院 .

陈兵，肖红亮，李景明 . 2018. 二氧化碳捕集、利用与封存研究进展 . 应用化工，47：589-592.

刁玉杰，朱国维，金晓琳，等 . 2017. 四川盆地理论 CO_2 地质利用与封存潜力评估 . 地质通报，36：1088-1095.

《第三次气候变化国家评估报告》编写委员会 . 2015. 第三次气候变化国家评估报告 . 北京：科学出版社 .

国家发展改革委 . 2015-12-27. 关于降低燃煤发电上网电价和一般工商业用电价格的通知 . https：//www. ndrc. gov. cn/xxgk/zcfb/tz/201512/t20151230_963541. html. ［2020-02-02］.

国家发展改革委 . 2017- 12- 19. 关于 2018 年光伏发电价格政策的通知 . https：//www. ndrc. gov. cn/xxgk/zcfb/ghxwj/201712/t20171222_960932. html. ［2020-02-02］.

国家能源局 . 2019-03-19. 2018 年光伏发电量统计数据 . http：//www. nea. gov. cn/2019-03/19/c_137907428. htm. ［2020-02-02］.

国家统计局 . 2017. 中国能源统计年鉴 2017. 北京：中国统计出版社 .

国家统计局能源统计司 . 2019. 中国能源统计年鉴 2018. 北京：中国统计出版社 .

纪龙，曾鸣 . 2014. 燃煤电厂 CO_2 捕集与利用技术综述 . 煤炭工程，46：90-92.

江天生 . 2004. 天然气发电项目的经济性分析 . 北京：清华大学 .

科学技术部社会发展科技司，中国 21 世纪议程管理中心 . 2012. 中国碳捕集、利用与封存技术发展路线图研究 . 北京：科学出版社 .

科学技术部社会发展科技司，中国 21 世纪议程管理中心 . 2019. 中国 CCUS 发展路线图（2019）. 北京：科学出版社 .

李小春，刘延锋，白冰，等 . 2006. 中国深部咸水含水层 CO_2 储存优先区域选择 . 岩石力学与工程学报，5：963-968.

内蒙古煤炭交易中心 . 2018. 中国电煤价格指数 . http：//www. imcec. cn/zgdm.

史珺 . 2012. 光伏发电成本的数学模型分析 . 太阳能，2：53-58.

孙艳伟，王润，肖黎姗，等 . 2011. 中国并网光伏发电系统的经济性与环境效益 . 中国人口·资源与环境，21：88-94.

王小丰 . 2017. 探究 CO_2 捕集，运输和封存技术的现状、发展与挑战 . 当代化工研究，5：111-112.

王许，姚星，朱磊.2018. 基于低碳融资机制的 CCUS 技术融资研究. 中国人口·资源与环境，212：20-28.

许世森，郜时旺.2009. 燃煤电厂二氧化碳捕集、利用与封存技术. 上海节能，9：8-13.

亚洲开发银行.2015. 中国碳捕集与封存示范和推广路线图研究.

杨锦琦.2016. 我国碳捕集利用与封存（CCUS）发展现状、问题及对策研究. 经济，7：107-108.

生态环境部.2018.2017 年度减排项目中国区域电网基准线排放因子.

张正泽 2010. 基于实物期权的燃煤电站 CCS 投资决策研究. 哈尔滨：哈尔滨工业大学.

中国 21 世纪议程管理中心.2014. 中国二氧化碳利用技术评估报告. 北京：科学出版社.

中国电力企业联合会.2017. 中国电力行业年度发展报告 2017. 北京：中国市场出版社.

中国二氧化碳地质封存环境风险研究组.2017. 中国二氧化碳捕集、利用与封存环境风险和环境影响培训教材. 北京：化学工业出版社.

宗杰，马庆兰，陈光进，等.2016. 二氧化碳分离捕集研究进展. 现代化工，36：56-60.

张青.2016. 低碳约束下天然气发电成本分析研究. 镇江：江苏大学.

赵长红，张浩楠，张兴平，等.2016. 集中式天然气发电项目经济性研究. 国际石油经济，24（12）：57-63，74.

Abadie L M, Chamorro J M. 2008. European CO_2 prices and carbon capture investments. Energy Economics, 30: 2992-3015.

ACCA21. 2014. Concluding Report of Cost Accounting and Financing Mechanism Analysis of China-EU Cooperation on Near Zero Emissions Coal Phase II (CN-NZEC II) Demonstration Power Plant.

ACCA21. 2015. A Report on CO_2 Utilization Technologies Assessment in China. Beijing: Science Press.

ADB. 2015. Roadmap for Carbon Capture and Storage Demonstration and Deployment in the People's Republic of China.

Akimoto K, Kotsubo H, Asami T, et al. 2004. Evaluation of carbon dioxide sequestration in Japan with a mathematical model. Energy, 29: 1537-1549.

Ambrose W, Breton C, Holtz M, et al. 2008. CO_2 source-sink matching in the lower 48 United States, with examples from the Texas Gulf Coast and Permian Basin. Environmental Geology, 57: 1537-1551.

Aminu M D, Nabavi S A, Rochelle C A, et al. 2017. A review of developments in carbon dioxide storage. Applied Energy, 208: 1389-1419.

Andersen P, Petersen N C 1993. A procedure for ranking efficient units in data envelopment analysis. Management Science, 39: 1261-1264.

APGTF 2011. Cleaner Fossil Power Generation in the 21st Century- Maintaining a Leading Role. Advanced Power Generation Technology Forum.

Arthur W B. 1989a. Competing technologies, increasing returns, and lock-In by historical events. Economic Journal, 99: 116-131.

Arthur W B. 1989b. Competing technologies, increasing returns, and lock-in by historical events. The Economic Journal, 99: 116-131.

Bachu S 2000. Sequestration of CO_2 in geological media: Criteria and approach for site selection in response to climate change. Energy Conversion and Management, 41: 953-970.

Bachu S 2015. Review of CO_2 storage efficiency in deep saline aquifers. International Journal of Greenhouse Gas Control, 40: 188-202.

Bachu S, Bonijoly D, Bradshaw J, et al. 2007. CO_2 storage capacity estimation: Methodology and gaps. International Journal of Greenhouse Gas Control, 1: 430-443.

BachuS, Bradshaw J, Burruss R, et al. 2007. Estimation of CO_2 Storage Capacity in Geological Media-Phase 2 Carbon Sequestration Leadership Forum (CSLF).

Bai X, Dawson R, Ürge-vorsatz D, et al. 2018. Six Research Priorities for Cities and Climate Change. Nature, 555: 23-25.

Baik E, Sanchez D L, Turner P A, et al. 2018. Geospatial analysis of near-term potential for carbon-negative bioenergy in the United States. Proceedings of the National Academy of Sciences of the United States of America, 115: 3290-3295.

Banker R D, Charnes A, Cooper W W. 1984. Some models for estimating technical and scale inefficiencies in data envelopment analysis. Management Science, 30: 1078-1092.

BEIPA 2018. 2018 China Biomass Power Generation Industry Ranking Report. Bioenergy IndustryPromotion Association.

Bendoly E, Rosenzweig E D, Stratman J K. 2009. The efficient use of enterprise information for strategic advantage: A data envelopment analysis. Journal of Operations Management, 27: 310-323.

Bird L, Lew D, Milligan M, et al. 2016. Wind and solar energy curtailment: A review of international experience. Renewable and Sustainable Energy Reviews, 65: 577-586.

Bradshaw J, Dance T. 2005. Mapping geological storage prospectivity of CO_2 for the world's sedimentary basins and regional source to sink matching. Greenhouse Gas Control Technologies, 7: 583-591.

Branker K, Pathak M J M, Pearce J M. 2011. Renewable and Sustainable Energy Reviews, 15: 4470-4482.

Budinis S, Krevor S, Dowell N M, et al. 2018. An assessment of CCS costs, barriers and potential. Energy Strategy Reviews, 22: 61-81.

Burke D J, Malley M J O. 2011. Factors influencing wind energy curtailment. IEEE Transactions on Sustainable Energy, 2: 185-193.

Castellani B, Rinaldi S, Morini E, et al. 2018. Flue gas treatment by power-to-gas integration for methane and ammonia synthesis- Energy and environmental analysis. Energy Conversion and Management, 171: 626-634.

Catalanotti E, Hughes K, Porter R, et al. 2013. Evaluation of performance and cost of combustion-based power plants with CO_2 capture in the United Kingdom. Environmental Progress & Sustainable Energy, 33.

参
考
文
献

CBEE. 2017- 07-23. Transaction data of carbon trading market. http://www. bjets. com. cn/article/jyxx/. [2017-07-23].

CBEE. 2018- 12-31. Transaction data of carbon trading market. http://www. bjets. com. cn/article/jyxx/. [2018-12-31].

CEC. 2017. China Power Industry Development Report 2017.

CEC. 2018. China Power Industry Development Report 2018.

CEC. 2019-01-22. Annual Basic Data List of 2018 Power Statistics. http://www. cec. org. cn/guihuayutongji/tongjxinxi/niandushuju/2019-01-22/188396. html. [2019-03-31].

CEC. 2019- 01- 31. Further optimization of China's power generation structure in 2018. http://www. cec. org. cn/xinwenpingxi/2019-01-31/188628. html. [2019-03-31].

Charnes A, Cooper W W, Rhodes E. 1978. Measuring the efficiency of decision making units. European Journal of Operational Research, 2: 429-444.

Chen G Q, Yang Q, Zhao Y H. 2011. Renewability of wind power in China: A case study of nonrenewable energy cost and greenhouse gas emission by a plant in Guangxi. Renewable and Sustainable Energy Reviews, 15: 2322-2329.

Chen H, Wang C, Ye M. 2016. An uncertainty analysis of subsidy for carbon capture and storage (CCS) retrofitting investment in China's coal power plants using a real- options approach. Journal of Cleaner Production, 137: 200-212.

Chen W, Le NINDRE Y- M, Xu R, et al. 2010. CCS scenarios optimization by spatial multi- criteria analysis: Application to multiple source sink matching in Hebei province. International Journal of Greenhouse Gas Control, 4: 341-350.

Chen W, Xu R 2010. Clean coal technology development in China. Energy Policy, 38: 2123-2130.

Chen Z A, Li Q, Liu L C, et al. 2015. A large national survey of public perceptions of CCS technology in China. Applied Energy, 158: 366-377.

CNREC. 2017a. China Renewable Energy Industry Development Report 2017.

CNREC. 2017b. Renewable Energy Statistics Handbook 2017.

CNREC. 2017c. Report on the Development of Renewable Energy Industry in China 2016.

Cohen S M, Rochelle G T, Webber M E. 2012. Optimizing post- combustion CO_2 capture in response to volatile electricity prices. International Journal of Greenhouse Gas Control, 8: 180-195.

Colbert A, Levary R R, Shaner M C. 2000. Determining the relative efficiency of MBA programs using DEA. European Journal of Operational Research, 125: 656-669.

Cormos C C. 2012. Integrated assessment of IGCC power generation technology with carbon capture and storage (CCS) . Energy, 42: 434-445.

Cormos C C. 2014. Economic evaluations of coal- based combustion and gasification power plants with post- combustion CO_2 capture using calcium looping cycle. Energy, 78: 665-673.

CSLF. 2013. Carbon Sequestration Technology Roadmap 2013.

Cui C, Shan Y, Liu J, et al. 2019. CO_2 emissions and their spatial patterns of Xinjiang cities in China. Applied Energy, 252: 113473.

Cui Q, Lu H, Li C, et al. 2018. China baseline coal-fired power plant with post-combustion CO_2 capture: 1. Definitions and performance. International Journal of Greenhouse Gas Control, 78: 37-47.

CWEA 2017. 2016 Statistics Bulletin of Wind Power Installed Capacity in China.

D'Amore F, Bezzo F. 2017. Economic optimisation of European supply chains for CO_2 capture, transport and sequestration. International Journal of Greenhouse Gas Control, 65: 99-116.

Dahowski R, Dooley J. 2008. Source/sink matching for US ethanol plants and candidate deep geologic carbon dioxide storage formations (No. PNNL-17831); Pacific Northwest National Laboratory (PNNL), Richland, WA (United States).

Dahowski R, Li X, Davidson C, et al. 2009. Regional opportunities for carbon dioxide capture and storage in China. Pacific Northwest National Laboratory, Richland, WA, PNNL-19091.

Dahowski R T, Davidson C L, Li X C, et al. 2012. A $ 70/tCO_2 greenhouse gas mitigation backstop for China's industrial and electric power sectors: Insights from a comprehensive CCS cost curve. International Journal of Greenhouse Gas Control, 11: 73-85.

David P. 1985. Clio and the economics of qwerty. American Economic Review, 75: 332-337.

De Coninck H, Benson S M J A R O E, Resources. 2014. Carbon Dioxide Capture and Storage: Issues and Prospects, 39: 243-270.

DOE, EPA. 2010. Report of the Interagency Task Force on Carbon Capture and Storage. Washington: Department of Energy and the Environmental Protection Agency.

Dolfsma W, Leydesdorff L. 2009. Lock-in and break-out from technological trajectories: Modeling and policy implications. Technological Forecasting and Social Change, 76: 932-941.

Dooley J J, Dahowski R T, Davidson C L, et al. 2005. A CO_2-storage supply curve for North America and its implications for the deployment of carbon dioxide capture and storage systems. Greenhouse Gas Control Technologies, 7: 593-601.

Duan H-B, Fan Y, Zhu L. 2013. What's the most cost-effective policy of CO_2 targeted reduction: An application of aggregated economic technological model with CCS? Applied Energy, 112: 866-875.

Durmaz T. 2018. The economics of CCS: Why have CCS technologies not had an international breakthrough? Renewable and Sustainable Energy Reviews, 95: 328-340.

Dzonzi-undi J, Li S-X. 2016. Policy influence on clean coal uptake in China, India, Australia, and USA. Environmental Progress & Sustainable Energy, 35: 906-913.

Eccles J K, Pratson L, Newell R G, et al. 2009. Physical and economic potential of geological CO_2 storage in saline aquifers. Environmental Science & Technology, 43: 1962-1969.

Edenhofer O, Knopf B, Barker T, et al. 2010. The economics of low stabilization: Model comparison of mitigation strategies and costs. The Economics of Low Stabilization, 31: 11-48.

Elias R S, Wahab M I M, Fang L. 2018. Retrofitting carbon capture and storage to natural gas-fired power plants: A real-options approach. Journal of Cleaner Production, 192: 722-734.

ENDCOAL. 2018-12-22. Global Coal Plant Tracker. https://endcoal.org/tracker/. [2018-12-23].

参
考
文
献

EPRI 2010. Australian Electricity Generation Technology Costs- Reference Case 2010. Electric Power Research Institue.

Eto R, Murata A, Uchiyama Y, et al. 2013. Co- benefits of including CCS projects in the CDM in India's power sector. Energy Policy, 58: 260-268.

Fan J L, Wang J D, Kong L S, et al. 2017. The carbon footprints of secondary industry in China: An input-output subsystem analysis. Natural Hazards, 91.

Fan J L, Wei S, Yang L, et al. 2019a. Comparison of the LCOE between coal-fired power plants with CCS and main low-carbon generation technologies: Evidence from China. Energy, 176: 143-155.

Fan J L, Wei S, Zhang X, et al. 2020. A comparison of the regional investment benefits of CCS retrofitting of coal-fired power plants and renewable power generation projects in China. International Journal of Greenhouse Gas Control, 92: 102858.

Fan J L, Xu M, Wei S J, et al. 2018a. Evaluating the effect of a subsidy policy on carbon capture and storage (CCS) investment decision-making in China — A perspective based on the 45Q tax credit. Energy Procedia, 154: 22-28.

Fan J L, Xu M, Li F, et al. 2018b. Carbon capture and storage (CCS) retrofit potential of coal-fired power plants in China: The technology lock- in and cost optimization perspective. Applied Energy, 229: 326-334.

Fan J L, Xu M, Yang L, et al. 2019b. Benefit evaluation of investment in CCS retrofitting of coal-fired power plants and PV power plants in China based on real options. Renewable and Sustainable Energy Reviews, 115: 109350.

Fan J L, Xu M, Yang L, et al. 2019c. How can carbon capture utilization and storage be incentivized in China? A perspective based on the 45Q tax credit provisions. Energy Policy, 132: 1229-1240.

Fan J L, Zhang X, Zhang J, et al. 2015. Efficiency evaluation of CO_2 utilization technologies in China: A super- efficiency DEA analysis based on expert survey. Journal of CO_2 Utilization, 11: 54-62.

Fan J H, Todorova N. 2017. Dynamics of China's carbon prices in the pilot trading phase. Applied Energy, 208: 1452-1467.

Fan R, Dong L. 2018. The dynamic analysis and simulation of government subsidy strategies in low-carbon diffusion considering the behavior of heterogeneous agents. Energy Policy, 117: 252-262.

Fang Z, Li X. 2011. Preliminary assessment of CO_2 geological storage potential in Chongqing, China. Procedia Environmental Sciences, 11: 1064-1071.

Fang Z, Li X. 2014. A preliminary evaluation of carbon dioxide storage capacity in unmineable coalbeds in China. Acta Geotechnica, 9: 109-114.

Fleten S-E, Näsäkkälä E. 2010. Gas- fired power plants: Investment timing, operating flexibility and CO_2 capture. Energy Economics, 32: 805-816.

Font-palma C, Errey O, Corden C, et al. 2016. Integrated oxyfuel power plant with improved CO_2 separation and compression technology for EOR application. Process Safety and Environmental Protection, 103: 455-465.

Fuss S, Szolgayov J. 2010. Fuel price and technological uncertainty in a real options model for electricity planning. Applied Energy, 87: 2938-2944.

Fuss S, Szolgayova J, Obersteiner M, et al. 2008. Investment under market and climate policy uncertainty. Applied Energy, 85: 708-721.

Gale J, Abanades J C, Bachu S, et al. 2015. Special Issue commemorating the 10th year anniversary of the publication of the Intergovernmental Panel on Climate Change Special Report on CO_2 Capture and Storage. International Journal of Greenhouse Gas Control, 40: 1-5.

Gao H, Fan J. 2010. Techno-economic evaluation of China's renewable energy power technologies and the development target. Beijing: China Environmental Science Press.

Gazheli A, Van den Bergh J. 2018. Real options analysis of investment in solar vs. wind energy: Diversification strategies under uncertain prices and costs. Renewable and Sustainable Energy Reviews, 82: 2693-2704.

GCCSI. 2016. The Global Status of CCUS 2016.

GCCSI. 2017a. Global Costs of Carbon Capture and Storage.

GCCSI. 2017b. The Global Status of CCS: 2017.

GCCSI. 2018a. The carbon capture and storage readiness index 2018: is the world ready for carbon capture and storage?

GCCSI. 2018b. The Global Status of CCS 2018.

GCCSI. 2019. Bioenergy and carbon capture and storage.

GCCSI. 2020. Global Status of CCS 2019.

Gerlagh R, Zwaan B. 2006. Options and Instruments for a deep cut in CO_2 emissions: carbon dioxide capture or renewables, taxes or subsidies? The Energy Journal, 27: 25-48.

Gong P, Li X. 2017. Study on the investment value and investment opportunity of renewable energies under the carbon trading system. China Population Resources and Environment, 27: 22-29.

Goodman A, Bromhal G, Strazisar B, et al. 2013. Comparison of methods for geologic storage of carbon dioxide in saline formations. International Journal of Greenhouse Gas Control, 18: 329-342.

Goodman A, Hakala A, Bromhal G, et al. 2011. U. S. DOE methodology for the development of geologic storage potential for carbon dioxide at the national and regional scale. International Journal of Greenhouse Gas Control, 5: 952-965.

Goto K, Yogo K, Higashii T. 2013. A review of efficiency penalty in a coal-fired power plant with post-combustion CO_2 capture. Applied Energy, 111: 710-720.

Goto M, Otsuka A, Sueyoshi T. 2014. DEA (Data Envelopment Analysis) assessment of operational and environmental efficiencies on Japanese regional industries. Energy, 66: 535-549.

Grigorian D. 2002. Determinants of Commercial Bank Performance in Transition: An Application of Data Envelopment Analysis. IMF Working Papers, 02.

Grimaud A, Lafforgue G, Magn B 2011. Climate change mitigation options and directed technical change: A decentralized equilibrium analysis. Resource and Energy Economics, 33: 938-962.

参
考
文
献

Gu Y, Xie L. 2013. Fast sensitivity analysis approach to assessing congestion induced wind curtailment. IEEE Transactions on Power Systems, 29: 101-110.

H LLER S, Viebahn P. 2016. Facing the uncertainty of CO_2 storage capacity in China by developing different storage scenarios. Energy Policy, 89: 64-73.

Hammond G P, Akwe S S O, Williams S. 2011. Techno-economic appraisal of fossil-fuelled power generation systems with carbon dioxide capture and storage. Energy, 36: 975-984.

Harkin T, Hoadley A, Hooper B. 2012. Optimisation of power stations with carbon capture plants-the trade-off between costs and net power. Journal of Cleaner Production, 34: 98-109.

Hearps P, Mcconnell D. 2011. Renewable Energy Technology Cost Review. Melbourne Energy Institute.

Heinze C, Meyer S, Goris N, et al. 2015. The ocean carbon sink-impacts, vulnerabilities and challenges. Earth Syst. Dynam. , 6: 327-358.

Hernández-moro J, Martinez-Duart J M. 2013. Analytical model for solar PV and CSP electricity costs: Present LCOE values and their future evolution. Renewable and Sustainable Energy Reviews, 20: 119-132.

Heydari S, Ovenden N, Siddiqui A. 2012. Real options analysis of investment in carbon capture and sequestration technology. Computational management science, 9: 109-138.

Huitema D, Boasson E L, Beunen R. 2018. Entrepreneurship in climate governance at the local and regional levels: Concepts, methods, patterns, and effects. Regional Environmental Change, 18: 1247-1257.

IEA. 2011. Cost and Performance of Carbon Dioxide Capture from Power Generation.

IEA. 2015a. CO_2 emissions from Fuel Combustion.

IEA. 2015b. Energy Technology Perspectives 2015.

IEA. 2016a. Ready for Retrofit: Analysis of the Potential for Equipping CCS to the Existing Coal Fleet in China.

IEA. 2016b. The Potential for Equipping China's Coal Fleet with Carbon Capture and Storage.

IEA. 2017a. Energy Technology Perspectives.

IEA. 2017b. CO_2 Highlights 2017.

IEA. 2018a. CO_2 Emissions from Fuel Combustion.

IEA. 2018b. Carbon Capture, Utilization and Storage. A Critical Tool in the Climate Energy Toolbox. International Energy Agency.

IEA. 2018c. US Budget Bill May Help Carbon Capture Get Back on Track.

IEA. 2019. Global Energy & CO_2 Status Report.

IEA, NEA, OECD. 2010. Projected Costs of Generating Electricity 2010 Edition.

IEA, NEA, OECD. 2015. Projected Costs of Generating Electricity 2015 Edition.

IHSMARKIT. 2019. Energy & Natural Resources. https://ihsmarkit. com/industry/energy. html. [2019-6-16].

IMCEC. 2017. China Electric Coal Price Index. http://www. imcec. cn/zgdm. [2018-8-8].

IMCEC. 2018. China Electric Coal Price Index. http://www. imcec. cn/zgdm. [2019-4-25].

IPCC. 2005. Carbon Dioxide Capture and Storage Summary for Policymakers and Technical Summary.

IPCC. 2006. 2006 IPCC Guidelines for National Greenhouse Gas Inventories.

IPCC. 2014. IPCC Fifth Assessment Synthesis Report: Climate Change 2014.

IPCC. 2018. Global Warming of 1.5℃.

Jain P, Pathak K, Tripathy S. 2013. Possible Source-sink Matching for CO_2 Sequestration in Eastern India. Energy Procedia, 37: 3233-3241.

Jiang S, Zhen Z, Tian L, et al. 2017. Analysis of the Chinese natural gas power generation cost under the market linkage mechanism. Energy Procedia, 105: 3527-3532.

Karaveli A B, Soytas U, Akinoglu B G. 2015. Comparison of large scale solar PV (photovoltaic) and nuclear power plant investments in an emerging market. Energy, 84: 656-665.

Kato M, Zhou Y. 2011. A basic study of optimal investment of power sources considering environmental measures: Economic evaluation of CCS Through a real options approach. Electrical Engineering in Japan, 174 (3): 9-12.

Kim K-T, Lee D-J, Park S-J. 2014. Evaluation of R&D investments in wind power in Korea using real option. Renewable and Sustainable Energy Reviews, 40: 335-347.

Kim K, Park H, Kim H. 2017. Real options analysis for renewable energy investment decisions in developing countries. Renewable & Sustainable Energy Reviews, 75: 918-926.

Kolster C, Masnadi M S, Krevor S, et al. 2017. CO_2 enhanced oil recovery: a catalyst for gigatonne-scale carbon capture and storage deployment? Energy & Environmental Science, 10: 2594-2608.

Lambert T H, Hoadley A F, Hooper B. 2016. Flexible operation and economic incentives to reduce the cost of CO_2 capture. International Journal of Greenhouse Gas Control, 48: 321-326.

LAZARD. 2016. Levelized Cost of Energy Analysis 10.0.

Lee S C, Shih L H. 2010. Renewable energy policy evaluation using real option model — The case of Taiwan. Energy Economics, 32: 67-78.

Leung D Y C, Caramanna G, Maroto-valer M M. 2014. An overview of current status of carbon dioxide capture and storage technologies. Renewable and Sustainable Energy Reviews, 39: 426-443.

Li C B, Lu G S, Wu S. 2013. The investment risk analysis of wind power project in China. Renewable Energy, 50: 481-487.

Li J, Gibbins J, Cockerill T, et al. 2011. An assessment of the potential for retrofitting existing coal-fired power plants in China. Energy Procedia, 4: 1805-1811.

Li M, Rao A D, Scott samuelsen G. 2012a. Performance and costs of advanced sustainable central power plants with CCS and H2 co-production. Applied Energy, 91: 43-50.

Li P. 2015. Research on Wind Power Investment Decision-making Strategy Based on Real Options Theory. Baoding: North China Electric Power University.

Li P, Zhou D, Zhang C, et al. 2015a. Assessment of the effective CO_2 storage capacity in the Beibuwan Basin, offshore of southwestern P. R. China. International Journal of Greenhouse Gas Control, 37: 325-339.

Li Q, Chen Z A, Zhang J T, et al. 2016a. Positioning and revision of CCUS technology development in China. International Journal of Greenhouse Gas Control, 46: 282-293.

Li Q, Shi H, Yang D, et al. 2016b. Modeling the key factors that could influence the diffusion of CO_2 from a wellbore blowout in the Ordos Basin, China. Environmental Science and Pollution Research, 24: 3727-3738.

Li Q, Wei Y N, Liu G, et al. 2015b. CO_2-EWR: A cleaner solution for coal chemical industry in China. Journal of Cleaner Production, 103: 330-337.

Li S, Zhang X, Gao L, et al. 2012b. Learning rates and future cost curves for fossil fuel energy systems with CO_2 capture: Methodology and case studies. Applied Energy, 93: 348-356.

Li X, Wei N, Jiao Z, et al. 2019. Cost curve of large-scale deployment of CO_2-enhanced water recovery technology in modern coal chemical industries in China. International Journal of Greenhouse Gas Control, 81: 66-82.

Li X, Wei N, Liu Y, et al. 2009. CO_2 point emission and geological storage capacity in China. Energy Procedia, 1: 2793-2800.

Li Y, Zhang Q, Wang G, et al. 2018. A review of photovoltaic poverty alleviation projects in China: Current status, challenge and policy recommendations. Renewable and Sustainable Energy Reviews, 94: 214-223.

Liang X, Reiner D, Gibbins J, et al. 2009. Assessing the value of CO_2 capture ready in new-build pulverised coal-fired power plants in China. International Journal of Greenhouse Gas Control, 3: 787-792.

Lin B, He J. 2016. Learning curves for harnessing biomass power: What could explain the reduction of its cost during the expansion of China? Renewable Energy, 99: 280-288.

Lin B, Wesseh P K. 2013. Valuing Chinese feed-in tariffs program for solar power generation: A real options analysis. Renewable and Sustainable Energy Reviews, 28: 474-482.

Liu Z, Guan D, Wei W, et al. 2015. Reduced carbon emission estimates from fossil fuel combustion and cement production in China. Nature, 524: 335-338.

Luo X, Wang M. 2016. Optimal operation of MEA-based post-combustion carbon capture for natural gas combined cycle power plants under different market conditions. International Journal of Greenhouse Gas Control, 48: 312-320.

Lupion M, Herzog H J. 2013. NER300: Lessons learnt in attempting to secure CCS projects in Europe. International Journal of Greenhouse Gas Control, 19: 19-25.

Mac Dowell N, Fennell P S, Shah N, et al. 2017. The role of CO_2 capture and utilization in mitigating climate change. Nature Climate Change, 7: 243-249.

Michael K, Golab A, Shulakova V, et al. 2010. Geological storage of CO_2 in saline aquifers—A review of the experience from existing storage operations. International Journal of Greenhouse Gas Control, 4: 659-667.

Middleton R S, Bielicki J M. 2009. A scalable infrastructure model for carbon capture and storage: SimCCS. Energy Policy, 37: 1052-1060.

Mo J L, Zhu L. 2014. Using floor price mechanisms to promote carbon capture and storage (CCS) investment and CO_2 abatement. Energy & Environment, 25: 687-708.

MOST. 2011. Technology Roadmap Study on Carbon Capture, Utilization and Storage in China.

Narita D, Klepper G. 2016. Economic incentives for carbon dioxide storage under uncertainty: A real options analysis. International Journal of Greenhouse Gas Control, 53: 18-27.

NBS. 2017. China Energy Statistics Yearbook 2017.

NDRC. 2006. The Economic Evaluation Methods and Parameters for Construction Project (Third ed.). Beijing: Chinese financial & Economic Press.

NDRC. 2007. Desulfurization Price for Coal-Fired Generator and Operation Method for Desulfurization Facilities (for Trial Implementation).

NDRC. 2015a. Notice on Improving the Feed-in Tariff Policy of On-shore Wind and Solar Photovoltaic Power.

NDRC. 2015b. Notice on Reducing the Price of Coal-Fired Power Generation and the Price of General Industrial and Commercial Electricity.

NDRC. 2016a. The "13th Five-Year Plan" of Renewable Energy Development.

NDRC. 2016b. Notice on Adjusting the Feed in Tariff of Solar Photovoltaic and On-Shore Wind Power.

NDRC. 2017a. The "13th Five-Year Plan" for Power Development.

NDRC. 2017b. The "13th Five-Year Plan" of Natural Gas.

NDRC. 2017c. Notice of Launching the Third Batch of National Low Carbon Cities Pilot Projects.

NDRC. 2017d. Notice on Reducing the Refering Price of Non-residential Natural Gas from Gate Stations.

NDRC, NEA. 2016. Revolutionary strategy of energy production and consumption (2016-2020).

NEA. 2010. Notice on Improving the Price Policy of Agro-forestry Biomass Power Generation.

NEA. 2015. Cost of Agro-forestry Biomass Direct Combustion Power Generation Units in Typical Provinces.

NEA. 2016. Monitoring and Evaluation Report on Renewable Energy Development in 2016.

NEA. 2017a. Solar Photovoltaic Power Market Environment Monitoring and Evaluation Results in Different Regions in 2016.

NEA. 2017b. Statistical Information on Photovoltaic Power Generation in 2016.

NEA. 2018a. National Average Comprehensive Electricity Self-consumption Rate.

NEA. 2018b. National Monitoring and Evaluation Report of Biomass Power Generation in 2017.

NOAA. 2018-12-22. Greenhouse Gas Reference Network Site Information. https://www. esrl. noaa. gov/gmd/ccgg/ggrn. php. [2018-12-23].

Nouri J, Hosseinzadeh Lotfi F, Borgheipour H, et al. 2013. An analysis of the implementation of energy efficiency measures in the vegetable oil industry of Iran: a data envelopment analysis approach. Journal of Cleaner Production, 52: 84-93.

NúñEZ-LóPEZ V, Holtz M H, Wood D J, et al. 2008. Quick-look assessments to identify optimal CO_2 EOR storage sites. Environmental Geology, 54: 1695-1706.

Oda J, Akimoto K. 2011. An analysis of CCS investment under uncertainty. Energy Procedia, 4: 1997-2004.

Ondraczek J, Komendantova N, Patt A. 2015. WACC the dog: The effect of financing costs on the levelized cost of solar PV power. Renewable Energy, 75: 888-898.

Orr F M, J R. 2018. Carbon capture, utilization, and storage: An update. SPE Journal, 23: 2444-2455.

Ou X, Yan X-Y, Zhang X. 2011. Life-cycle energy consumption and greenhouse gas emissions for electricity generation and supply in China. Applied Energy, 88: 289-297.

OuYang X, Lin B. 2014. Levelized cost of electricity (LCOE) of renewable energies and required subsidies in China. Energy Policy, 70: 64-73.

PBOC 2017. Deposit Benchmark Interest Rate of RMB in Financial Institution.

PPG. 2019-01-30. Biomass Power Generation Installed Capacity Increased by 20.7% in 2018 and Power Auxiliary Services are Progressing Rapidly. http://news. bjx. com. cn/html/20190130/960178. shtml. [2019-12-23].

Qi T, Zhang X, Ou X, et al. 2011. The regional cost of biomass direct combustion power generation in China and development potential analysis. Renewable Energy Resources, 29: 115-118.

Ramanathan R. 2001. Comparative Risk Assessment of energy supply technologies: a Data Envelopment Analysis approach. Energy, 26: 197-203.

REN21. 2017. Renewables 2017 Global Status Report. Renewable Energy Policy Network for The 21 st Century.

Renner M. 2014. Carbon prices and CCS investment: A comparative study between the European Union and China. Energy Policy, 75: 327-340.

Rochedo P R R, Costa I V L, IMP RIO M, et al. 2016. Carbon capture potential and costs in Brazil. Journal of Cleaner Production, 131: 280-295.

Rohlfs W, Madlener R. 2013. Optimal power generation investment: impact of technology choices and existing portfolios for deploying low-carbon coal technologies. Ssrn Electronic Journal, 17: 545-549.

Rohlfs W, Madlener R. 2014. Optimal investment strategies in power generation assets: The role of technological choice and existing portfolios in the deployment of low-carbon technologies. International Journal of Greenhouse Gas Control, 28: 114-125.

Rubin E S, Yeh S, Antes M, et al. 2007. Use of experience curves to estimate the future cost of power plants with CO_2 capture. International Journal of Greenhouse Gas Control, 1: 188-197.

Rubin E S, Zhai H B. 2007. The cost of carbon capture and storage for natural gas combined cycle power plants. Environmental Science & Technology, 46: 3076-3084.

Saito A, Itaoka K, Akai M. 2019. Those who care about CCS—Results from a Japanese survey on public understanding of CCS. International Journal of Greenhouse Gas Control, 84: 121-130.

Sanders M, Fuss S, Engelen P J. 2013. Mobilizing private funds for carbon capture and storage: An exploratory field study in the Netherlands. International Journal of Greenhouse Gas Control, 19: 595-605.

Santos L, Soares I, Mendes C, et al. 2014. Real options versus traditional methods to assess renewable energy projects. Renewable Energy, 68: 588-594.

Schwartz E S. 2004. Patents and R&D as real options. Economic Notes, 33: 23-54.

Sekar R C, Parsons J E, Herzog H J, et al. 2007. Future carbon regulations and current investments in alternative coal-fired power plant technologies. Energy Policy, 35: 1064-1074.

Selosse S, Ricci O. 2017. Carbon capture and storage: Lessons from a storage potential and localization analysis. Applied Energy, 188: 32-44.

Serra T, Chambers R G, Oude Lansink A. 2014. Measuring technical and environmental efficiency in a state-contingent technology. European Journal of Operational Research, 236: 706-717.

Seto K C, Davis S J, Mitchell R B, et al. 2016. Carbon lock-in: Types, causes, and policy implications. Annual Review of Environment and Resources, 41: 425-452.

Shakouri G H, Nabaee M, Aliakbarisani S. 2014. A quantitative discussion on the assessment of power supply technologies: DEA (data envelopment analysis) and SAW (simple additive weighting) as complementary methods for the "Grammar". Energy, 64: 640-647.

Shivashankar S, Mekhilef S, Mokhlis H, et al. 2016. Mitigating methods of power fluctuation of photovoltaic (PV) sources—A review. Renewable and Sustainable Energy Reviews, 59: 1170-1184.

Su B, Ang B W. 2014. Input-output analysis of CO_2 emissions embodied in trade: A multi-region model for China. Applied Energy, 114: 377-384.

Sui L. 2012. Analysis of cost development trend of photovoltaic power generation in China based on learning curve. Water Resources & Power, 6: 209-211.

Sun L, Chen W. 2017. Development and application of a multi-stage CCUS source-sink matching model. Applied Energy, 185: 1424-1432.

Sun L, Dou H, Li Z, et al. 2018. Assessment of CO_2 storage potential and carbon capture, utilization and storage prospect in China. Journal of the Energy Institute, 91: 970-977.

Supekar S D, Skerlos S J. 2015. Reassessing the efficiency penalty from carbon capture in coal-fired power plants. Environmental Science & Technology, 49: 12576-12584.

Szolgayova J, Fuss S, Obersteiner M. 2008. Assessing the effects of CO_2 price caps on electricity investments—A real options analysis. Energy Policy, 36: 3974-3981.

Tan R R, Aviso K B, Bandyopadhyay S, et al. 2013. Optimal source-sink matching in carbon capture and storage systems with time, injection rate, and capacity constraints. Environmental Progress & Sustainable Energy, 32: 411-416.

Tapia J F D, Lee J Y, Ooi R E H, et al. 2016. Optimal CO_2 allocation and scheduling in enhanced oil recovery (EOR) operations. Applied Energy, 184: 337-345.

Theo W L, Lim J S, Hashim H, et al. 2016. Review of pre-combustion capture and ionic liquid in carbon capture and storage. Applied Energy, 183: 1633-1663.

Tian J, Shan Y, Zheng H, et al. 2019. Structural patterns of city-level CO_2 emissions in Northwest China. Journal of Cleaner Production, 223: 553-563.

参
考
文
献

Tu Q, Betz R, Mo J, et al. 2018. Can carbon pricing support onshore wind power development in China? An assessment based on a large sample project dataset. Journal of Cleaner Production, 198: 24-36.

UNEP. 2018. Emissions Gap Report 2018.

Usman, Iskandar U P, Sugihardjo, et al. 2014. A Systematic Approach to Source-sink Matching for CO_2 EOR and Sequestration in South Sumatera. Energy Procedia, 63: 7750-7760.

Van Alphen K, Van Ruijven J, Kasa S, et al. 2009. The performance of the Norwegian carbon dioxide, capture and storage innovation system. Energy Policy, 37: 43-55.

Van Den Broek M, Faaij A, Turkenburg W. 2008. Planning for an electricity sector with carbon capture and storage: Case of the Netherlands. International Journal of Greenhouse Gas Control, 2: 105-129.

Van Den Broek M, Hoefnagels R, Rubin E, et al. 2009. Effects of technological learning on future cost and performance of power plants with CO_2 capture. Progress in Energy and Combustion Science, 35: 457-480.

Viebahn P, Daniel V, Samuel H. 2012. Integrated assessment of carbon capture and storage (CCS) in the German power sector and comparison with the deployment of renewable energies. Applied Energy, 97: 238-248.

Viebahn P, Nitsch J, Fischedick M, et al. 2007. Comparison of carbon capture and storage with renewable energy technologies regarding structural, economic, and ecological aspects in Germany. International Journal of Greenhouse Gas Control, 1: 121-133.

Višković A, Franki V, Valentić V. 2014. CCS (carbon capture and storage) investment possibility in South East Europe: A case study for Croatia. Energy, 70: 325-337.

Wang F, Wang P, Wang Q, et al. 2018. Optimization of CCUS source-sink matching for large coal-fired units: A case of north China. IOP Conference Series: Earth and Environmental Science, 170: 042045.

Wang X, Cai Y, Dai C. 2014. Evaluating China's biomass power production investment based on a policy benefit real options model. Energy, 73: 751-761.

Wang X, Du L. 2016. Study on carbon capture and storage (CCS) investment decision-making based on real options for China's coal-fired power plants. Journal of Cleaner Production, 112: 4123-4131.

Watcharasriroj B, Tang J C S. 2004. The effects of size and information technology on hospital efficiency. The Journal of High Technology Management Research, 15: 1-16.

Wei N, Li X, Fang Z, et al. 2015a. Regional resource distribution of onshore carbon geological utilization in China. Journal of CO_2 Utilization, 11: 20-30.

Wei N, Li X, Wang Y, et al. 2015b. Geochemical impact of aquifer storage for impure CO_2 containing O_2 and N_2: Tongliao field experiment. Applied Energy, 145: 198-210.

Welkenhuysen K, Meyvis B, Swennen R, et al. 2018. Economic threshold of CO_2-EOR and CO_2 storage in the North Sea: A case study of the Claymore, Scott and Buzzard oil fields. International Journal of Greenhouse Gas Control, 78: 271-285.

中国燃煤电厂CCUS项目投资决策与发展潜力研究

Wetenhall B, Race J M, Aghajani H, et al. 2017. The main factors affecting heat transfer along dense phase CO_2 pipelines. International Journal of Greenhouse Gas Control, 63: 86-94.

Wilcox J. 2015. Carbon Capture. New York: Springer.

Wiley D E, Ho M T, Donde L. 2011. Technical and economic opportunities for flexible CO_2 capture at Australian black coal fired power plants. Energy Procedia, 4: 1893-1900.

Williams E, Hittinger E, Carvalho R, et al. 2017. Wind power costs expected to decrease due to technological progress. Energy Policy, 106: 427-435.

Wu N, Parsons J E, Polenske K R. 2013. The impact of future carbon prices on CCS investment for power generation in China. Energy Policy, 54: 160-172.

Wu X D, Yang Q, Chen G Q, et al. 2016. Progress and prospect of CCS in China: Using learning curve to assess the cost-viability of a 2×600MW retrofitted oxyfuel power plant as a case study. Renewable and Sustainable Energy Reviews, 60: 1274-1285.

Xiao T, Mcpherson B, Esser R, et al. 2019. Forecasting commercial-scale CO_2 storage capacity in deep saline reservoirs: Case study of Buzzard's bench, Central Utah. Computers & Geosciences, 126: 41-51.

Xie H, Li X, Fang Z, et al. 2014. Carbon geological utilization and storage in China: current status and perspectives. Acta Geotechnica, 9: 7-27.

Xie J, Zhang K, Li C, et al. 2016. Preliminary study on the CO_2 injectivity and storage capacity of low-permeability saline aquifers at Chenjiacun site in the Ordos Basin. International Journal of Greenhouse Gas Control, 52: 215-230.

Xu B, Zhou S, Hao L. 2015. Approach and practices of district energy planning to achieve low carbon outcomes in China. Energy Policy, 83: 109-122.

Xu J H, Fleiter T, Fan Y, et al. 2014. CO_2 emissions reduction potential in China's cement industry compared to IEA's Cement Technology Roadmap up to 2050. Applied Energy, 130: 592-602.

Yan J, Zhang Z. 2019. Carbon capture, utilization and storage (CCUS). Applied Energy, 235: 1289-1299.

Yang L, Zhang X, Mcalinden K. 2016. The effect of trust on people's acceptance of CCS (carbon capture and storage) technologies: Evidence from a survey in the People's Republic of China. Energy, 96: 69-79.

Yang W, Peng B, Liu Q, et al. 2017. Evaluation of CO_2 enhanced oil recovery and CO_2 storage potential in oil reservoirs of Bohai Bay Basin, China. International Journal of Greenhouse Gas Control, 65: 86-98.

Yao X, Zhong P, Zhang X, et al. 2018. Business model design for the carbon capture utilization and storage (CCUS) project in China. Energy Policy, 121: 519-533.

Yu H. 2018. Recent developments in aqueous ammonia-based post-combustion CO_2 capture technologies. Chinese Journal of Chemical Engineering, 26: 2255-2265.

Yu S, Horing J, Liu Q, et al. 2019. CCUS in China's mitigation strategy: insights from integrated assessment modeling. International Journal of Greenhouse Gas Control, 84: 204-218.

参
考
文
献

Zaluski W, El-kaseeh G, Lee S-Y, et al. 2016. Monitoring technology ranking methodology for CO_2-EOR sites using the Weyburn-Midale Field as a case study. International Journal of Greenhouse Gas Control, 54: 466-478.

ZEP. 2011. The Costs of CO_2 Capture, Transport and Storage.

Zhang M, Zhou D, Ding H, et al. 2016a. Biomass power generation investment in China: A real options evaluation. Sustainability, 8: 563.

Zhang M, Zhou D, Zhou P. 2014a. A real option model for renewable energy policy evaluation with application to solar PV power generation in China. Renewable & Sustainable Energy Reviews, 40: 944-955.

Zhang M M, Zhou D Q, Zhou P, et al. 2016b. Optimal feed-in tariff for solar photovoltaic power generation in China: A real options analysis. Energy Policy, 97: 181-192.

Zhang M M, Zhou P, Zhou D Q. 2016c. A real options model for renewable energy investment with application to solar photovoltaic power generation in China. Energy Economics, 59: 213-226.

Zhang P D, Yang Y L, Shi J, et al. 2009. Opportunities and challenges for renewable energy policy in China. Renewable and Sustainable Energy Reviews, 13: 439-449.

Zhang X, Li W. 2011. Power producer's carbon capture investment timing under price and technology uncertainties. Energy Procedia, 5: 1713-1717.

Zhang X, Wang X, Chen J, et al. 2014b. A novel modeling based real option approach for CCS investment evaluation under multiple uncertainties. Applied Energy, 113: 1059-1067.

Zhang Y, Liu C, Chen L, et al. 2019. Energy-related CO_2 emission peaking target and pathways for China's city: A case study of Baoding city. Journal of Cleaner Production, 226: 471-481.

Zhao H, Luo X, Zhang H, et al. 2018. Carbon-based adsorbents for post-combustion capture: a review. Greenhouse Gases: Science and Technology, 8: 11-36.

Zhao Z-Y, Chen Y-L, Thomson J D. 2017. Levelized cost of energy modeling for concentrated solar power projects: A China study. Energy, 120: 117-127.

Zheng Z, Larson E D, Li Z, et al. 2010. Near-term mega-scale CO_2 capture and storage demonstration opportunities in China. Energy & Environmental Science, 3: 1153-1169.

Zhong W, Yuan W, Li S X, et al. 2011. The performance evaluation of regional R&D investments in China: An application of DEA based on the first official China economic census data. Omega, 39: 447-455.

Zhou D, Li P, Liang X, et al. 2018. A long-term strategic plan of offshore CO_2 transport and storage in northern South China Sea for a low-carbon development in Guangdong province, China. International Journal of Greenhouse Gas Control, 70: 76-87.

Zhou D, Zhao Z, Liao J, et al. 2011. A preliminary assessment on CO_2 storage capacity in the Pearl River Mouth Basin offshore Guangdong, China. International Journal of Greenhouse Gas Control, 5: 308-317.

Zhou W, Zhu B, Fuss S, et al. 2010. Uncertainty modeling of CCS investment strategy in China's power sector. Applied Energy, 87: 2392-2400.

Zhu L, Fan Y. 2011. A real options-based CCS investment evaluation model: Case study of China's power generation sector. Applied Energy, 88: 4320-4333.

Zhu L, Fan Y. 2013. Modelling the investment in carbon capture retrofits of pulverized coal-fired plants. Energy, 57: 66-75.

Zhu Z, Zhang D, Mischke P, et al. 2015. Electricity generation costs of concentrated solar power technologies in China based on operational plants. Energy, 89: 65-74.

参
考
文
献